Word Excel PPT 2019

商务办公 全能一本通

全彩版

♡ 陈年华 杨明 王云◎主编

王静奕 王红纪 张真◎副主编

U0337414

人民邮电出版社

北京

图书在版编目（CIP）数据

Word Excel PPT 2019商务办公全能一本通 ：全彩版/
陈年华，杨明，王云主编. —— 北京 ：人民邮电出版社，
2020.10
　ISBN 978-7-115-54511-4

　Ⅰ．①W… Ⅱ．①陈… ②杨… ③王… Ⅲ．①办公室
自动化－应用软件 Ⅳ．①TP317.1

　中国版本图书馆CIP数据核字（2020）第131274号

内 容 提 要

　　本书主要介绍Office 2019的3个主要组件Word、Excel和PowerPoint在商务办公中的应用，包括编辑Word文档、设置Word文档版式、美化Word文档、Word文档高级排版、制作Excel表格、计算Excel数据、处理Excel数据、分析Excel数据、编辑幻灯片、美化幻灯片、设置音视频与动画、添加交互与放映输出等内容。

　　本书适合作为各类院校相关专业学生的教材或辅导用书，也适合作为商务办公人员提高办公技能的参考用书。

- ◆ 主　　编　陈年华　杨　明　王　云
　　　副主编　王静奕　王红纪　张　真
　　　责任编辑　楼雪樵
　　　责任印制　王　郁　焦志炜
- ◆ 人民邮电出版社出版发行　　北京市丰台区成寿寺路 11 号
　　邮编　100164　　电子邮件　315@ptpress.com.cn
　　网址　https://www.ptpress.com.cn
　　北京博海升彩色印刷有限公司印刷
- ◆ 开本：700×1000　1/16
　　印张：20　　　　　　　　　2020 年 10 月第 1 版
　　字数：456 千字　　　　　　2020 年 10 月北京第 1 次印刷

定价：69.80元

读者服务热线：**(010)81055256**　印装质量热线：**(010)81055316**
反盗版热线：**(010)81055315**
广告经营许可证：京东市监广登字 20170147 号

前言
PREFACE

在日常办公中，办公人员常常需要制作通知、计划或规章制度等类型的文档，这时候就可以用 Word 来实现；办公人员有时候还需要制作各种表格，如考勤表、工资表和销售分析表等，并录入和管理数据，这时就可以借助 Excel 来实现；而如果要进行报告、演讲或员工培训演示，办公人员就可以使用 PowerPoint 来制作各种类型的演示文稿。综上所述，Office 的三大组件是日常办公中非常基础的、常用的办公软件，熟练掌握这三大组件的使用方法，对职场上的办公人员或即将步入职场的求职者来说都具有重要的意义。

■ 本书内容

本书内容的安排和结构设计从读者的实际需要出发，兼具实用性、条理性，可以帮助零基础读者学会 Office 2019 的三大组件的使用方法。

本书内容涵盖 Office 2019 的新功能，如 3D 模型、图标和沉浸式阅读器等，详细讲解了三大组件的基础知识：Word 的基本操作，Word 文档的格式设置、美化和排版；制作 Excel 表格，Excel 数据的计算、处理和分析；编辑和美化幻灯片，为幻灯片设置多媒体和动画，添加交互与放映输出等。

本书可以让读者对 Word、Excel 和 PowerPoint 这三大组件的功能有一个整体认识，并指导读者将其运用到日常的商务办公中。

本书注重理论知识与实践操作的紧密结合，讲解灵活，或以文字描述，或以实例演示，或以项目列举，书中穿插着"知识补充""技巧秒杀"等小栏目，不仅版面丰富，而且知识全面。

■ 本书配套资源

本书提供丰富的配套资源，具体内容如下。

视频演示： 本书所有的实例操作均配有视频演示，并以二维码的形式提供给读者，读者只需扫描书中的二维码，便可随时随地观看视频，提高学习效率。

素材、效果和模板文件： 本书不仅提供了实例操作需要的素材、效果和模板文件，还附赠了公司日常管理能用到的 Word 模板、Excel 办公表格模板、职场 PPT 模板及编者精心收集整理的精美素材。

海量相关资料： 本书配套提供，Excel 常用函数功能速查表及 Word、Excel 和 PPT 常用快捷键速查表等资料，有助于进一步提高读者的办公软件应用水平。

对于以上配套资源中的素材、效果和模板文件及其他相关资料，读者可通过访问人邮教育社区（www.ryjiaoyu.com），搜索本书书名后下载并使用。

本书由陈年华、杨明、王云担任主编，由王静奕、王红纪、张真担任副主编，谷利芬参与了编写并为本书提供了大量案例。

由于编者水平有限，书中难免有疏漏之处，望广大读者批评指正。

编　者

2020 年 4 月

目 录
CONTENTS

第一部分
Word 应用

第一部分

第 **4** 章

Word 文档高级排版 79

Word 应用

目录
CONTENTS

第二部分
Excel 应用

第 **6** 章

计算 Excel 数据........... 125

第7章

处理 Excel 数据 149

Excel 应用

目 录
CONTENTS

第三部分
PowerPoint 应用

第三部分

PowerPoint 应用

Word 应用

第1章

编辑 Word 文档

本章导读

Word 2019 是一款被广泛应用于办公领域的专业文档制作软件，它可以帮助企业和个人完成日常的文档处理工作，可以满足绝大部分办公需求。本章主要介绍 Word 的基本操作，如新建文档、输入文本内容、文本的基本操作、保存与关闭文档、设置字符格式和段落格式、保护文档等。

1.1 制作"招聘启事"文档

公司决定招聘 3 名 Java 高级开发工程师，需要人事部制作一份"招聘启事"。人事部将该任务分配给了刚进公司的小姚，她决定使用 Word 2019 来制作招聘启事文档。招聘启事是用人单位面向社会公开招聘有关人员时使用的一种应用文书，其撰写质量会影响招聘的效果和招聘单位的形象。通常，招聘启事都会包含以下内容：单位的名称、性质和基本情况；招聘人才的专业与人数；应聘资格与条件；应聘方式与截止日期；其他相关信息等。

效果文件所在位置 效果文件 \ 第 1 章 \ 招聘启事 .docx

1.1.1 新建文档

使用 Word 2019 制作和编辑办公文档，用户不仅可以进行文字的输入、编辑、排版和打印，还可以制作出各种图文并茂的效果。使用 Word 2019 制作文档的第一步是新建一个 Word 文档，通常有以下两种方式。

微课：新建文档

1. 利用"开始"菜单创建文档

"开始"菜单集合了操作系统中安装的所有程序，通过"开始"菜单可以启动 Word 2019，并新建一个空白的 Word 文档，具体操作步骤如下。

STEP 1 打开"开始"菜单

1 在操作系统桌面上单击"开始"按钮；2 打开"开始"菜单，在字母 W 开头的列表中选择"Word"命令。

STEP 2 选择新建文档样式

1 启动 Word 2019，打开其登录界面，在左侧的导航窗格中选择"新建"选项；2 在右侧的任务窗格中选择"空白文档"样式。

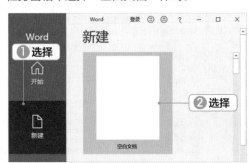

STEP 3 新建 Word 文档

进入 Word 2019 的工作界面，可以看到文档的名称为"文档 1"，该文档即为新建的 Word 文档。

第一部分

通过其他方式启动 Word 2019

如果是近期安装的 Word 2019，可在"开始"菜单的"最近添加"列表中选择"Word"命令启动 Word 2019；如果经常使用 Word 2019，可在"最常用"列表中选择"Word"命令启动 Word 2019。

2. 利用快捷菜单创建文档

利用单击鼠标右键弹出的快捷菜单，也能新建一个空白的 Word 文档，具体操作步骤如下。

STEP 1　选择菜单命令

① 在文件夹中或操作系统桌面上的空白处单击鼠标右键；② 在弹出的快捷菜单中选择"新建"命令；③ 在展开的子菜单中选择"DOCX 文档"命令。

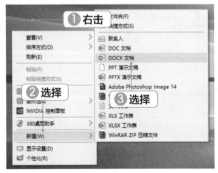

STEP 2　创建新文档

新建一个 Word 文档，文档的名称呈"蓝底白字"状态，可以直接输入并修改文档的名称。

STEP 3　打开新文档

双击该文档，即可打开新建的 Word 文档。

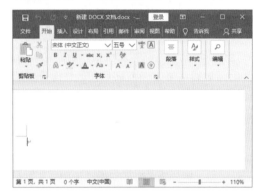

知识补充

使用模板新建文档

用户还可根据 Word 2019 提供的模板新建常用的办公文档。其方法如下：在 Word 2019 工作界面中单击"文件"选项卡，在打开的界面的左侧的导航窗格中选择"新建"选项，在右侧的任务窗格中双击需要的模板或在"搜索联机模板"搜索框中输入需要的模板类型，然后在搜索结果中单击需要的模板，并在打开的对话框中单击"创建"按钮，即可下载并应用该模板。

1.1.2 输入文本内容

文本是 Word 文档最基本的组成部分，因此输入文本内容是 Word 2019 最常见的操作。常见的文本内容包括中文、英文、数字、特殊符号、日期和时间等，下面逐一进行介绍。

微课：输入文本内容

1. 输入基本字符

基本字符通常是指通过键盘可以直接输入的中文、英文、标点符号和数字等。在 Word 2019 中输入基本字符的方法比较简单，将光标定位到需要输入文本的位置，切换输入法，然后通过键盘直接输入即可，具体操作步骤如下。

STEP 1 输入中文

❶切换到中文输入法，在新建的 Word 文档中输入招聘启事的标题；❷将光标定位到文档的开始位置，按空格键将文档标题移动到首行居中的位置。

STEP 2 输入标点符号和英文

❶将光标定位到标题末尾，按两次【Enter】键将光标定位到第 3 行，按【Backspace】键将光标定位到第 3 行的开始位置；❷输入"招聘职位"，按【Shift+:】组合键输入标点符号"："；❸按【Caps Lock】键，输入大写英文字符"JAVA"再按【Caps Lock】键，重新切换到中文输入模式，继续输入"高级开发工程师"。

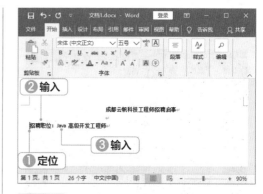

STEP 3 输入数字

按照前面的方法继续输入招聘启事的内容，在第 5 行的文本"发布日期："的右侧，依次按【2】【0】【2】【0】键，输入数字"2020"，用同样的方法输入其他数字。

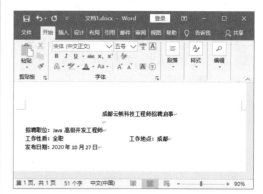

技巧秒杀

使用数字键区输入数字

对于数字较多的文档，可以使用小键盘的数字键区进行输入。可先按【Num Lock】键激活数字输入，再直接按相应数字键即可输入数字。

第一部分

STEP 4 输入其他内容

按照前面的方法继续输入招聘启事的其他内容，效果如下图所示。

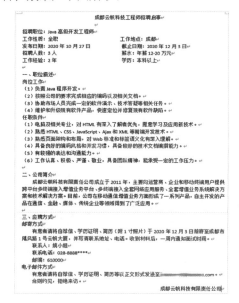

2. 输入特殊字符

在制作 Word 文档的过程中，难免会遇到需要输入图形化符号使文档更加丰富美观的情况。一般的符号可通过键盘直接输入，但一些特殊的图形化符号却不能通过键盘直接输入，如"☆"和"○"等。这些图形化的符号可通过打开"符号"对话框，在其中选择相应的类别，找到需要的符号选项后以插入的方式输入。下面在文档中插入"◆"符号，具体操作步骤如下。

STEP 1 打开"符号"对话框

① 将光标定位到输入好的招聘启事文档第 3 行文本的左侧；② 在【插入】/【符号】组中单击"符号"按钮；③ 在打开的列表中选择"其他符号"选项。

技巧秒杀

通过输入法的软键盘输入特殊字符

通过输入法的"软键盘"功能，也可以输入很多特殊字符。

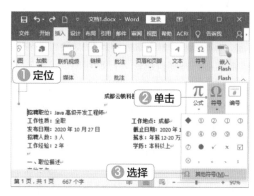

STEP 2 选择字符样式

① 打开"符号"对话框，在"子集"下拉列表框中选择"几何图形符"选项；② 在下面的列表框中选择需要插入的字符"◆"；③ 单击"插入"按钮。

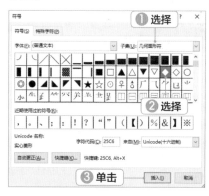

STEP 3 完成特殊字符输入

将光标定位到需要输入特殊字符的位置，单击"插入"按钮，继续插入"◆"字符，完成所有插入操作后，关闭"符号"对话框。

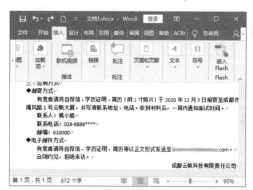

第一章 编辑 Word 文档

3. 输入日期和时间

在 Word 2019 中，用户可以通过中文和数字结合的方式直接输入日期和时间，也可以通过 Word 2019 的插入日期和时间功能，快速输入当前的日期和时间。下面在招聘启事文档中输入当前的日期和时间，具体操作步骤如下。

STEP 1 打开"日期和时间"对话框

❶将光标定位到招聘启事文档最后一行文本的末尾，按【Enter】键；❷换行后，在【插入】/【文本】组中单击"日期和时间"按钮。

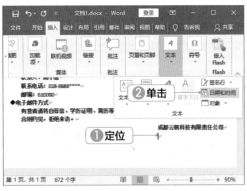

STEP 2 选择日期和时间样式

❶打开"日期和时间"对话框，在"可用格式"列表框中选择一种日期和时间的格式；❷单击"确定"按钮。

STEP 3 完成日期和时间输入

返回 Word 文档，即可查看输入的日期和时间。

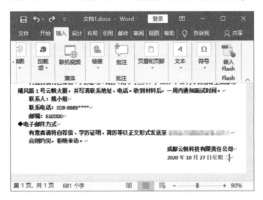

1.1.3 文本的基本操作

制作 Word 文档时，可能会对某个字符、某个词组、某段文本或全部文本进行编辑，这就需要在 Word 2019 中进行文本的各种基本操作。文本的基本操作主要包括复制与移动文本、查找与替换文本、删除与改写文本、撤销与恢复文本等。

微课：文本的基本操作

1. 复制与移动文本

移动文本是将文本内容从一个位置移动到另一个位置，而原位置的文本将不复存在；复制文本则是将现有文本复制到文档的其他位置或其他文档中去，但不改变原有文本。在前面输

入的招聘启事文档中复制与移动文本，具体操作步骤如下。

STEP 1 复制文本

❶将光标定位到文档第 12 行"公司的"文本的左侧，按住鼠标左键不放，向右拖动鼠标光

标直到该文本的右侧，释放鼠标左键选择该文本内容；**2** 在文本上单击鼠标右键；**3** 在弹出的快捷菜单中选择"复制"选项。

本上单击鼠标右键；**3** 在弹出的快捷菜单中选择"剪切"选项，该文本将在原位置消失，移动到 Word 2019 剪贴板中。

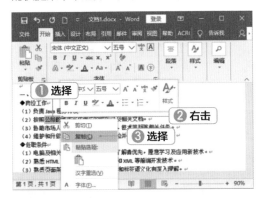

STEP 2　粘贴文本

1 将光标定位到第 13 行"协助"文本的右侧；**2** 单击鼠标右键；**3** 在弹出的快捷菜单"粘贴选项"栏中单击"保留源格式"按钮，将"公司的"文本复制到该处。

STEP 4　粘贴文本

将该文本粘贴到第 14 行"维护和升级"文本右侧，完成移动文本的操作。

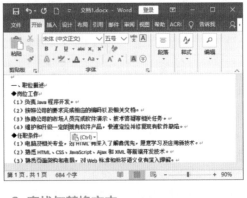

2. 查找与替换文本

在使用 Word 2019 编辑文档时，经常可能出现字符输入错误的情况，逐个修改会花费大量的时间，利用 Word 2019 的查找与替换功能则可以快速地改正文档中的错误，提高工作效率。在前面输入的招聘启事文档中查找"电脑"文本，并将其替换为"计算机"，具体操作步骤如下。

STEP 1　选择操作

在【开始】/【编辑】组中单击"查找"按钮。

技巧秒杀

复制、剪切和粘贴命令快捷键

复制与移动文本均可利用快捷键完成，选择文本后，按【Ctrl+C】组合键复制文本或按【Ctrl+X】组合键剪切文本，再按【Ctrl+V】组合键粘贴文本。

STEP 3　移动文本

1 选择文档第 13 行"一定的"文本；**2** 在文

第1章　编辑 Word 文档

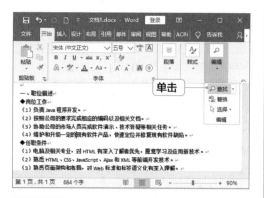

STEP 2　搜索文本

1 Word 2019 工作界面的左侧会打开"导航"窗格，在搜索框中输入"电脑"；**2** 系统会自动查找该文本，并显示搜索结果，查找到的文本将以黄色底纹显示出来。

STEP 3　选择操作

1 单击搜索框右侧的下拉按钮；**2** 在下拉列表中选择"替换"选项。

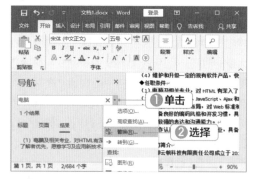

STEP 4　替换文本

1 打开"查找和替换"对话框，在"替换"选

项卡的"替换为"下拉列表框中输入"计算机"；**2** 单击"全部替换"按钮；**3** 在打开的提示对话框中单击"确定"按钮。

STEP 5　完成替换操作

返回"查找与替换"对话框，单击"关闭"按钮，关闭该对话框。返回 Word 文档，可以看到文本已经被替换。

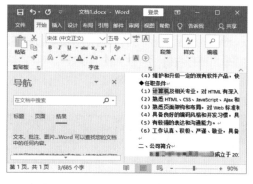

3. 删除与改写文本

　　删除与改写文本的目的是删除多余或重复的文本、修改文档中的错误，以提高工作效率。在前面输入的招聘启事文档中删除和改写文本，具体操作步骤如下。

STEP 1　删除文本

选择文档倒数第 9 行中的"云帆大厦"文本，按【Delete】键或【Backspace】键即可删除该文本。

知识补充

【Delete】键和【Backspace】键的区别

　　按【Delete】键，将删除光标右侧的字符；按【Backspace】键，将删除光标左侧的字符。

第一部分

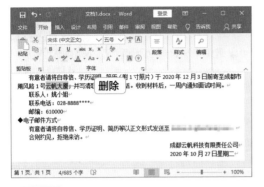

STEP 2　改写文本

将光标定位到第 16 行"技术"文本左侧，按【Insert】键，输入"云开发"，就会发现新的文本直接替代了旧的文本。再次按【Insert】键即可退出改写文本状态。

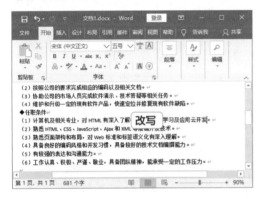

知识补充

通过状态栏进入改写状态

在 Word 2019 工作界面底部的状态栏单击鼠标右键，在弹出的快捷菜单中选择"改写"命令，也可进入改写状态。

4. 撤销与恢复文本

编辑文本时系统会自动记录执行过的所有操作，通过"撤销"功能可将错误操作撤销，如误撤销了某些操作，还可将其恢复。在前面输入的招聘启事文档中撤销与恢复文本，具体操作步骤如下。

STEP 1　删除文本

在文档中选择第 11 行文本，按【Delete】键或

【Backspace】键将其删除。

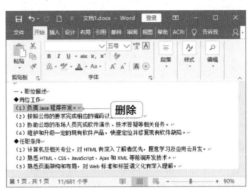

STEP 2　撤销操作

1 单击 Word 2019 工作界面左上角快速访问工具栏中的"撤销"按钮；**2** 撤销删除文本的操作，恢复被删除的文本。

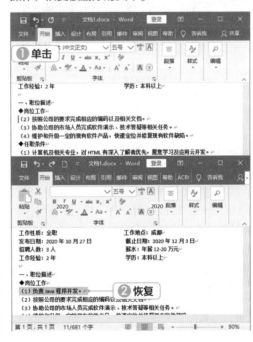

技巧秒杀

撤销与取消撤销的快捷键

按【Ctrl+Z】组合键可以执行撤销操作；按【Ctrl+Y】组合键可以执行取消撤销操作。

1.1.4　保存与关闭文档

对于编辑好的文档，还需要及时进行保存，这样可以避免由于计算机死机、断电等外在因素或突发状况造成文档的丢失或损坏，下面讲解保存与关闭文档的方法。

微课：保存与关闭文档

1. 保存文档

通常在 Word 2019 中新建文档之后，都需要对其进行保存操作，主要包括设置文档的名称和保存的位置。将前面制作好的招聘启事文档进行保存，具体操作步骤如下。

STEP 1　选择操作

单击 Word 2019 工作界面左上角快速访问工具栏中的"保存"按钮。

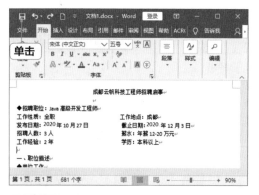

STEP 2　选择保存位置

1 在打开的界面的"另存为"栏中选择"这台电脑"选项；2 在下面选择"浏览"选项。

STEP 3　设置保存参数

1 打开"另存为"对话框，首先选择文档在计算机中的保存位置；2 在"文件名"下拉列表框中输入"招聘启事"；3 单击"保存"按钮。

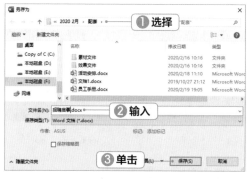

STEP 4　完成保存操作

完成保存操作后，可以看到该文档的名称已经变成了设置后的名称。

技巧秒杀

快速保存文档与另存为文档

在制作文档时，可以按【Ctrl+S】组合键来快速保存。选择【文件】/【另存为】命令，则可将文档另存为其他名称或保存到其他位置。

2. 设置自动保存

Word 2019 提供自动保存功能，只要设置好保存的时间间隔，系统就会自动保存编辑的文档，但是自动保存功能只能在已经保存过的文档中才能启用。为前面保存好的"招聘启事.docx"文档设置自动保存，具体操作步骤如下。

STEP 1 **打开"文件"列表**

在 Word 2019 工作界面中单击"文件"选项卡。 在打开的界面的左侧的导航窗格中选择"选项"选项。

STEP 2 **设置自动保存**

❶ 打开"Word 选项"对话框，在左侧的窗格中选择"保存"选项卡；❷ 单击选中"保存自动恢复信息时间间隔"复选框；❸ 在右侧的数值框中输入"10"；❹ 单击"确定"按钮，完成自动保存的设置。

3. 关闭文档

关闭文档的同时，系统也会关闭 Word 2019。关闭"招聘启事.docx"文档，具体操作步骤如下。

STEP 1 **展开"文件"列表**

在 Word 2019 工作界面中单击"文件"选项卡。

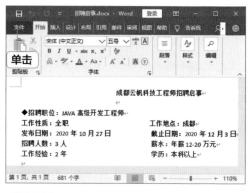

STEP 2 **关闭文档**

在打开的界面的左侧的导航窗格中选择"关闭"选项，即可关闭 Word 文档。

技巧秒杀

快速关闭文档

单击 Word 2019 工作界面右上角的"关闭"按钮或按【Ctrl+F4】组合键，可以快速关闭 Word 文档。

1.2 编辑"工作计划"文档

工作计划类文档具有一定的层次结构，需要对其进行一系列的格式调整操作，如设置字符格式和段落样式等，以达到规范整齐的效果。

云帆纸业的行政部门经理制订了一份最新的年度质量工作计划，由于该经理不会使用 Word 2019 的相关功能，只是将计划输入到了文档中，需要秘书为该文档设置字符和段落的格式，以便突出重点，让各部门领导在开会时能够仔细查看。

> **素材文件所在位置** 素材文件 \ 第 1 章 \ 工作计划 .docx
> **效果文件所在位置** 效果文件 \ 第 1 章 \ 工作计划 .docx

1.2.1 设置字符格式

对于商务办公来说，文档中的内容需要有一些设计，比如字体类型变化、字号大小变化等，使文档更清晰明了，更能满足商务办公的需求。在 Word 2019 中，用户可以通过【开始】/【字体】组设置字符的格式。下面主要介绍设置各种字符格式的操作方法。

微课：设置字符格式

1. 设置字形和字体颜色

字形包括字体和字号，而设置字体颜色可以达到着重显示的效果。在"工作计划 .docx"文档中设置字形和字体颜色，具体操作步骤如下。

STEP 1 打开文档

1 选择"工作计划 .docx"文档的保存位置；2 双击打开"工作计划 .docx"文档。

STEP 2 选择字体样式

1 选择标题文本；2 在【开始】/【字体】组中单击"字体"下拉列表框右侧的下拉按钮；3 在下拉列表中选择"方正粗倩简体"选项。

STEP 3 选择字号大小

1 在【开始】/【字体】组中单击"字号"下拉列表框右侧的下拉按钮；2 在下拉列表中选择"二号"选项。

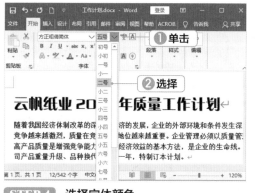

STEP 4 　选择字体颜色

1 在【开始】/【字体】组中单击"字体颜色"按钮右侧的下拉按钮；2 在下拉列表的"标准色"栏中选择"深红"选项。

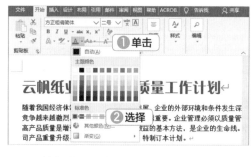

2. 设置字符特效

Word 2019 中常用的字符特效包括加粗、倾斜、下划线、上标和下标等。在"工作计划 .docx"文档中设置这些字符特效，具体操作步骤如下。

STEP 1 　加粗字符

1 按住【Ctrl】，键选择第 2 段和第 7 段文本；2 在【开始】/【字体】组中单击"加粗"按钮。

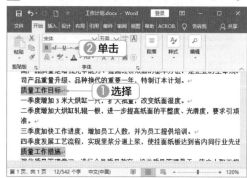

STEP 2 　倾斜字符并添加下划线

1 选择第 3 段～第 6 段文本；2 在【开始】/【字体】组中单击"倾斜"按钮；3 单击"下划线"按钮。

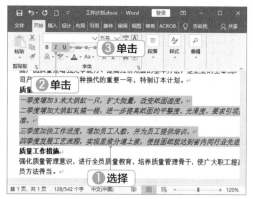

STEP 3 　设置上标

1 在第 1 行文本的末尾，按【Ctrl+Alt+C】组合键输入"©"符号，选择该符号；2 在【开始】/【字体】组中单击"上标"按钮。

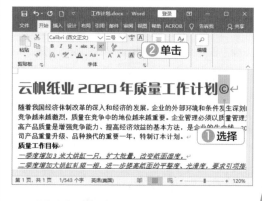

3. 设置字符间距

合理设置字符间距可以使文档更加有条理，便于阅读，一般利用"字体"对话框设置字符间距。设置"工作计划 .docx"文档标题的字符间距，具体操作步骤如下。

STEP 1 　打开"字体"对话框

1 选择文档的标题文本；2 在【开始】/【字体】组中单击右下角的"字体"按钮。

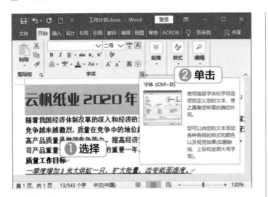

STEP 2 设置字符间距

1 打开"字体"对话框，单击"高级"选项卡；
2 在"字符间距"栏的"间距"下拉列表中选择"加宽"选项；3 单击"确定"按钮。

1.2.2 设置段落格式

对于商务办公来说，除了需要对字符格式进行设置外，也需要对文档中的段落格式进行设置，如设置对齐方式、段落缩进、行距、段间距，以及项目符号和编号等。对段落格式进行设置，可以让文档的版式更加清晰，使文档便于阅读，下面主要介绍设置这些段落格式的操作方法。

微课：设置段落格式

1. 设置对齐方式

用户可以为文档中的不同的段落设置相应的对齐方式，从而增强文档的层次感。在"工作计划.docx"文档中为段落设置对齐方式，具体操作步骤如下。

STEP 1 设置"居中对齐"

1 选择文档的标题文本；2 在【开始】/【段落】组中单击"居中"按钮。

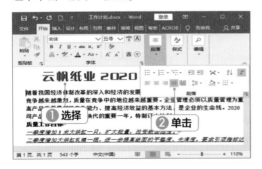

STEP 2 设置"右对齐"

1 选择最后两行文本；2 在【开始】/【段落】组中单击"右对齐"按钮。

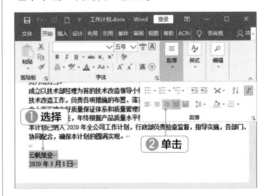

2. 设置段落缩进

设置段落缩进可使文本变得工整，从而清晰地表现文档层次。在"工作计划.docx"文档中设置段落缩进，具体操作步骤如下。

STEP 1 **打开"段落"对话框**

1将光标定位到第 1 段文本中；2在【开始】/【段落】组中单击右下角的"段落"按钮。

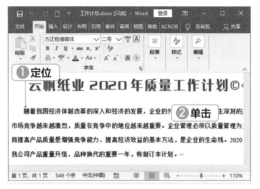

STEP 2 **设置段落缩进**

1打开"段落"对话框的"缩进和间距"选项卡，在"缩进"栏的"特殊"下拉列表框中选择"首行"选项；2在"缩进值"数值框中输入"2 字符"；3单击"确定"按钮。

STEP 3 **设置其他段落缩进**

选择第 8 段～第 11 段文本，用同样的方法设置段落缩进，效果如下图所示。

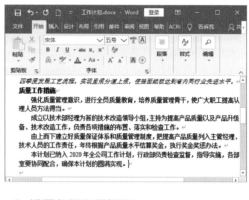

3. 设置行距和段间距

合适的文档间距可使文档一目了然，设置文档间距的操作一般包括设置行距和设置段间距。在"工作计划 .docx"文档中设置行距和段间距，具体操作步骤如下。

STEP 1 **设置行距**

1按【Ctrl+A】组合键，选择整个文档的所有文本，在【开始】/【段落】组中单击"行和段落间距"按钮；2在打开的列表中选择"1.5"选项。

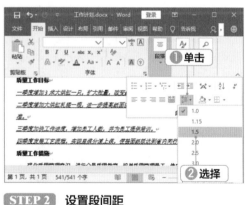

STEP 2 **设置段间距**

1选择文档的标题文本，在【开始】/【段落】组中单击"段落"按钮，打开"段落"对话框的"缩进和间距"选项卡，在"间距"栏的"段后"数值框中输入"0.5 行"；2单击"确定"按钮。

第一部分

4. 设置项目符号和编号

用户使用 Word 2019 制作文档时，常常会为文本段落添加项目符号或编号，使文档层次分明、条理清晰。在"工作计划.docx"文档中添加项目符号和编号，具体操作步骤如下。

STEP 1 添加项目符号

1 选择第 2 段文本；2 在【开始】/【段落】组中单击"项目符号"按钮右侧的下拉按钮；3 在下拉列表的"项目符号库"栏中选择"正方形"选项。

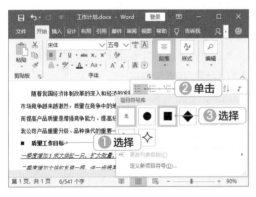

STEP 2 添加编号

1 选择第 3 段～第 6 段文本；2 在【开始】/【段落】组中单击"编号"按钮右侧的下拉按钮；3 在下拉列表的"编号库"栏中选择第 2 个编号样式。

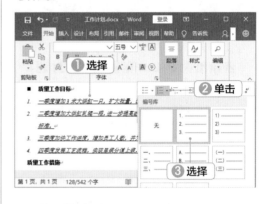

5. 使用格式刷

在 Word 2019 中，格式刷具有非常强大的复制格式的功能，格式刷能够将所选文本或段落的所有格式复制到其他文本或段落中，大大减少了编辑文档时的重复劳动。在"工作计划.docx"文档中利用格式刷复制格式，具体操作步骤如下。

STEP 1 选择源格式

1 选择第 2 段文本；2 在【开始】/【剪贴板】组中单击"格式刷"按钮；3 将鼠标指针移动到文档中，发现其变成了"格式刷"形状。

STEP 2 复制格式

按住鼠标左键选择需要粘贴格式的目标文本，释放鼠标左键后，目标文本的格式即与源文本的格式相同。

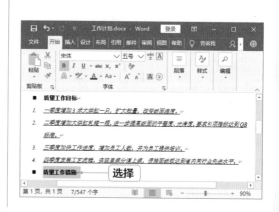

知识补充

单击与双击格式刷

单击"格式刷"按钮，格式刷只能使用一次。双击"格式刷"按钮，格式刷则可重复使用，使用完后再次单击"格式刷"按钮即可取消该按钮的应用状态。

1.2.3 保护文档

商务办公中经常会涉及很多具有机密性的文档，用户如果使用 Word 2019 进行编辑，可以对文档进行一定的保护，以防止无操作权限的人员随意打开或修改该文档。Word 2019 为用户提供了一些保护文档的基本功能，如设置为只读、标记为最终状态、设置文档加密、设置限制编辑等。下面介绍实现这些保护功能的基本操作。

微课：保护文档

1. 设置为只读

在 Word 2019 中，当一种文档的名称中显示了"只读"字样，说明这种文档只能阅读，无法被修改，这就是只读文档。将文档设置为只读文档，就能起到保护文档内容的作用。将"工作计划.docx"文档设置为只读文档，具体操作步骤如下。

STEP 1 打开"另存为"对话框

❶单击 Word 2019 工作界面左上角的"文件"选项卡，在打开的界面的左侧的导航窗格中选择"另存为"选项，在"另存为"栏中选择"这台电脑"选项，在下面选择"浏览"选项，打开"另存为"对话框，在地址栏中选择文档的保存位置；❷单击"工具"按钮；❸在打开的列表中选择"常规选项"选项。

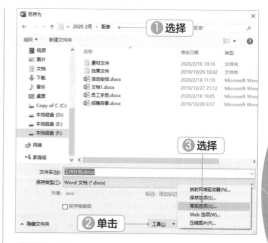

STEP 2 设置常规选项

❶打开"常规选项"对话框，单击选中"建议以只读方式打开文档"复选框；❷单击"确定"按钮。

STEP 3　选择打开方式

返回"另存为"对话框，单击"保存"按钮即可完成该设置。当打开该文档时，Word 2019将先打开如下图所示的提示框，单击"是"按钮。

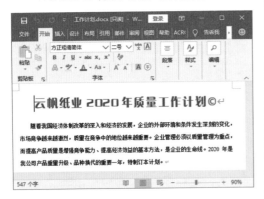

STEP 4　打开只读文档

Word 2019 将以只读方式打开保存的文档。

2. 标记为最终状态

　　将文档标记为最终状态的目的是让读者知道该文档是最终版本，被标记为最终状态的文档也是只读文档。将"工作计划.docx"文档标记为最终状态，具体操作步骤如下。

STEP 1　标记为最终状态

1 单击 Word 2019 工作界面左上角的"文件"选项卡，在打开的界面的左侧的导航空格中选择"信息"选项；2 在中间的"信息"栏中单击"保护文档"按钮；3 在打开的列表中选择"标记为最终"选项。

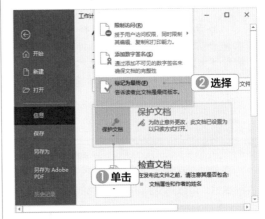

STEP 2　确认标注为最终状态

打开提示对话框，要求用户确认是否将该文档标记为终稿，单击"确定"按钮。

STEP 3　提示文档已被标记为最终

打开提示对话框，提示该文档已经被标记为最终状态，单击"确定"按钮。

STEP 4　只读状态显示

用户再次打开该文档时，文档名称显示"只读"字样，无法对文档进行编辑。如果要编辑该文档，需要单击标题栏下方的"仍然编辑"按钮。

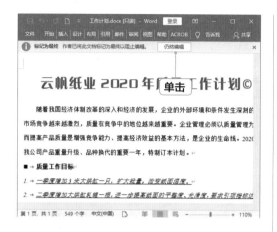

3. 设置文档加密

前面两种文档保护方法都比较简单，并不能全面保护重要的文档。当文档中的数据或信息非常重要，且禁止随意传阅或更改时，可以通过设置密码的方式对文档进行保护。为"工作计划 .docx"文档设置密码，具体操作步骤如下。

STEP 1　选择加密选项

■1 单击 Word 2019 工作界面左上角的"文件"选项卡，在打开的界面的左侧的导航窗格中选择"信息"选项；■2 在中间的"信息"栏中单击"保护文档"按钮；■3 在打开的列表中选择"用密码进行加密"选项。

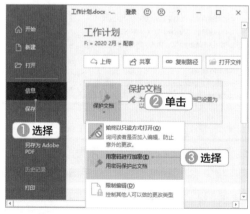

STEP 2　输入密码

■1 打开"加密文档"对话框，在"密码"文本框中输入"11335577"；■2 单击"确定"按钮。

STEP 3　确认密码

■1 打开"确认密码"对话框，在"重新输入密码"文本框中输入"11335577"；■2 单击"确定"按钮。

STEP 4　打开加密文档

■1 保存文档后，加密生效。在打开该加密文档时，系统将首先打开"密码"对话框，在其中的文本框中输入正确的密码；■2 单击"确定"按钮，才能打开文档。

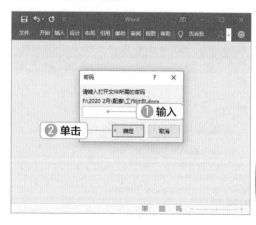

4. 设置限制编辑

在 Word 2019 中，为了防止文档被自己或他人误编辑，用户可以通过设置限制编辑的方式来保护文档。为"工作计划 .docx"文档设置限制编辑，具体操作步骤如下。

第1章　编辑 Word 文档

STEP 1 选择操作

1 单击 Word 2019 工作界面左上角的"文件"选项卡，在打开的界面的左侧的导航窗格中选择"信息"选项；2 在中间的"信息"栏中单击"保护文档"按钮；3 在打开的列表中选择"限制编辑"选项。

STEP 2 设置选项

1 在文档工作界面右侧打开"限制编辑"窗格，在"2.编辑限制"栏中单击选中"仅允许在文档中进行此类型的编辑"复选框；2 在下面的下拉列表框中选择"不允许任何更改（只读）"选项。

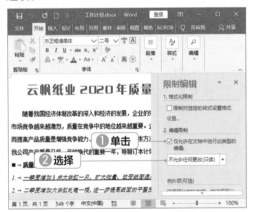

STEP 3 启动强制保护

1 在"限制编辑"窗格的"3.启动强制保护"栏中单击"是，启动强制保护"按钮；2 打开"启动强制保护"对话框，单击选中"密

码"单选项；3 在"新密码"文本框中输入"123456"；4 在"确认新密码"文本框中输入"123456"；5 单击"确定"按钮。

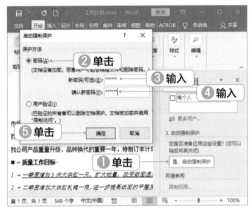

STEP 4 完成限制编辑

返回文档，用户将无法对文档进行编辑，在 Word 2019 功能区将无法进行操作。如果要取消对文档的强制保护，需要在"限制编辑"窗格中单击"停止保护"按钮。

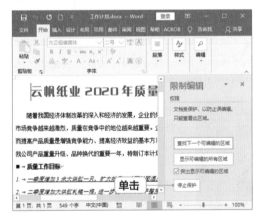

STEP 5 取消强制保护

1 打开"取消保护文档"对话框，在"密码"文本框中输入正确的密码；2 单击"确定"按钮，即可取消对文档的强制保护。

新手加油站 ——编辑 Word 文档技巧

1. 使用自动更正快速输入分数

在编辑文档的过程中，有时需要输入分数，如"½"，但手动输入既麻烦又浪费时间。此时，用户可通过设置 Word 2019 选项来快速输入分数，具体操作步骤如下。

1 启动 Word 2019，单击 Word 2019 工作界面左上角的"文件"选项卡，在打开的界面的左侧的导航窗格中选择"选项"选项。

2 打开"Word 选项"对话框，单击左侧的"校对"选项卡，在右侧的"自动更正选项"栏中单击"自动更正选项"按钮。

3 打开"自动更正"对话框，单击"键入时自动套用格式"选项卡，在"键入时自动替换"栏中单击选中"分数（1/2）替换为分数字符（½）"复选框。

4 依次单击"确定"按钮，关闭对话框。此后在文档中输入"1/2"形式的分数后，按【Enter】键，该字符则会被自动替换为"½"形式。

2. 快速输入中文大写数字

使用 Word 2019 编写文档时，用户可能会遇到需要输入中文大写数字的情况。Word 2019 提供了一种简单快速的方法，可将输入的阿拉伯数字快速转换为中文大写数字，具体操作步骤如下。

1 选择文档中需要转换为中文大写数字的阿拉伯数字，在【插入】/【符号】组中，单击"编号"按钮。

2 打开"编号"对话框，在"编号类型"列表框中选择"壹，贰，叁 ..."选项，单击"确定"按钮，即可将所选数字转换为中文大写数字。

3. 快速切换英文字母大小写

使用 Word 2019 编辑英文文档时，经常需要切换大小写，通过快捷键可实现快速切换。以"office"单词为例，在文档中选择"office"文本，按【Shift+F3】组合键一次，将其切换为"Office"；再按一次【Shift+F3】组合键，可切换为"OFFICE"；再按一次【Shift+F3】组合键，可切换回"office"。

4. 利用标尺快速对齐文本

Word 2019 有一项标尺功能，单击水平标尺上的滑块，可方便地设置制表位的对齐方式，它以左对齐式、居中式、右对齐式、小数点对齐式、竖线对齐式的方式和首行缩进、悬挂缩进循环切换，具体操作步骤如下。

1 选择【视图】/【显示】组，单击选中"标尺"复选框，标尺即可在页面的上方（即工具栏的下方）显示出来。

2 选择要对齐的段落或整篇文档内容。

3 选择首行缩进标尺，并按住鼠标左键进行拖动，可将选中的段落或整篇文章的行首移动到对齐位置处；选择左缩进标尺，并按住鼠标左键进行拖动，可将选中的段落或整篇文章内容移动到对齐位置处。

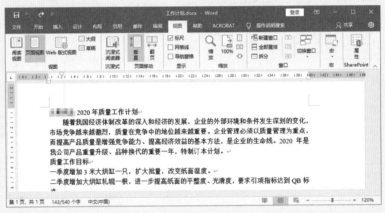

5. 使用空行替换快速删除空行

从网页复制文本到 Word 2019 中，文档中经常会出现许多空行，逐一删除这些空行会增加工作量。通过"空行替换"的方法可以快速去除文档中多余的空行，具体操作步骤如下。

1 打开带有多余空行的 Word 文档，在【开始】/【编辑】组中单击"替换"按钮。

2 打开"查找和替换"对话框，在"替换"选项卡中的"查找内容"文本框中输入"^p^p"，在"替换为"文本框中输入"^p"，单击"全部替换"按钮即可将文档中多余的空行快速删除。

6. 关闭更正拼写和语法功能

使用 Word 2019 编辑文本，有时在文本的下方会出现双划线或波浪线，这是因为 Word 2019 开启了键入时自动检查拼写与语法错误的功能，关闭该功能即可去除双划线或波浪线，具体操作步骤如下。

1 启动 Word 2019，单击 Word 2019 工作界面左上角的"文件"选项卡，在打开的界面的左侧的导航窗格中选择"选项"选项。

2 打开"Word 选项"对话框，单击左侧的"校对"选项卡，在右侧的"在 Word 中更正拼写和语法时"栏中撤销选中"键入时检查拼写"复选框。

3 如果只需要在当前使用文档中取消检查拼写与语法错误功能，可在"在 Word 中更正拼写和语法时"栏中单击选中"只隐藏此文档中的拼写错误"和"只隐藏此文档中的语法错误"复选框，设置完成后，单击"确定"按钮。

高手竞技场 ——编辑 Word 文档练习

1. 编辑"表彰通报"文档

打开提供的素材文档"表彰通报.docx"，对文档进行编辑，要求如下。

素材文件所在位置 素材文件 \ 第 1 章 \ 表彰通报 .docx
效果文件所在位置 效果文件 \ 第 1 章 \ 表彰通报 .docx

● 标题设置为"方正大标宋简体、红色、小二居中"，段后距设置为"1 行"。
● 将正文文本设置为"小四"，并使署名和日期段落右对齐。
● 将正文第 2 段和第 3 段文本首行缩进 2 字符。
● 将倒数第 3 段文本设置为"加粗、倾斜、红色"，为其后的正文文本段落添加下划线，并添加项目符号库中第 2 行第 1 个项目符号。
● 将文档的行间距设置为"1.5"。

第**一**章 编辑 Word 文档

2. 编辑"会议纪要"文档

打开提供的素材文档"会议纪要.docx"，对文档进行编辑，要求如下。

 素材文件所在位置 素材文件＼第1章＼会议纪要.docx
效果文件所在位置 效果文件＼第1章＼会议纪要.docx

- 将标题设置为"黑体、二号、居中"，并设置段后距为"1行"。
- 将正文文本设置为"小四"，并使署名和日期段落右对齐。
- 为正文文本设置行距、编号和下划线等。

Word 应用

第 2 章

设置 Word 文档版式

本章导读

使用 Word 2019 完成文档的编辑后，为了让文档更加美观，以及适应不同的打印要求，需要用户对 Word 文档的版面进行优化。本章主要介绍设置 Word 文档版式的基本操作，如设置文档页面、首字下沉、文档分栏、带圈字符、合并字符、页面背景等，还包括应用样式、主题，以及插入封面等。

2.1 制作"活动安排"文档

满福记食品集团将在春节开展一次节日促销活动，需要公司市场部制作一份"活动安排"文档，要求说明具体安排事项，并进行排版。这个类型的文档在商务办公中经常见到，比如公司的内部安排、活动计划等相关文档。该类型的文档的版式可以制作得丰富一些，目的是引起读者的兴趣，使其关注文档的内容。

> **素材文件所在位置** 素材文件 \ 第 2 章 \ 活动安排 .docx
> **效果文件所在位置** 效果文件 \ 第 2 章 \ 活动安排 .docx

2.1.1 设置文档页面

不同类型的办公文档对页面的要求有所不同，所以在制作办公文档时通常需要对页面进行设置。设置文档页面是指对文档页面的大小、方向和页边距等进行设置，并将这些设置应用于文档的所有页，下面进行具体介绍。

微课：设置文档页面

1. 设置页面大小

文档常使用的页面大小为 A4、16 开和 32 开等，不同文档要求的页面大小不同，用户可以根据需要设置页面大小。打开"活动安排 .docx"文档，将其页面大小设置为"A4"，具体操作步骤如下。

STEP 1 选择页面大小

❶打开"活动安排 .docx"文档，在【布局】/【页面设置】组中单击"纸张大小"按钮；❷在打开的列表中选择"A4"选项。

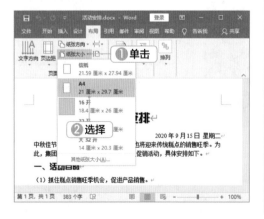

STEP 2 查看效果

对比页面设置前后的效果可以发现，文档页面变得更宽，文本显示效果也更好。

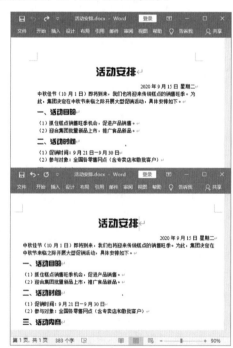

知识补充

A4 纸与"开本"

A4 纸（210 毫米 ×297 毫米）是由国际标准化组织的 ISO 216 定义的标准尺寸纸张之一，世界上多数国家都采用这一国际标准尺寸。开本指书刊幅面的规格大小，即一张全开的印刷用纸裁切成多少页。由于整张原纸的规格不同，所以，切成的小页尺寸大小也不同。由 787 毫米 ×1092 毫米（即正度纸，国内标准）的纸张切成的 16 张小页叫小 16 开，或 16 开（185 毫米 ×260 毫米）；由 889 毫米 ×1194 毫米（即大度纸，国际标准）的纸张切成的 16 张小页叫大 16 开（210 毫米 ×285 毫米），其余以此类推。平时常见的图书大多为 16 开及以下。在实际工作中，由于各印刷厂的技术条件不同，实际用纸与标准纸张相比常有略大或略小的现象。

2. 设置页面方向

为了使页面版式更加美观，用户需要对页面方向进行设置。通常文档的页面方向是"纵向"的，而在本例中，为了满足企业的需要，将"活动安排 .docx"文档的页面方向设置为"横向"，具体操作步骤如下。

STEP 1　设置纸张方向

❶在【布局】/【页面设置】组中单击"纸张方向"按钮；❷在打开的列表中选择"横向"选项。

STEP 2　查看横向页面效果

返回 Word 2019 工作界面，即可看到文档的页面方向由纵向变成了横向。

3. 设置页边距

页边距是指页面四周的空白区域，也就是页面边线到文字的距离，Word 2019 允许用户自定义页边距。为"活动安排 .docx"文档设置页边距，具体操作步骤如下。

STEP 1　设置页边距

❶在【布局】/【页面设置】组中单击"页边距"按钮；❷在打开的列表中选择"中等"选项。

STEP 2　查看效果

返回 Word 2019 工作界面，即可看到将文档的页边距设置为"中等"后的效果。

2.1.2　设置文档版式

　　有些文档需要进行特殊排版，或者使用自定义的中文或混合文字的版式，如首字下沉、文档分栏、带圈字符、中文注音和合并字符等。而这些排版效果并不是只有专业的排版软件才能实现，用户通过 Word 2019 也可以实现这些排版效果。

微课：设置中文版式

1. 设置首字下沉

　　使用首字下沉的排版方式可使文档中的首字更加醒目，通常适用于一些风格较活泼的文档，以达到吸引读者目光的目的。在"活动安排 .docx"文档中设置首字下沉，具体操作步骤如下。

STEP 1　选择首字下沉

❶在第一段文本末尾按【Enter】键，添加空白行；❷选择"中秋"文本；❸在【插入】/【文本】组中单击"首字下沉"按钮；❹在打开的列表中选择"首字下沉选项"选项。

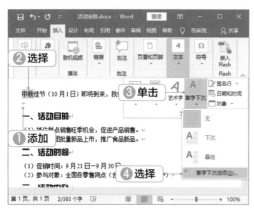

STEP 2　设置下沉参数

❶打开"首字下沉"对话框，在"位置"栏中选择"下沉"选项；❷在"选项"栏的"字体"下拉列表框中选择"方正综艺简体"选项；❸在"下沉行数"数值框中输入"2"；❹在"距正文"数值框中输入"0.2 厘米"；❺单击"确定"按钮。

STEP 3　设置字体颜色

将"中秋"文本的颜色设置为"红色"。

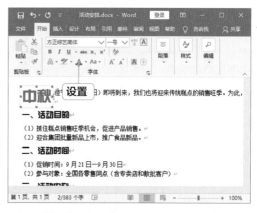

2. 设置文档分栏

　　分栏是指按实际排版需要将文本分成若干个条块，从而使整个页面布局显得更加错落有致，使读者阅读更方便。为"活动安排 .docx"文档设置分栏，具体操作步骤如下。

STEP 1　设置段间距

❶选择除第 1 段外的其他正文文本，在【开始】/【段落】组中单击"行和段落间距"按钮；❷在打开的列表中选择"1.15"选项。

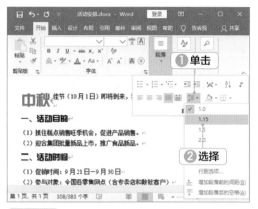

STEP 4 查看分栏效果

返回 Word 2019 工作界面，即可看到设置的分栏效果。

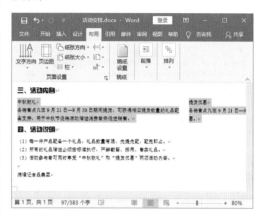

STEP 2 选择更多栏

1 选择需要设置分栏的文本；2 在【布局】/【页面设置】组中单击"栏"按钮；3 在打开的列表中选择"更多栏"选项。

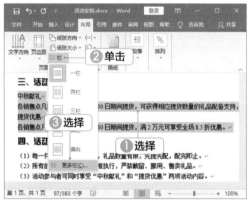

3. 设置带圈字符

在编辑文档时，有时需要在文档中添加带圈字符以起到强调的作用，如输入带圈数字等。为"活动安排.docx"文档设置带圈字符，具体操作步骤如下。

STEP 1 选择文本

1 将光标定位到"中秋献礼"文本右侧；2 在【开始】/【段落】组中单击"居中"按钮。

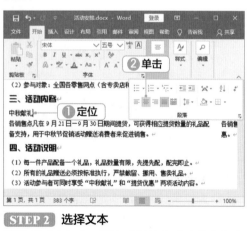

STEP 3 设置分栏

1 打开"栏"对话框，在"预设"栏中选择"两栏"选项；2 单击选中"栏宽相等"复选框；3 单击"确定"按钮。

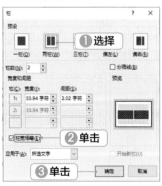

STEP 2 选择文本

1 选择"中"字；2 在【开始】/【字体】组中单击"带圈字符"按钮。

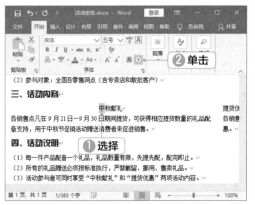

STEP 3 设置带圈字符

1 打开"带圈字符"对话框，在"样式"栏中选择"增大圈号"选项；**2** 在"圈号"栏的"圈号"列表框中选择"圆形"选项；**3** 单击"确定"按钮。

STEP 4 继续设置带圈字符

用同样的方法为"中秋献礼"文本中的剩下 3 个字设置带圈字符，并选中所有的带圈字符，将字体颜色设置为"红色"。

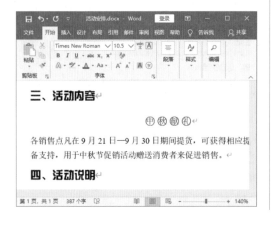

STEP 5 设置其他带圈字符

用同样的方法为分栏文本中的"提货优惠"文本设置带圈字符效果。

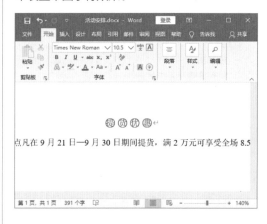

知识补充

中文注音

中文注音就是给中文字符标注汉语拼音。Word 2019 的"拼音指南"功能可为文档的任意文本添加拼音。默认情况下，使用"拼音指南"添加的拼音位于所选文本的上方。给中文注音的方法：选择需要注音的文本，在【开始】/【字体】组中单击"拼音指南"按钮，打开"拼音指南"对话框，在其中对要添加的拼音进行设置，然后单击"确定"按钮即可。

4. 设置合并字符

合并字符能将一段文本合并为一个字符样式，常用于制作名片、出版书籍或制作日常报刊等。为"活动安排 .docx"文档中的文本设置合并字符，具体操作步骤如下。

STEP 1 设置段落对齐

1 删除最后一行文本上方的空白行，并选择最后一行文本；**2** 在【开始】/【段落】组中单击"右对齐"按钮。

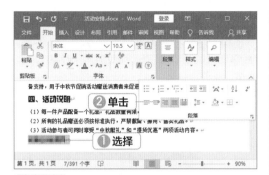

STEP 2 选择"合并字符"选项

1 选择"满福记食品"文本；2 在【开始】/【段落】组中单击"中文版式"按钮；3 在打开的列表中选择"合并字符"选项。

STEP 3 设置合并字符

1 打开"合并字符"对话框，在"文字（最多六个）"文本框中的"满福记"文本右侧输入一个空格；2 在"字体"下拉列表框中选择"方正综艺简体"选项；3 在"字号"下拉列表框中输入"14"；4 单击"确认"按钮。

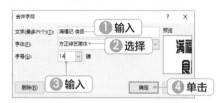

STEP 4 查看合并字符效果

返回 Word 2019 工作界面，即可看到给"满福记食品"文本设置合并字符后的效果。

2.2 编辑"员工手册"文档

员工手册是企业的人事制度管理规范，是企业规章制度、企业文化与企业战略的浓缩，具有展示企业形象、传播企业文化的作用。云帆集团需要为今年入职的员工每人发放一份员工手册，让新员工了解企业形象、认同企业文化，并规范他们的工作和行为。因此，需要对旧的员工手册进行页面背景的设置，并为手册应用样式和主题、设计封面。

素材文件所在位置 素材文件\第2章\员工手册.docx、背景.jpg、Logo.png
效果文件所在位置 效果文件\第2章\员工手册.docx

2.2.1 设置页面背景

商务办公中的文档，有时需要用颜色或图案来吸引读者的注意，常用的办法就是设置页面背景，如设置背景颜色和设置渐变、纹理、图案、图片填充，以及设置水印等。下面介绍使用 Word 2019 设置文档的页面背景的操作方法。

微课：设置页面背景

第 **2** 章 设置Word文档版式

1. 设置背景颜色

用户可以根据需要设置文档页面的背景颜色。页面背景颜色可以直接应用系统提供的颜色，当这些颜色不能满足用户的需要时，用户可以自定义页面颜色。为"员工手册.docx"文档设置背景颜色，具体操作步骤如下。

STEP 1 设置标准背景颜色

1 在【设计】/【页面背景】组中单击"页面颜色"按钮；2 在打开的列表的"标准色"栏中选择"浅绿"选项。

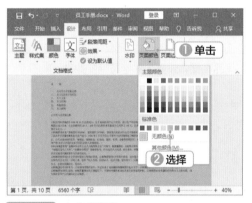

STEP 2 自定义颜色

1 在【设计】/【页面背景】组中单击"页面颜色"按钮；2 在打开的列表中选择"其他颜色"选项。

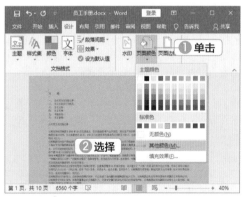

STEP 3 设置颜色

1 打开"颜色"对话框的"自定义"选项卡，在"颜色"区域中单击选择颜色，或者在

下面的"颜色模式"下拉列表框中选择颜色模式，然后在下面的数值框中分别输入数值；2 单击"确定"按钮即可使用自定义的背景颜色。

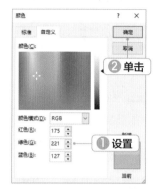

2. 设置渐变填充

页面背景如果只设置为单色，未免太过单一，因此，用户还可以在页面中设置其他填充效果，如渐变、纹理、图案和图片填充等，这些填充效果可以使文档更有层次感。在"员工手册.docx"文档中设置渐变填充，具体操作步骤如下。

STEP 1 选择操作

1 在【设计】/【页面背景】组中单击"页面颜色"按钮；2 在打开的列表中选择"填充效果"选项。

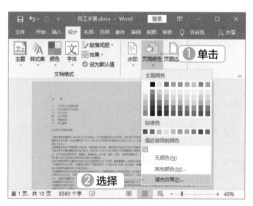

STEP 2 设置渐变填充

1 打开"填充效果"对话框的"渐变"选项

卡，在"颜色"栏中单击选中"双色"单选项；
2 在"底纹样式"栏中单击选中"中心辐射"
单选项；**3** 在"变形"栏中选择右侧的变形样
式；**4** 单击"确定"按钮。

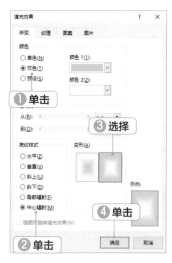

3. 设置纹理填充

在"员工手册 .docx"文档中设置纹理填
充，具体操作步骤如下。

STEP 1 设置纹理填充

1 在"填充效果"对话框中单击"纹理"选项
卡；**2** 在"纹理"列表框中选择"水滴"样式；
3 单击"确定"按钮。

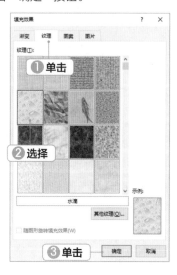

STEP 2 查看效果

返回 Word 2019 工作界面，即可看到为页面设
置水滴纹理填充后的效果。

4. 设置图案填充

在"员工手册 .docx"文档中设置图案填
充，具体操作步骤如下。

STEP 1 设置图案填充

1 在"填充效果"对话框中单击"图案"选项
卡；**2** 在"图案"列表框中选择"空心菱形网
格"样式；**3** 在"前景"下拉列表框中选择前
面自定义的颜色；**4** 单击"确定"按钮。

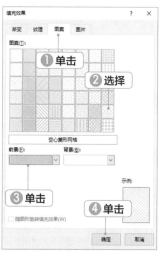

STEP 2 查看页面填充效果

返回 Word 2019 工作界面，即可看到为页面设
置空心菱形网格图案填充后的效果。

5. 设置图片填充

在"员工手册 .docx"文档中设置图片填充，具体操作步骤如下。

STEP 1　选择图片填充

1 在"填充效果"对话框中单击"图片"选项卡；**2** 单击"选择图片"按钮。

STEP 2　选择插入图片来源

打开"插入图片"提示框，选择"从文件"选项。

STEP 3　选择图片

1 打开"选择图片"对话框，选择图片；**2** 单击"插入"按钮。

STEP 4　查看图片背景效果

返回"填充效果"对话框，单击"确定"按钮，即可为页面设置图片填充效果。

6. 设置内置水印

在文档中插入水印是一种标注文档和防止盗版的有效方法，一般插入公司的标志、图片或是某种特别的文本。给文档添加水印，可以增加文档的可识别性。为"员工手册 .docx"文档设置内置的水印，具体操作步骤如下。

STEP 1　选择水印样式

1 在【设计】/【页面背景】组中单击"水印"按钮；**2** 在打开列表的"免责声明"栏中选择"样本 1"选项。

STEP 2　查看水印效果

返回 Word 2019 工作界面，即可看到设置的"样本"水印效果。

7. 设置自定义文字水印

在"员工手册 .docx"文档中设置自定义文字水印，具体操作步骤如下。

STEP 1　选择操作

1在【设计】/【页面背景】组中单击"水印"按钮；2在打开的列表中选择"自定义水印"选项。

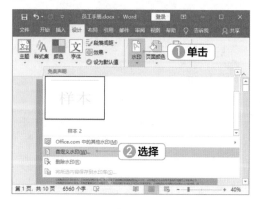

STEP 2　设置水印

1打开"水印"对话框，单击选中"文字水印"单选项；2在"文字"下拉列表框中输入"云帆生物"；3在"字体"下拉列表框中选择"方正姚体简体"选项；4在"颜色"下拉列表框中选择"浅绿"选项；5单击"确定"按钮。

技巧秒杀

调整文字水印的版式

在"水印"对话框的"版式"栏中，单击选中"水平"单选项，设置的文字水印在文档页面中将沿水平方向显示。

STEP 3　查看自定义文字水印效果

返回 Word 2019 工作界面，即可看到设置的自定义文字水印效果。

8. 设置自定义图片水印

在文档中插入图片水印，如公司 Logo，可以使文档更加正式，同时也是对文档版权的一种声明。在"员工手册 .docx"文档中设置自定义图片水印，具体操作步骤如下。

STEP 1 选择图片水印

❶打开"水印"对话框，单击选中"图片水印"单选项；❷单击"选择图片"按钮。

STEP 2 选择插入图片来源

打开"插入图片"提示框，选择"从文件"选项。

STEP 3 选择图片

❶打开"插入图片"对话框，选择图片；❷单击"插入"按钮。

STEP 4 设置图片水印

❶返回"水印"对话框，在"缩放"下拉列表框中选择"50%"选项；❷撤销选中"冲蚀"复选框；❸单击"确定"按钮。

知识补充

为什么要撤销选中"冲蚀"复选框

"冲蚀"效果会降低图片的显示强度，从视觉上增加了图片的透明度，撤销"冲蚀"效果后，图片会更加清晰。

STEP 5 查看自定义图片水印效果

返回 Word 2019 工作界面，即可看到设置的自定义图片水印效果。

技巧秒杀

清除水印

在文档中设置了内置水印、自定义文字水印或图片水印后。在【设计】/【页面背景】组中单击"水印"按钮，在打开的列表中选择"删除水印"选项，即可清除水印。

2.2.2 应用样式

样式是多种格式的集合，用户在编辑文档的过程中频繁使用某些格式时，可将其创建为样式，直接进行套用。Word 2019 提供了许多内置样式，用户可以直接使用；当内置样式不能满足需要时，用户还可手动创建新样式，或对内置样式进行修改和删除。

微课：应用样式

1. 套用内置样式

内置样式是指 Word 2019 中自带的样式，包括"标题""要点""强调"等多种样式效果。直接应用样式库中的样式，可提高用户编辑文档的速度。为"员工手册 .docx"文档应用内置样式，具体操作步骤如下。

STEP 1　应用"标题"样式

①将光标定位到"目录"文本中，单击【开始】/【样式】组中单击"样式"按钮；②在打开的列表中选择"标题"选项。

STEP 2　设置显示的样式

①在【开始】/【样式】组的右下角单击"样式"扩展按钮，打开"样式"窗格，单击右下角的"选项"按钮；②打开"样式窗格选项"对话框，在"选择要显示的样式"下拉列表框中选择"推荐的样式"选项；③单击"确定"按钮。

技巧秒杀

清除设置的样式

选择设置了样式的文本，在【开始】/【样式】组的右下角单击"样式"扩展按钮，打开"样式"窗格，选择"全部清除"选项，即可消除文本设置的样式。

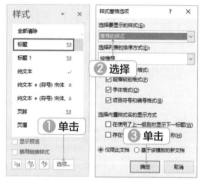

STEP 3　套用其他样式

①选择各个段落的标题文本；②在"样式"窗格中选择"标题 1"选项。

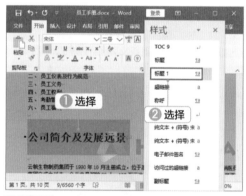

STEP 4　完成格式设置

用同样的方法，为正文文本套用"正文缩进"样式，为其他文本套用"要点"样式。

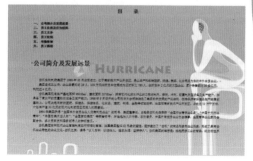

2. 创建样式

用户还可以使用 Word 2019 创建新的样式，以满足不同的工作需要。在"员工手册 .docx"文档中创建新的样式，具体操作步骤如下。

STEP 1 选择操作

❶将光标定位到"目录"文本中；❷在"样式"窗格中单击"新建样式"按钮。

STEP 2 设置样式格式

❶打开"根据格式化创建新样式"对话框，在"属性"栏的"名称"文本框中输入"目录"；❷在"格式"栏的"字体"下拉列表框中选择"方正粗倩简体"选项；❸在"字号"下拉列表框中选择"二号"选项；❹单击"格式"按钮；❺在打开的列表中选择"字体"选项。

STEP 3 设置字体颜色

❶打开"字体"对话框的"字体"选项卡，在"所有文字"栏的"字体颜色"下拉列表框中选择"橙色"选项；❷单击"确定"按钮。

STEP 4 完成创建样式

返回"根据格式化创建新样式"对话框，单击"确定"按钮，即可完成样式的创建。

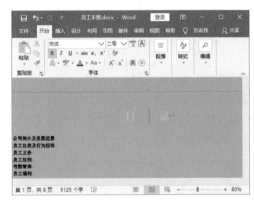

3. 修改样式

用户可以对 Word 2019 中的内置样式和创建的新样式进行修改，以满足不同需要。在"员工手册 .docx"文档中修改"标题 1"样式，具体操作步骤如下。

STEP 1　选择操作

1 在"样式"窗格中单击"标题 1"样式右侧的下拉按钮；2 在下拉列表中选择"修改"选项。

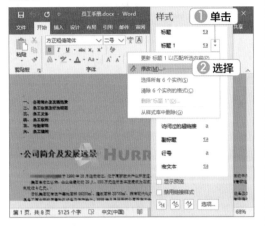

STEP 2　修改样式格式

1 打开"修改样式"对话框，在"格式"栏的"字体"下拉列表框中选择"方正粗倩简体"选项；2 在"字号"下拉列表框中选择"三号"选项；3 单击"格式"按钮；4 在打开的列表中选择"字体"选项。

STEP 3　修改字体格式

1 打开"字体"对话框的"字体"选项卡，在

"所有文字"栏的"下划线线型"下拉列表框中选择第 4 种下划线线型；2 在"下划线颜色"下拉列表框中选择"橙色"选项；3 单击"确定"按钮。

STEP 4　完成修改样式

返回"修改样式"对话框，单击"确定"按钮，即可完成样式的修改。

知识补充

修改样式与设置文本格式的区别

修改样式后，所有应用了该样式的文本的格式将自动调整，而设置文本格式则只能对选择的文本进行格式调整。

4. 保存为样式集

Word 2019 中的样式集是不同样式的集合，用户可以将所需要的众多样式存储为一个样式集，以便之后重复使用。将前面设置了样式的"员工手册 .docx"文档保存为样式集，具体操作步骤如下。

STEP 1 设计其他文档格式

在【设计】/【文档格式】组中单击"其他"按钮。

STEP 2 选择样式集操作

在打开的列表中选择"另存为新样式集"选项。

STEP 3 设置保存参数

1打开"另存为新样式集"对话框，在"文件名"下拉列表框中输入"员工手册"；**2**单击"保存"按钮。

STEP 4 完成新样式集创建

在【设计】/【文档格式】组中单击"其他"按钮，在打开的列表的"自定义"栏中，即可看到新创建的"员工手册"样式集。

> ### 技巧秒杀
>
> #### 快速修改样式
>
> 在【开始】/【样式】组的列表框中的某种样式上单击鼠标右键，在弹出的快捷菜单中选择"更新 *** 以匹配所选内容"命令，整个文档中的这种样式都会更新。

5. 应用样式集

在 Word 2019 中，用户也可以对文档应用内置的样式集，使整个文档拥有统一的外观和风格。在"员工手册 .docx"文档中应用样式集，具体操作步骤如下。

STEP 1 选取其他文档格式

在【设计】/【文档格式】组中单击"其他"按钮，在打开的列表的"内置"栏中选择"阴影"选项。

STEP 2 查看应用样式集的效果

返回 Word 2019 工作界面，即可看到应用样式集后的效果。

2.2.3 应用主题和插入封面

Word 2019 中的主题，就是文档的页面背景、效果和字体等一整套的设置方案。用户可以自己编辑主题，也可以使用 Word 2019 自带的主题。另外，Word 2019 还提供了插入封面功能，能够为文档添加一个封面页面。

微课：应用主题和插入封面

1. 应用主题

在商务办公中，用户有时为了提高工作效率，会直接应用 Word 2019 内置的主题对文档进行排版。为"员工手册 .docx"文档应用主题，具体操作步骤如下。

STEP 1 选择主题样式

❶在【设计】/【文档格式】组中单击"主题"按钮；❷在打开的列表中选择"离子会议室"选项。

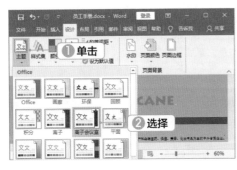

STEP 2 查看应用主题后的效果

返回 Word 2019 工作界面，即可以看到文档的字体、样式和页面背景等都变为了选择的主题样式。

2. 插入封面

在商务办公中，用户需要给有些文档添加封面，以起到美化文档的作用。Word 2019 提供了一些封面，用户可以直接将其插入文档。为"员工手册 .docx"文档添加封面，具体操作步骤如下。

STEP 1 选择插入的封面

1 在【插入】/【页面】组中单击"封面"按钮；
2 在打开的列表中选择"切片（深色）"选项。

STEP 2 设置封面

文档将自动添加一页封面，在对应的文本框中输入标题，即可完成封面的设置。

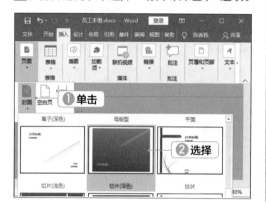

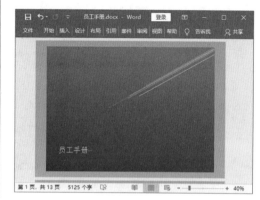

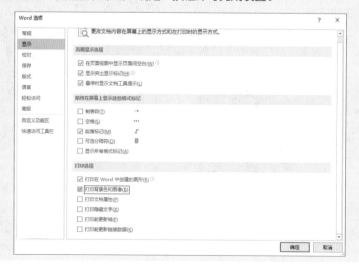

新手加油站 ——设置 Word 文档版式技巧

1. 打印 Word 文档的背景

在默认的条件下，文档中设置好的背景颜色或图片是打印不出来的，只有进行设置后，才能打印出来，具体操作步骤如下。

1 打开 Word 文档，单击 Word 2019 工作界面左上角的"文件"选项卡，在打开的界面的左侧的导航窗格中选择"选项"选项。

2 打开"Word 选项"对话框，选择"显示"选项卡，在"打印选项"栏中，单击选中"打印背景色和图像"复选框，单击"确定"按钮即可完成设置。

2. 将文档设置为稿纸

稿纸设置功能可以生成空白的稿纸样式文档，或将稿纸网格应用于现有的文档。在"稿纸设置"对话框中，用户可以根据需要轻松地设置稿纸属性，具体操作步骤如下。

1 在【布局】/【稿纸】组中，单击"稿纸设置"按钮。

2 打开"稿纸设置"对话框，在"网格"栏的"格式"下拉列表框中选择一种稿纸的样式，然后在其他栏中设置稿纸的页面、页眉/页脚、换行等，单击"确认"按钮，即可将文档设置为该种样式的稿纸。

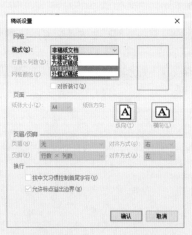

3. 快速调整 Word 文档的行距

在编辑 Word 文档时，要想快速调整文本段落的行距，可以通过快捷键进行快速设置。选中需要调整的文本段落，按【Ctrl+1】组合键，即可将段落行距设置成单倍行距；按【Ctrl+2】组合键，即可将段落行距设置成双倍行距；按【Ctrl+5】组合键，即可将段落行距设置成 1.5 倍行距。

4. 批量设置文档格式

在一些文档中，会出现大量相同的术语或关键词，如果需要将这些术语或关键词设置为统一的格式，可使用替换功能，具体操作步骤如下。

1 选择设置好格式的关键词，按【Ctrl+C】组合键将其复制到剪贴板中。

2 按【Ctrl+H】组合键打开"查找和替换"对话框的"替换"选项卡，在"查找内容"文本框中输入关键词，在"替换为"文本框中输入"^c"，单击"全部替换"按钮。

"^c"表示 Word 2019 中剪贴板的内容，需要注意的是，这里的"^"是半角符号，"c"是小写英文字符。

5. 设置每页行数与每行字数

文档中的每页行数与每行字数是根据当前页面大小及页边距而产生的默认值。要更改每页行数与每行字数的默认值，具体操作步骤如下。

1️⃣ 单击【布局】/【页面设置】组右下角的"页面设置"按钮。

2️⃣ 打开"页面设置"对话框，在"文档网格"选项卡中的"网格"栏中单击选中"指定行和字符网格"单选项，激活其下的"字符数"栏和"行"栏。

3️⃣ 利用"每行"和"每页"数值框中右侧的微调按钮调整每行的字数和每页的行数，设置完成后单击"确定"按钮即可。

高手竞技场——设置 Word 文档版式练习

1. 编辑"公司新闻"文档

打开提供的素材文档"公司新闻.docx"，对文档进行编辑，要求如下。

 素材文件所在位置 素材文件\第2章\公司新闻.docx
效果文件所在位置 效果文件\第2章\公司新闻.docx

- 选择第2段和第3段文本，为其分栏；为文档开始处的"2020"文本设置首字下沉。
- 为文档副标题中的"17"文本设置带圈字符；为副标题中的"云帆公司"文本设置合并字符。
- 为文档标题插入特殊符号；为文档设置页面背景。

云帆公司年度工作会议圆满召开

云帆公司内部新闻报 – 2020 年第 17 期

2020-12-2　　　　星期三

2020 年 12 月 1 日上午 8 点 30 分，成都云帆有限公司 2020 年度工作会议在云帆公司五楼会议室正式召开。此次会议由云帆公司副总裁主持，包括公司总裁、公司总部相关管理人员、各分公司负责人员和特约嘉宾在内的近百人出席。

会议开始，公司总裁在年度工作报告中回顾了 2020 年公司取得的可喜成绩，布置了 2020 年度的主要工作。报告指出，2020 年的总体方针是"优化人力资源结构、提高员工素质；优化产业经营结构、注重效益增长"。

会议过程中，公司行政总监宣读公司组织机构整合决议，并公布公司管理岗位及人事调整方案；公司董事会副主席宣布了 2020 年度公司优秀管理者和优秀员工名单，并由董事长为获奖者颁发奖金。

公司董事长在会议最后特别强调，2020 年云帆公司将进入快速发展的一年，随着公司的发展壮大，公司将进一步完善员工绩效与激励机制，加大对有突出贡献人员的实励力度，让每位员工都有机会分享公司发展壮大带来的成果。

此次会议为公司未来的发展指明了方向，鼓舞了公司全体员工的士气。云帆公司必将在新的一年谱写更加灿烂辉煌的新篇章！

云帆公司新闻部报道

※云帆公司年度工作会议圆满召开※

云帆公司内部新闻报 – 2020 年第 17 期

2020-12-2　　　　星期三

2020 年 12 月 1 日上午 8 点 30 分，成都云帆有限公司 2020 年度工作会议在云帆公司五楼会议室正式召开。此次会议由云帆公司副总裁主持，包括公司总裁、公司总部相关管理人员、各分公司负责人员和特约嘉宾在内的近百人出席。

2. 编辑"调查报告"文档

打开提供的素材文档"调查报告.docx"，对文档进行编辑，要求如下。

 素材文件所在位置 素材文件\第2章\调查报告.docx
效果文件所在位置 效果文件\第2章\调查报告.docx

- 打开"样式"窗格，为"一、市场分析""二、消费者分析"等同级标题应用"标题2"样式，为"（一）乳品市场现状及其发展""（二）保健品业的优势"等同级标题应用"标题3"样式。

- 更改"标题 2"样式，将该样式的字体设置为"微软雅黑"，字号设置为"一号"，颜色设置为"深蓝"，然后为文档标题应用该样式。
- 更改"标题 3"样式，取消段落缩进；更改"正文"样式，将字体设置为"等线"，字号设置为"小四"。
- 为文档添加"离子（深色）"的封面。

第一部分

第 3 章

美化 Word 文档

本章导读

为了使 Word 文档更加美观，使其要表达的内容更加突出，用户可通过图文结合的方式来编辑和展现文档内容。本章主要介绍在 Word 2019 中插入图片、3D 模型、图标、艺术字、形状、文本框、SmartArt 图形和表格等来美化文档的相关知识。

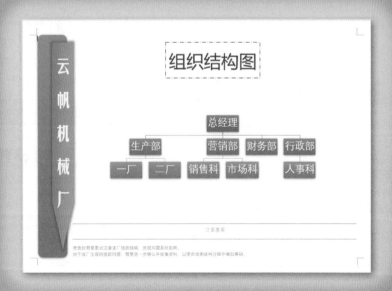

3.1 编辑"公司简介"文档

云帆电器灯饰有限公司需要重新制作"公司简介"文档，为使页面更加美观，需要在文档中添加相应的图片、3D 模型、图标和艺术字等，以更好地展现文档的内容。需要注意的是，公司简介文档涉及的图片和文字等信息应基于事实，公司取得的成就及荣获的奖项应真实可靠，不得虚报数据、夸大其词。

素材文件所在位置 素材文件\第 3 章\公司简介 .docx、Logo.png、3D 模型
效果文件所在位置 效果文件\第 3 章\公司简介 .docx

3.1.1 插入与编辑图片

图片能直观地展现内容，在文档中插入图片，既可以美化文档页面，又可以让读者在阅读文档的过程中，通过图文的配合更清楚地了解文档的核心内容。下面介绍在 Word 2019 中插入与编辑图片的方法。

微课：插入与编辑图片

1. 插入图片

Word 2019 中主要有两种插入图片的方式，一种是插入保存在计算机中的图片，另一种是插入由必应搜索提供的联机图片。在"公司简介 .docx"文档插入保存在计算机中的公司的标志图片，具体操作步骤如下。

STEP 1 选择操作

打开"公司简介 .docx"文档，在【插入】/【插图】组中单击"图片"按钮。

STEP 2 选择图片

①打开"插入图片"对话框，选择需要插入的图片"Logo.png"；②单击"插入"按钮。

STEP 3 查看插入的图片

返回 Word 2019 工作界面，可以看到光标处插入了选择的图片。

知识补充

插入联机图片

在【插入】/【插图】组中单击"联机图片"按钮，打开"联机图片"窗格，可以通过搜索或在列表框中浏览的方式选择并插入由搜索引擎提供的联机图片。

2. 编辑图片

插入图片后，用户需要进行一系列的编辑操作，包括设置图片环绕文字的方式，调整图片的大小、位置和应用预设的图片样式等，使插入的图片更加美观，并满足文档的实际需求。对"公司简介.docx"文档插入的公司的标志图片进行编辑，具体操作步骤如下。

STEP 1 设置图片环绕文字的方式

①单击选择"Logo.png"图片；②在【图片工具格式】/【排列】组中单击"环绕文字"按钮；③在打开的列表中选择"浮于文字上方"选项。

STEP 2 通过拖动鼠标调整图片的大小

①将鼠标指针移动到右下角的控制点上，鼠标指针变成双箭头形状；②按住鼠标左键向左上方拖动，到合适位置释放鼠标左键，即可将图片缩小。

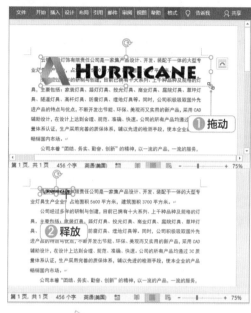

技巧秒杀

不按比例调整图片大小

将鼠标指针移动到图片边框中间的控制点上，按住鼠标左键拖动将不会按纵横比改变图片的大小，从而使图片变形。

STEP 3 调整图片的位置

将鼠标指针移动到图片上方，按住鼠标左键不放，向左上方拖动鼠标调整图片的位置。

第3章　美化 Word 文档

STEP 4　应用预设的图片样式

❶在【图片工具格式】/【图片样式】组中单击"快速样式"按钮；❷在打开的列表中选择"映像圆角矩形"选项。

知识补充

自定义图片样式

在【格式】/【图片样式】组中单击"图片边框"按钮右侧的下拉按钮，可为图片添加边框；单击"图片效果"按钮右侧的下拉按钮，可为图片设置阴影、映像、发光等效果。

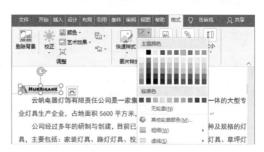

3.1.2　插入与编辑 3D 模型

"3D 模型"是 Office 2019 新增的重要功能，用户利用该功能可轻松插入 3D 模型，并进行编辑。与图片相比，3D 模型在展示公司产品等图像信息时，会更加立体和直观。下面详细介绍在 Word 2019 中插入与编辑 3D 模型的方法。

微课：插入与编辑 3D 模型

1. 插入 3D 模型

目前 Office 2019 支持的 3D 格式为 fbx、obj、3mf、ply、stl、glb。在"公司简介 .docx"文档中插入 3D 模型，具体操作步骤如下。

STEP 1　选择操作

❶将标光标定位到第 3 段文本的段首；❷在【插入】/【插图】组中单击"3D 模型"按钮。

STEP 2　选择 3D 模型

❶打开"插入 3D 模型"对话框，选择需要插入的 3D 模型"灯 1.fbx"；❷单击"插入"按钮。

STEP 3　查看插入的 3D 模型

返回 Word 2019 工作界面，在光标处查看插入的 3D 模型。

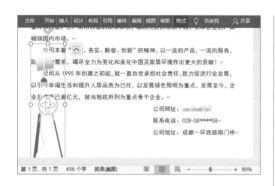

2. 编辑 3D 模型

在 Word 2019 中编辑 3D 模型，除了像编辑图片一样，可以调整 3D 模型的大小和位置外，还可以设置 3D 模型视图等。在"公司简介.docx"文档中编辑插入的 3D 模型，具体操作步骤如下。

STEP 1　设置 3D 模型环绕文字的方式

❶单击 3D 模型右侧出现的"布局选项"按钮；
❷在打开的"布局选项"列表的"文字环绕"栏中选择"上下型环绕"选项。

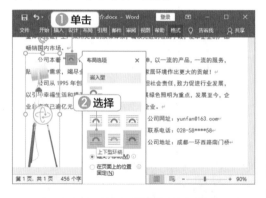

知识补充

3D 模型默认的环绕文字方式

插入文档中的图片，默认的环绕文字方式为"嵌入型"；插入文档中的 3D 模型，默认的环绕文字方式为"浮于文字上方"。

STEP 2　精确调整 3D 模型的大小

在【图片工具格式】/【大小】组的"高度"数值框中输入"8 厘米"，按【Enter】键，精确调整 3D 模型的大小。

技巧秒杀

拖动鼠标调整3D模型的大小

调整 3D 模型的大小，也可以像调整图片的大小一样，将鼠标指针移动到 3D 模型的控制点上，拖动鼠标进行调整。

STEP 3　调整 3D 模型的位置

将鼠标指针移动到 3D 模型上方，按住鼠标左键不放，向右拖动鼠标调整 3D 模型的位置。

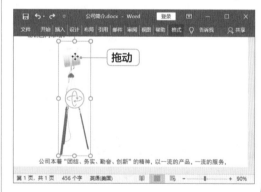

技巧秒杀

水平或垂直移动3D模型

按住【Shift】键的同时，向上或向下拖动鼠标，可垂直移动 3D 模型；向左或向右拖动鼠标，可水平移动 3D 模型。

STEP 4　打开 3D 模型视图列表

在【图片工具格式】/【3D 模型视图】组中单击"其他"按钮。

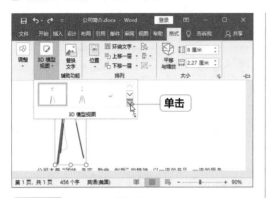

STEP 5 设置 3D 模型视图

在打开的"3D 模型视图"列表框中选择"右视图"选项。

STEP 6 查看效果

返回 Word 2019 工作界面，可查看更改 3D 模型视图后的效果。

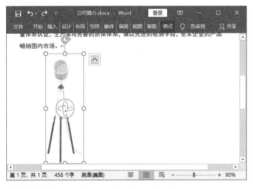

STEP 7 调整 3D 模型视图的角度

将鼠标指针移动到 3D 模型中间的圆形图标上，

按住鼠标左键不放，向左下方拖动鼠标，调整 3D 模型视图的角度。

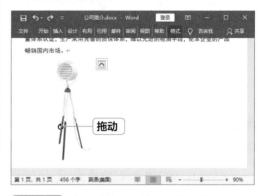

STEP 8 查看编辑 3D 模型后的最终效果

返回 Word 2019 工作界面，可查看调整 3D 模型视图的角度后的效果。

STEP 9 继续插入 3D 模型

使用 STEP1 和 STEP2 的方法插入"灯 2.fbx" 3D 模型，插入后的效果如下图所示。

STEP 10 调整 3D 模型的大小和位置

1 将鼠标指针移动到该 3D 模型右上角的控制点上，缩放 3D 模型的大小；**2** 用前面的方法调整 3D 模型的位置。

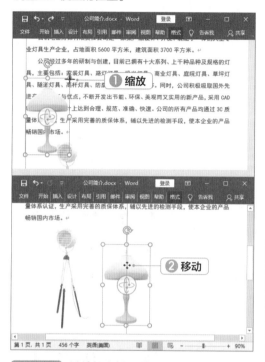

STEP 11 继续插入 3D 模型

使用 STEP1 和 STEP2 的方法插入"灯 3.fbx"3D 模型，插入后的效果如下图所示。

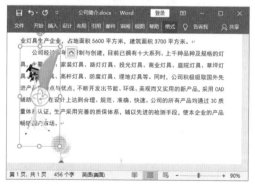

STEP 12 调整 3D 模型的大小和位置

调整"灯 3.fbx"3D 模型的大小和位置，使其与"灯 1.fbx""灯 2.fbx"3D 模型并排，大小相似。

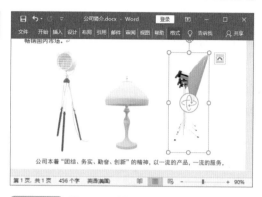

STEP 13 设置 3D 模型视图

在【图片工具格式】/【3D 模型视图】组中单击"其他"按钮，在打开的列表中选择"上后视图"选项。

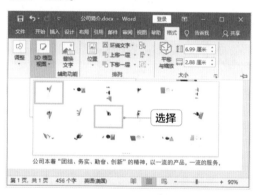

STEP 14 调整 3D 模型视图的角度

将鼠标指针移到 3D 模型中间的圆形图标上，按住鼠标左键不放，向右下方拖动鼠标，调整 3D 模型视图的角度。此时，完成了所有 3D 模型的编辑操作。

3.1.3 插入与编辑图标

在旧版本的 Office 中如果要插入可灵活编辑的矢量图标，需要借助 Ai 等专业软件绘制图标后，再导入文档中，使用上非常不便。Word 2019 中提供了多种类型的矢量图标，在计算机连接网络的情况下，用户还可直接插入 Word 2019 提供的在线图标。下面详细介绍在 Word 2019 中插入与编辑图标的方法。

微课：插入与编辑图标

1. 插入图标

在 Word 2019 中插入图标的方法很简单，与插入图片和插入 3D 模型的操作相似。在"公司简介 .docx"文档中插入图标，具体操作步骤如下。

STEP 1 选择操作

1将光标定位到"公司网址"文本左侧；2在【插入】/【插图】组中单击"图标"按钮。

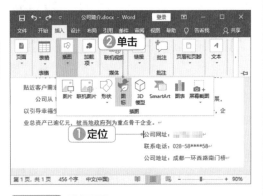

STEP 2 选择图标

1打开"插入图标"对话框，在左侧的窗格中选择"位置"选项；2在"位置"列表框中选择所需图标。

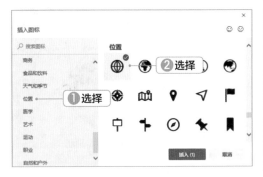

STEP 3 继续选择图标

1在左侧的窗格中选择"建筑"选项；2在"建筑"列表框中选择所需图标；3在左侧的窗格中选择"交流"选项；4在"交流"列表框中选择所需图标；5单击"插入"按钮。

知识补充

"插入"按钮上数字的含义

"插入图标"对话框中的"插入"按钮上显示了"(1)""(2)""(3)"等数字，这是因为 Word 2019 允许同时插入多个图标。"插入"按钮上的数字表示当前选择的图标个数。

STEP 4 下载并插入图标

Word 2019 会自动下载图标，下载完成后将其插入到光标定位处，图标默认的环绕文字方式为"嵌入型"。

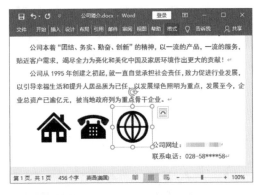

2. 编辑图标

图标的编辑操作方法与图片的编辑操作方法几乎是一样的。在"公司简介.docx"文档中编辑插入的图标，具体操作步骤如下。

STEP 1 设置图标的环绕文字方式

❶保持右侧第 1 个图标的选择状态，单击图标右侧出现的"布局选项"按钮；❷在打开的"布局选项"列表的"文字环绕"栏中选择"浮于文字上方"选项。

知识补充

选择图标的事项

图标为"嵌入型"布局时，一次只能选择一个图标。当图标设置为其他环绕文字方式时，按住【Shift】键可选择多个图标。同理，图片和 3D 模型的选择也是如此。

STEP 2 精确调整图标的大小

在【图片工具格式】/【大小】组的"高度"数值框中输入"0.8 厘米"，按【Enter】键，精确调整图标的大小。

STEP 3 调整其他图标

将其余两个图标的"文字环绕"设置为"浮于文字上方"，"高度"设置为"0.8 厘米"，效果如下图所示。

技巧秒杀

旋转图标

选择图标后，图标上方将显示圆弧形的箭头图标，将鼠标指针移到该图标上，按住鼠标左键，拖动鼠标可旋转图标，调整图标的显示角度。

STEP 4 调整图标的位置

将鼠标指针移到建筑类图标上，按住鼠标左键不放，拖动鼠标，将该图标移到"公司地址"文本左侧。

第3章 美化 Word 文档

STEP 5　调整其他图标的位置

将交流类图标移到"联系电话"文本左侧；将位置类图标移到"公司网址"文本左侧。

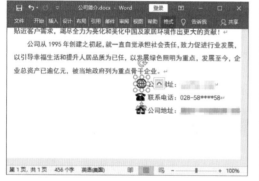

STEP 6　设置图标右对齐

1 按住【Shift】键，同时选择插入的 3 个图标；2 在【图片工具格式】/【排列】组中单击"对齐对象"按钮；3 在打开的列表中选择"右对齐"选项。

STEP 7　设置图标形状填充

1 在【图片工具格式】/【图形样式】组中单击"图

形填充"按钮右侧的下拉按钮；2 在下拉列表的"主题颜色"栏中选择"橙色，个性色 6"选项。

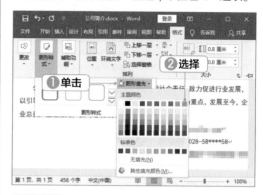

STEP 8　组合图标

1 在【图片工具格式】/【排列】组中单击"组合对象"按钮；2 在打开的列表中选择"组合"选项。

STEP 9　查看图标设置后的最终效果

返回 Word 2019 的工作界面，即可查看图标设置后的最终效果。

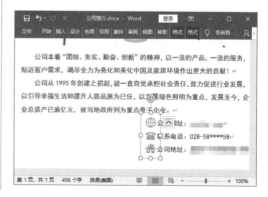

3.1.4 插入与编辑艺术字

艺术字是指在 Word 文档中经过特殊处理的文字，使用艺术字可使文档呈现出不同的效果，使文档内容醒目、美观。很多商务文档，如公司简介、产品介绍和宣传手册等都可以使用艺术字。在文档中添加艺术字后，用户还可以对其进行编辑，使其呈现出更多的效果，下面介绍在 Word 2019 中插入与编辑艺术字的相关操作。

微课：插入与编辑艺术字

1. 插入艺术字

在文档中插入艺术字可以有效地提高文档的可读性。Word 2019 提供了 15 种艺术字样式，用户可以根据实际情况选择合适的样式来美化文档。在"公司简介 .docx"文档中插入艺术字，具体操作步骤如下。

STEP 1 选择操作

❶在【插入】/【文本】组中单击"艺术字"按钮；❷在打开的列表中选择"填充：白色；边框：蓝色，主题色 1；发光：蓝色，主题色 1"选项。

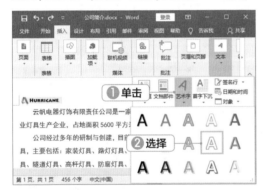

STEP 2 查看默认的艺术字

Word 2019 将自动在文档中插入一个文本框，并显示"请在此放置您的文字"。

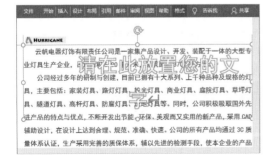

STEP 3 输入艺术字的文本内容

选择"请在此放置您的文字"艺术字，输入"公司简介"文本。

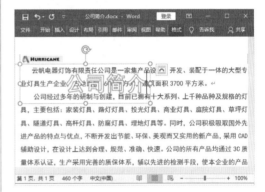

知识补充

将已有文本设置为艺术字

在文档中首先选择目标文本，然后在【插入】/【文本】组中单击"艺术字"按钮，在打开的列表中选择合适的艺术字样式，即可将已有文本设置为艺术字。

2. 编辑艺术字

插入艺术字后，若对艺术字的效果不满意，用户可重新对其进行编辑，主要包括设置文本格式和艺术字的样式。在"公司简介 .docx"文档中编辑艺术字，具体操作步骤如下。

STEP 1 选择操作

❶将光标定位到艺术字的文本框中；❷单击鼠标右键，在弹出的快捷菜单中选择"段落"选项。

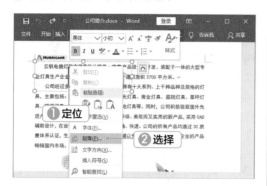

STEP 2　取消段落首行缩进

1 打开"段落"对话框的"缩进和间距"选项卡，在"缩进"栏的"特殊"下拉列表框中选择"无"选项；2 单击"确定"按钮。

STEP 3　设置艺术字环绕文字的方式

1 单击艺术字右侧的"布局选项"按钮；2 在打开的"布局选项"列表的"文字环绕"栏中选择"紧密型环绕"选项。

STEP 4　设置阴影效果

1 选择艺术字所在的文本框；2 在【图片工具格式】/【艺术字样式】组中单击"文本效果"按钮；3 在打开的列表中选择"阴影"选项；4 在打开的子列表中选择"外部"栏的"偏移：右"选项。

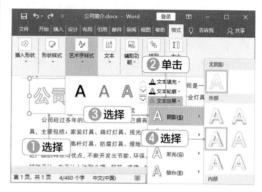

STEP 5　设置发光效果

1 在【图片工具格式】/【艺术字样式】组中单击"文本效果"按钮；2 在打开的列表中选择"发光"选项；3 在打开的子列表中选择"发光变体"栏的"发光：5磅;蓝色,主题色1"选项。

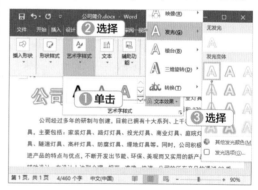

知识补充

设置文本填充和文本轮廓

在【图片工具格式】/【艺术字样式】组中单击"文本填充"按钮，可以为艺术字设置填充颜色；在【格式】/【艺术字样式】组中单击"文本轮廓"按钮，可以为艺术字设置轮廓，包括设置轮廓线条的颜色、粗细和样式等。

第一部分

3.2 制作"组织结构图"文档

飓风集团正在制作收购云帆机械厂的相关资料,其中包括该厂的组织结构图,制作这种具有顺序或层次关系的文档时,通常用文字难以清晰高效地阐述层次关系。通过 Word 2019 提供的 SmartArt 图形功能、绘制形状功能和插入文本框功能,用户就可以创建不同布局的层次结构图形,快速、清晰地展示流程、层次结构、循环和列表等关系。

素材文件所在位置 素材文件 \ 第 3 章 \ 组织结构图 .docx
效果文件所在位置 效果文件 \ 第 3 章 \ 组织结构图 .docx

3.2.1 插入与编辑形状

通过 Word 2019 的多种形状绘制工具,用户可绘制出线条、正方形、椭圆、箭头、流程图、星和旗帜等图形。用户可以使用这些图形,描述一些组织架构和操作流程,将文本与文本连接起来,并表示出彼此之间的关系,这样可使文档简洁明了。下面介绍在 Word 2019 中插入与编辑形状的相关操作。

微课:插入与编辑形状

1.绘制形状

在纯文本中间适当地插入一些表示过程的形状,这样既能简化文档,又能使文档的内容更加形象、具体。在"组织结构图 .docx"文档中绘制形状,具体操作步骤如下。

STEP 1 选择形状

1 打开"组织结构图 .docx"文档,在【插入】/【插图】组中单击"形状"按钮;2 在打开的列表的"矩形"栏中选择"圆角矩形"选项。

STEP 2 绘制圆角矩形

将鼠标指针移到页边距的边界处,按住鼠标左键不放,同时向右下角拖动,至合适位置后释放鼠标左键,即可绘制圆角矩形。

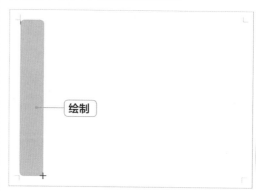

STEP 3 绘制"箭头:五边形"形状

在【插入】/【插图】组中单击"形状"按钮,在打开的列表的"箭头总汇"栏中选择"箭头:五边形"选项,在圆角矩形右侧绘制"箭头:五边形"形状。

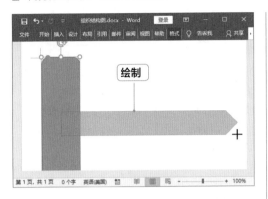

知识补充

绘制圆形

　　用户有时需要在文档中绘制规则的圆形，而 Word 2019 只提供了"椭圆"选项。在绘制椭圆时，按住【Shift】键的同时，按住鼠标左键进行拖曳，就能绘制出规则的圆形。同理，在绘制五边形时，按住【Shift】键的同时，按住鼠标左键进行拖曳，即可绘制出正五边形。

2. 调整形状的外观

　　在 Word 2019 中，很多形状的外观是可以调整或修改的，可以使形状更符合用户的需要。调整"组织结构图 .docx"文档中形状的外观，具体操作步骤如下。

STEP 1 旋转形状

❶选择"箭头：五边形"形状；❷在【格式 】/【排列】组中单击"旋转"按钮；❸在打开的列表中选择"向右旋转 90°"选项。

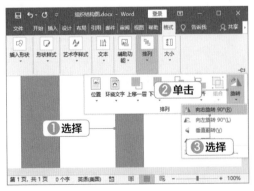

STEP 2 调整形状的位置

按住鼠标左键，拖动该形状到下图所示的位置。

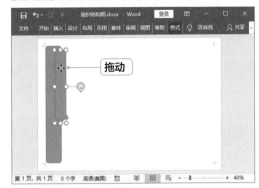

STEP 3 调整形状的大小

将鼠标指针移到"箭头：五边形"形状下方中间的控制点上，按住鼠标左键不放，向下拖动鼠标，调整形状的大小。

STEP 4 找到形状变形控制点

将鼠标指针移到"箭头：五边形"形状的变形控制点（一个黄色的圆点）上，鼠标指针变成一个小箭头形状。

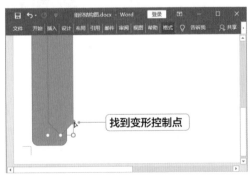

STEP 5 通过变形控制点调整形状的外观

按住鼠标左键，向上拖动到适当位置释放鼠标左键，即可调整形状的外观。

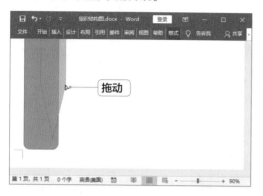

3. 编辑形状的样式

插入形状后，会发现其颜色、效果和样式较为单一，这时便可在【格式】/【形状样式】组中对其进行颜色、轮廓、填充效果等方面的编辑操作。在"组织结构图 .docx"文档中编辑形状的样式，具体操作步骤如下。

STEP 1 应用样式之一

◼选择圆角矩形；◻在【格式】/【形状样式】组中单击右下角的"其他"按钮，在打开的列表中选择"强烈效果 - 蓝色，强调颜色 5"选项。

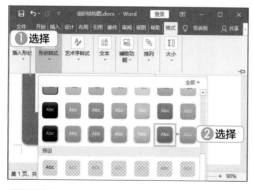

STEP 2 应用样式之二

◼选择"箭头：五边形"形状；◻在【格式】/【形状样式】组中单击右下角的"其他"按钮，

在打开的列表中选择"强烈效果 - 橙色，强调颜色 2"选项。

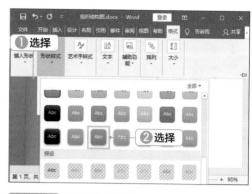

STEP 3 设置形状效果

◼在【格式】/【形状样式】组中单击"形状效果"按钮；◻在打开的列表中选择"发光"选项；◼在打开的子列表的"发光变体"栏中选择"发光：8 磅；橙色，主题色 2"选项。

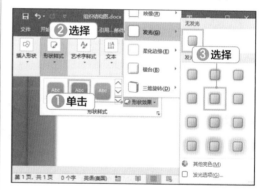

4. 对齐形状并输入文本

对形状的编辑操作还有很多，比如按要求对齐形状或在形状中输入文本内容等。在"组织结构图 .docx"文档中对齐形状，并在形状中输入文本，具体操作步骤如下。

STEP 1 对齐形状

◼按住【Shift】键，同时选择圆角矩形和"箭头：五边形"形状；◻在【格式】/【排列】组中单击"对齐"按钮；◼在打开的列表中选择"垂直居中"选项。

STEP 2 选择操作

1 在"箭头：五边形"形状上单击鼠标右键；
2 在弹出的快捷菜单中选择"添加文字"命令。

STEP 3 输入并设置文本格式

1 输入并选择"云帆机械厂"文本；2 在【开始】/【字体】组的"字体"下拉列表框中选择"方正美黑简体"选项；3 在"字号"下拉列表框中选择"初号"选项。

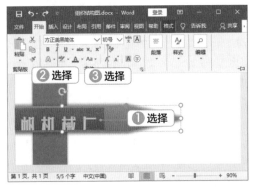

STEP 4 设置文字方向

1 在【格式】/【文本】组中单击"文字方向"按钮；2 在打开的列表中选择"将所有文字旋转270°"选项。

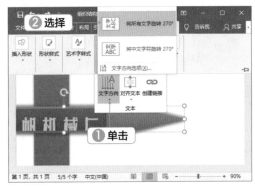

知识补充

为什么将所有文字旋转 270 度

因为文字是直接添加在形状中的，该形状在前面的操作中向右旋转了 90 度，所以这里需要将文字旋转 270 度。

STEP 5 查看形状对齐及输入文本后的效果

返回 Word 2019 工作界面，在文档页面空白处单击即可看到设置后的效果。

技巧秒杀

更改形状类型

选择形状，在【格式】/【插入形状】组中单击"编辑形状"按钮，在打开的列表中选择"更改形状"选项，可保留原形状的格式设置，仅改变形状类型。

3.2.2 插入与编辑文本框

在 Word 2019 中，使用文本框可在页面的任何位置输入需要的文本或插入图片，且其他插入的对象不影响文本框中的文本或图片，具有很大的灵活性。因此，用户在使用 Word 2019 制作页面元素比较多的文档时通常会使用文本框。下面介绍插入与编辑文本框的相关操作。

微课: 插入与编辑文本框

1. 插入文本框

Word 2019 提供了内置的文本框，用户可直接选择使用。除此之外，用户还可绘制横排或竖排的文本框。在"组织结构图.docx"文档中插入文本框，具体操作步骤如下。

STEP 1 选择操作

1 在【插入】/【文本】组中单击"文本框"按钮；2 在打开的列表中选择"绘制横排文本框"选项。

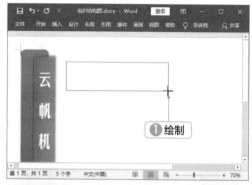

① 绘制

① 单击

② 选择

STEP 2 绘制文本框并输入文本

1 将鼠标指针移至文档中，此时鼠标指针变成十字形状，在需要插入文本框的区域上按住鼠标左键并拖曳鼠标，拖曳到合适大小后释放鼠标左键，即可在该区域中插入一个横排文本框；2 在文本框中输入"组织结构图"文本。

② 输入

知识补充

横排文本框与竖排文本框的区别

横排文本框中的文本是从左到右输入的，而竖排文本框中的文本是从上到下输入的。单击"文本框"按钮，在打开的列表中选择"绘制竖排文本框"选项，可以插入竖排文本框。

STEP 3 插入内置文本框

单击"文本框"按钮，在打开的列表的"内置"列表框中选择"花丝提要栏"选项。

选择

知识补充

为什么没有内置的文本框样式

插入内置文本框时，如果选择了文档中已有的文本框或输入了文本的形状等对象，单击"文本框"按钮，在打开的列表中不会显示"内置"列表框。此时，只需要在文档空白处单击，就可以显示出"内置"列表框。

STEP 4　输入文本

在文本框中输入下图所示的内容。

2. 编辑文本框

在文档中插入文本框后，用户还可以根据实际需要对文本框进行编辑，包括设置文本框的大小、颜色和形状等。在"组织结构图.docx"文档中设置文本框的样式，具体操作步骤如下。

STEP 1　调整文本框的大小

将鼠标指针移动到文本框左侧中间的控制点上，按住鼠标左键向右侧拖动，减小文本框的宽度。

STEP 2　设置文本格式

1 单击选择文档上部的文本框；2 在【开始】/【字体】组的"字体"下拉列表框中选择"微软雅黑"选项；3 在"字号"下拉列表框中选择"初号"选项；4 单击"字体颜色"按钮右侧的下拉按钮；5 在下拉列表的"标准色"栏中选择"深蓝"选项。

STEP 3　设置文本框轮廓颜色

1 调整文本框的大小；2 在【绘图工具格式】/【形状样式】组中单击"形状轮廓"按钮右侧的下拉按钮；3 在下拉列表的"标准色"栏中选择"深蓝"选项。

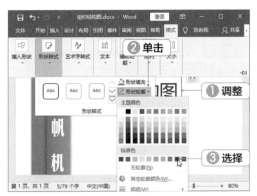

STEP 4　设置文本框框线样式

1 再次单击"形状轮廓"按钮右侧的下拉按钮；2 在下拉列表中选择"虚线"选项；3 在打开的子列表中选择"长划线 - 点"选项。

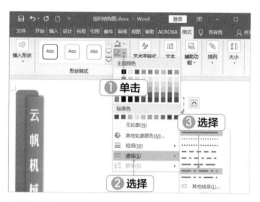

本框的插入与编辑操作。

STEP 5 **移动文本框**

将文本框拖动到文档页面的居中位置，完成文

3.2.3 插入与编辑 SmartArt 图形

在制作公司组织结构图、产品生产流程图和采购流程图等时，可使用 SmartArt 图形将各层次结构之间的关系清晰明了地表示出来。Word 2019 提供了多种类型的 SmartArt 图形，如流程、循环和层次结构等，不同类型的 SmartArt 图形体现的信息重点不同，用户可根据需要进行选择。下面讲解在 Word 2019 中插入与编辑 SmartArt 图形的相关操作。

微课：插入与编辑 SmartArt 图形

1. 插入 SmartArt 图形

通过 Word 2019 提供的 SmartArt 图形，用户可以非常方便地表示各种层级和关系。在"组织结构图.docx"文档中插入 SmartArt 图形，具体操作步骤如下。

STEP 1 **执行插入操作**

1 将光标定位到文档中；2 在【插入】/【插图】组中单击"SmartArt"按钮。

STEP 2 **插入 SmartArt 图形**

1 打开"选择 SmartArt 图形"对话框，在左侧的窗格中选择"层次结构"选项；2 在中间的列表框中选择"水平层次结构"选项；3 单击"确定"按钮。

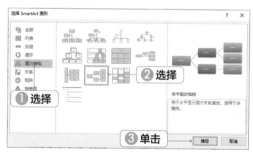

STEP 3 **查看插入的 SmartArt 图形**

SmartArt 图形直接被插入到光标定位处，默认环绕文字方式为"嵌入型"。

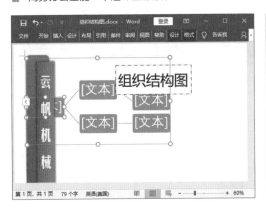

2. 调整 SmartArt 图形的位置

　　Word 2019 中的 SmartArt 图形通常以"嵌入型"的方式直接插入到光标处，用户无法直接调整其位置，如果需要调整其位置，用户要先调整 SmartArt 图形的环绕文字方式。在"组织结构图 .docx"文档中调整 SmartArt 图形的位置，具体操作步骤如下。

STEP 1　设置环绕文字方式

1 单击 SmartArt 图形的边框，选择该图形；
2 单击右侧出现的"布局选项"按钮；3 打开"布局选项"列表，在其中的"文字环绕"栏中选择"浮于文字上方"选项。

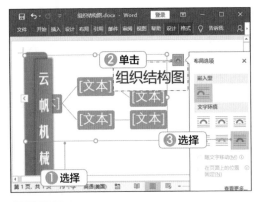

STEP 2　调整位置

在 SmartArt 图形边框上按住鼠标左键并拖动，即可调整该图形的位置。

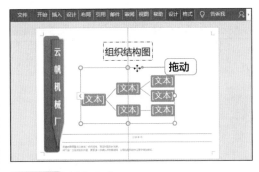

STEP 3　输入文本

在插入的 SmartArt 图形中的各个形状上单击，定位光标，输入文本内容。

3. 添加形状

　　刚插入的 SmartArt 图形通常只显示了基本的结构，编辑时需要为该图形添加一些形状。在"组织结构图 .docx"文档中为 SmartArt 图形添加形状，具体操作步骤如下。

STEP 1　添加平级形状

1 单击"营销部"形状的边框，选择该形状；
2 在【SmartArt 工具　设计】/【创建图形】组中单击"添加形状"按钮右侧的下拉按钮；
3 在下拉列表中选择"在后面添加形状"选项。

技巧秒杀

SmartArt图形中形状的级别

　　在前面 / 后面添加形状都是添加与选择的形状同一级别的形状；在上方添加形状是添加比选择的形状高一级别的形状；在下方添加形状是添加比选择的形状低一级别的形状。

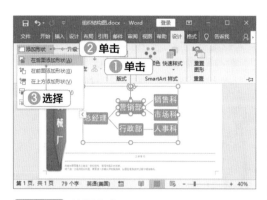

STEP 2　编辑文字

1 在"营销部"形状的下方为其添加一个平级的形状，选择该形状并单击鼠标右键；**2** 在弹出的快捷菜单中选择"编辑文字"选项；**3** 输入"财务部"文本。

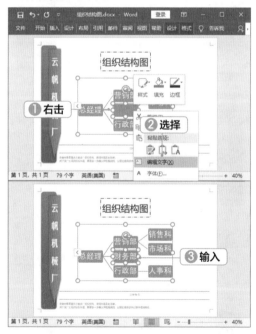

STEP 3　继续添加平级形状并输入文本

单击选择"营销部"形状，执行"在前面添加形状"操作，在"营销部"形状上方添加一个平级形状，并输入"生产部"文本。

STEP 4　添加下一级形状并输入文本

单击选择"生产部"形状，执行 2 次"在下方添加形状"操作，在"生产部"形状后方添加 2 个下一级形状，并在该形状中分别输入"一厂"和"二厂"。

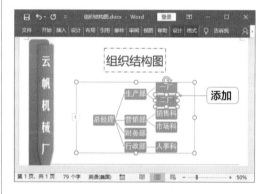

4. 设置 SmartArt 图形的样式

插入 SmartArt 图形后，其图形默认为蓝色，为了满足商务办公的需要，用户通常要对 SmartArt 图形的颜色和外观样式进行设置。为"组织结构图 .docx"文档中的 SmartArt 图形设置样式，具体操作步骤如下。

STEP 1　更改颜色

1 选择 SmartArt 图形，在【SmartArt 工具设计】/【SmartArt 样式】组中单击"更改颜色"按钮；**2** 在打开的列表的"个性色 5"栏中选择"渐变循环 – 个性色 5"选项。

第**3**章　美化 Word 文档

STEP 2 选择 SmartArt 图形的样式

1 在【SmartArt 工具 设计】/【SmartArt 样式】组中单击"快速样式"按钮；2 在打开的列表的"文稿的最佳匹配对象"栏中选择"强烈效果"选项。

技巧秒杀

重置图形

在【设计】/【重置】组中单击"重置图形"按钮，可取消 SmartArt 图形的样式设置。

5. 更改 SmartArt 图形的布局

更改 SmartArt 图形的布局主要是对整个图形的结构和各个分支的结构进行调整。在"组织结构图 .docx"文档中更改 SmartArt 图形的布局，具体操作步骤如下。

STEP 1 更改布局

1 选择 SmartArt 图形；2 在【SmartArt 工具设计】/【版式】组中单击"更改布局"按钮；

3 在打开的列表中选择"组织结构图"选项。

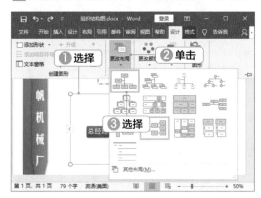

STEP 2 选择布局样式

1 选择需要调整布局的 SmartArt 图形分支；2 在【SmartArt 工具设计】/【创建图形】组中单击"布局"按钮；3 在打开的列表中选择"标准"选项。

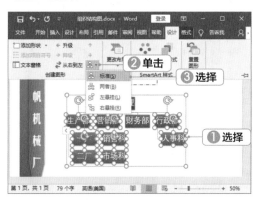

STEP 3 查看更改图形布局后的效果

适当调整 SmartArt 图形的位置和大小，以及上方文本框的位置，最终效果如下图所示。

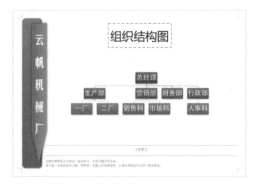

3.3 制作"应聘登记表"文档

云帆集团人力资源部需要制作一个"应聘登记表"文档，用于登记应聘人员的信息，而制作这个文档需要使用 Word 2019 提供的表格功能。在对大量数据进行记录或统计时，使用表格功能更易于管理数据。在文档中插入表格后，用户还可对其进行编辑，使其能更好地展示数据。

素材文件所在位置 素材文件 \ 第 3 章 \ 应聘登记表 .docx
效果文件所在位置 效果文件 \ 第 3 章 \ 应聘登记表 .docx

3.3.1 创建表格

Office 2019 组件中有一个专业的表格制作软件——Excel 2019，但使用 Word 2019 也可以快速制作较为简单的表格。下面介绍在 Word 2019 中创建表格的基本操作。

微课：创建表格

1. 插入表格

在 Word 2019 文档中插入表格，最常用的方法就是通过"插入表格"对话框插入指定行和列的表格。在"应聘登记表 .docx"文档中插入表格，具体操作步骤如下。

STEP 1 选择操作

1 打开"应聘登记表 .docx"文档，在【插入】/【表格】组中单击"表格"按钮；**2** 在打开的列表中选择"插入表格"选项。

知识补充

快速插入表格

在 Word 2019 中，可以快速插入行数与列数较少的表格。方法如下：在【插入】/【表格】组中单击"表格"按钮，在打开的列表的"插入表格"栏中拖动鼠标，选择行数和列数对应的小方格。

STEP 2 设置表格行列数

1 打开"插入表格"对话框，在"表格尺寸"栏的"列数"数值框中输入"2"；**2** 在"行数"数值框中输入"11"；**3** 单击"确定"按钮。

STEP 3 查看插入的表格效果

在 Word 文档中即插入了一个"11 行、2 列"的表格，如下图所示。

技巧秒杀

删除表格

将光标定位到任意单元格中，在【表格工具布局】/【行和列】组中单击"删除"按钮，在打开的列表中选择"删除表格"选项，即可删除整个表格。

2. 插入行和列

用户在编辑表格的过程中，有时需要向其中插入行或列。在"应聘登记表.docx"文档的表格中插入行和列，具体操作步骤如下。

STEP 1 插入行

1 将光标定位到第 2 行第 1 个单元格中；2 在【表格工具 布局】/【行和列】组中单击"在下方插入"按钮；3 在第 2 行下方将插入空白行。

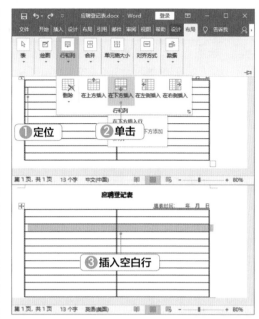

STEP 2 插入列

1 将光标定位到第 2 列第 1 个单元格中，向下拖动鼠标选择第 2 列单元格；2 在【表格工具 布局】/【行和列】组中单击"在右侧插入"按钮；3 在选择的列的右侧将插入空白列。

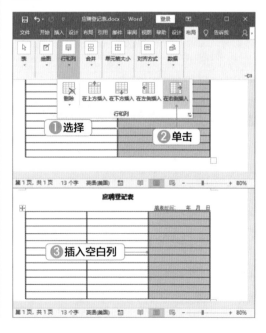

3. 合并和拆分单元格

用户在编辑表格的过程中，经常需要将多个单元格合并成一个单元格，或者将一个单元格拆分为多个单元格，此时要用到合并和拆分单元格功能。在"应聘登记表.docx"文档中拆分和合并单元格，具体操作步骤如下。

STEP 1　选择操作

1 将光标定位到第 1 行第 1 个单元格中；2 在【表格工具　布局】/【合并】组中单击"拆分单元格"按钮。

STEP 2　拆分单元格

1 打开"拆分单元格"对话框，在"列数"数值框中输入"3"；2 在"行数"数值框中输入"1"；3 单击"确定"按钮。

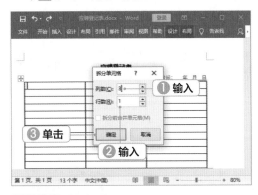

STEP 3　输入文本

拆分单元格后，在第 1 个和第 3 个单元格中输入文本。

STEP 4　继续拆分单元格并输入文本

利用 STEP1~STEP3 的方法，继续拆分第 1、2 行的单元格，并输入对应的文本，效果如下图所示。

STEP 5　绘制表格

在【表格工具　布局】/【绘图】组中单击"绘制表格"按钮。

第 3 章　美化 Word 文档

STEP 6 绘制边框线

将鼠标指针移到第 1 列单元格右侧的边框线处，向下拖动鼠标，绘制表格的边框线。

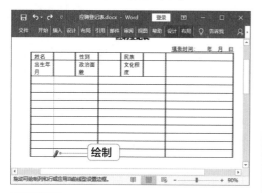

STEP 7 合并单元格

1在【表格工具 布局】/【绘图】组中再次单击"绘制表格"按钮，退出绘制状态，选择下图所示的单元格区域；**2**在【布局】/【合并】组中单击"合并单元格"按钮。

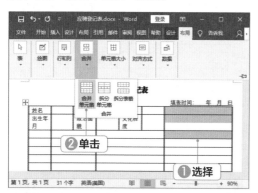

STEP 8 查看合并单元格的效果

返回 Word 2019 工作界面，即可查看合并单元格的效果。

STEP 9 完成编辑单元格的操作

合并其他单元格，绘制单元格的边框线，并输入对应的文本，效果如下图所示。

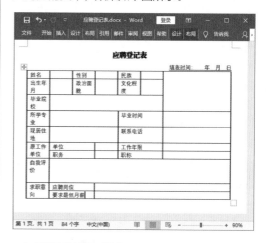

4. 调整行高和列宽

为了使插入的表格适应不同的内容，用户通常需要调整行高和列宽。在 Word 2019 中，用户既可以精确输入行高值和列宽值，也可以拖动鼠标来调整行高和列宽。在"应聘登记表 .docx"文档中调整行高和列宽，具体操作步骤如下。

STEP 1 设置字体字号

1在表格的左上角单击"选择表格"按钮，选择整个表格；**2**在【开始】/【字体】组中的"字号"下拉列表框中选择"小四"选项。

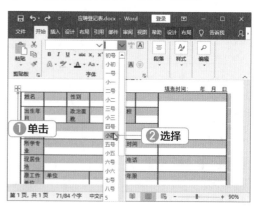

STEP 2　调整列宽

将鼠标指针移到第 1 列单元格右侧的边框处，按住鼠标左键不放，向右侧拖动鼠标，增大列宽，使第 1 列文本在一行内显示。

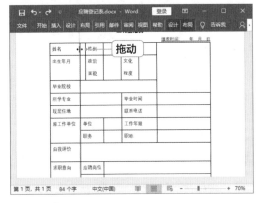

STEP 3　调整行高

将鼠标指针移到倒数第 3 行单元格下方的边框处，按住鼠标左键不放，向下拖动鼠标，增大行高。

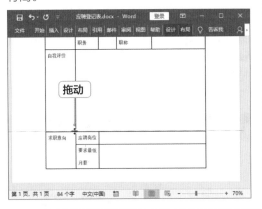

知识补充

精确设置列宽或行高

选择单元格或单元格区域，在【表格工具布局】/【单元格大小】组的"高度"数值框中输入具体数值，可精确设置行高；在"宽度"数值框中输入具体数值，可精确设置列宽。

STEP 4　查看调整后的效果

用同样的方法继续调整表格中其他单元格的行高和列宽，效果如下图所示。

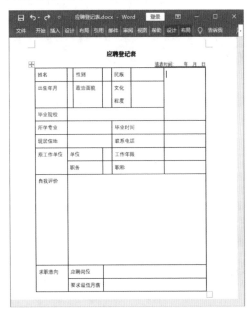

3.3.2　美化表格

在 Word 2019 中插入表格后，用户还可以对表格的对齐方式、边框和底纹等进行设置，也可以直接套用内置的表格样式来美化表格。下面介绍在 Word 2019 中美化表格的基本操作。

1. 设置表格的对齐方式

用户除了设置表格为文本对齐外，还可以设置列和行均匀分布。在"应聘登记表 .docx"文档中设置表格的对齐方式，具体操作步骤如下。

微课：美化表格

STEP 1　设置文本对齐

1 单击表格的左上角的"选择表格"按钮，选择整个表格；**2** 在【布局】/【对齐方式】组中单击"水平居中"按钮。

第 **3** 章　美化 Word 文档

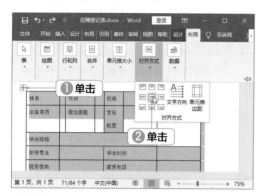

STEP 2 设置分布列

1 选择下图所示的单元格区域；2 在【表格工具 布局】/【单元格大小】组中单击"分布列"按钮。

STEP 3 继续设置分布列

继续为下图所示的单元格区域设置分布列。

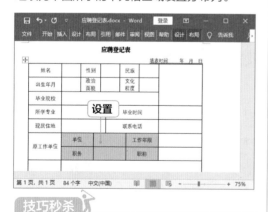

技巧秒杀

分布列和分布行

分布列用于在所选列中平均分布列宽，分布行用于在所选行中平均分布行高。

STEP 4 调整边框对齐

执行分布列操作后，调整对应单元格的列宽对齐边框，效果如下图所示。

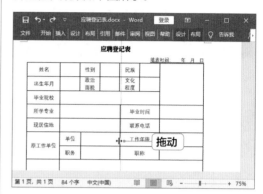

2. 设置表格的边框和底纹

用户不但可以为表格设置边框和底纹，可以为表格中的单元格设置边框和底纹。为"应聘登记表 .docx"文档的表格设置边框和底纹，具体操作步骤如下。

STEP 1 选择边框笔画粗细

1 单击表格的左上角的"选择表格"按钮，选择整个表格；2 在【表格工具 设计】/【边框】组中单击"笔划粗细"右侧的下拉按钮；3 在下拉列表中选择"2.25磅"选项。

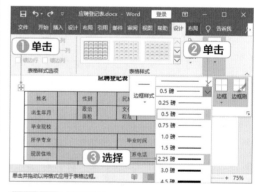

STEP 2 选择边框

1 在【表格工具 设计】/【边框】组中单击"边框"按钮；2 在打开的列表中选择"外侧框线"选项。

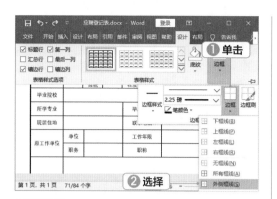

STEP 3 选择底纹颜色

1 选择整个表格，在【表格工具 设计】/【表格样式】组中单击"底纹"按钮下方的下拉按钮；2 在下拉列表的"主题颜色"栏中选择"白色，背景1，深色5%"选项。

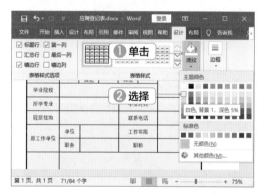

STEP 4 查看边框和底纹的效果

返回 Word 2019 工作界面，即可查看为表格设置边框和底纹后的效果。

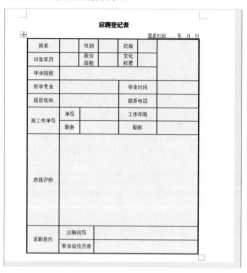

技巧秒杀

套用内置表格样式

选择整个表格，在【表格工具 设计】/【表格样式】组中的"表格样式"列表框中可为表格套用内置的表格样式，包括字体、边框和底纹等样式。

 新手加油站 —— 美化 Word 文档技巧

1. 插入屏幕截图

屏幕截图是 Word 2019 的一个非常实用的功能，它可以快速而轻松地将屏幕截图插入Word 文档，在捕获信息的同时无须退出正在使用的程序，还增强了文档的可读性。屏幕截图包括截取窗口图像和自定义截取图像两种方式。需要注意的是，屏幕截图只能捕获没有最小化到任务栏的窗口。

（1）截取窗口图像

将光标定位到需要插入图片的位置，在【插入】/【插图】组中单击"屏幕截图"按钮，在打开的列表的"可用的视窗"栏中选择需要的窗口截图选项，系统会自动截取相应的窗口，并且截取的图片会自动插入到文档中光标所在的位置。

（2）自定义截取图像

当从网页和其他来源复制部分内容时，通过其他方法都可能无法将它们的格式完整保留到文档中，这时可使用自定义截取图像功能。将光标定位到需要插入图片的位置，在【插入】/【插图】组中单击"屏幕截图"按钮，在打开的列表中选择"屏幕剪辑"选项，系统将自动切换窗口，同时鼠标指针变成十字形状，按住鼠标左键并拖动即可截取需要的图片，释放鼠标左键后，系统自动将截取的图片插入到光标所在的位置。

2. 裁剪图片

裁剪图片功能能对图片的边缘进行修剪，并能将图片修剪出不同的效果。

（1）裁剪

裁剪是指仅对图片的四周进行裁剪。用该方法裁剪过的图片，纵横比将会根据裁剪的范围自动进行调整。先选择要裁剪的图片，然后在【图片工具 格式】/【大小】组中单击"裁剪"按钮下方的下拉按钮，在下拉列表中选择"裁剪"选项，此时在图片的四周将出现黑色的控制点，拖动控制点调整要裁剪的部分，再单击文档中的任意部分即可完成裁剪图片的操作。

（2）裁剪为形状

在文档中插入图片后，Word 2019 会默认将其设置为矩形，用户可以将图片更改为其他形状，让图片与文档配合得更加完美。先选择要裁剪的图片，然后在【图片工具 格式】/【大小】组中单击"裁剪"按钮下方的下拉按钮，在下拉列表中选择"裁剪为形状"选项，再在打开的子列表中选择需要裁剪成的形状即可。

3. 删除图像背景

在编辑图片的过程中，若用户只需要其中的部分图像，又不想删除其他部分的图像，可通过"删除背景"功能对图片进行处理。其方法为：选择所需图片，在【图片工具 格式】/【调整】组中单击"删除背景"按钮，进入"背景消除"编辑状态，出现图形控制框，用于调节图像范围，即需要的图像区域呈高亮显示，图像的其他区域则被紫色覆盖，单击"标记要保留的区域"按钮，当鼠标指针变为笔形状时，选择需要的图像区域使其呈高亮显示，单击"保留更改"按钮即可删除图像背景。

 高手竞技场 ——美化 Word 文档练习

1. 编辑"广告计划"文档

打开提供的素材文档"广告计划 .docx",对文档进行编辑,要求如下。

 素材文件所在位置 素材文件 \ 第 3 章 \ 广告计划 .docx、广告图片
效果文件所在位置 效果文件 \ 第 3 章 \ 广告计划 .docx

● 设置文本的格式,包括字体、字号、文本效果和版式。

● 为文档设置页面背景,并将广告图片插入到文档中,设置广告图片的环绕文字方式和
样式。

● 在文档中插入艺术字,并设置艺术字的样式和文字效果。

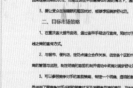

2. 制作"产品简介表"文档

新建文档并保存为"产品简介表 .docx"，在文档中创建表格，要求如下。

效果文件所在位置　效果文件 \ 第 3 章 \ 产品简介表 .docx

- 创建 8 行 5 列的表格，在其中输入相应文本，并设置字体格式。
- 对表格单元格进行合并和拆分操作，并调整单元格的行高和列宽。
- 为表格设置表格样式。

美丽护肤系列				
货号	产品名称	功效	净含量	包装规格
DC001	水润保湿洁面乳	内含活性提取物，在深层洁净肌肤的同时，补充肌肤所缺水分，使肌肤倍感滋润，富于弹性。	100g	72 支/件
DC002	控油洁面啫喱	含多种天然植物精华，能深入肌肤，彻底清除面部污垢，平衡肌肤 pH 值，抑制油脂分泌，减少暗疮滋生。	100g	72 支/件
DC003	柔白亮颜洁面乳	含丰富维他命及植物精华、清除残留化妆品和尘垢的同时，充分滋润肌肤，使肌肤美白亮丽，光彩动人。	100g	72 支/件
DC004	补水轻霜	含矿物精华，及时补充皮肤所需养分，使肌肤自然亮丽。	60g	72 支/件
DC005	柔白亮肤水	可快速补充皮肤所需水分，并能温和调理皮肤，收缩毛孔，令肤质水嫩剔透，倍感清爽。	100g	72 支/件
DC006	水润保湿乳	含多种天然滋养成分，增加肌肤自我锁水能力，使肌肤充润弹性。	100g	72 支/件

第
一
部
分

Word 应用

第 4 章

Word 文档高级排版

本章导读

用户对 Word 文档进行了文本输入、版式设置、样式美化后，还可以对文档进行高级排版。本章主要介绍在 Word 2019 中设置页眉页脚、插入目录、审阅和批注文档、打印文档、执行邮件合并的相关知识。

4.1 编辑"企业文化建设策划案"文档

策划案是对某个未来的活动或事件进行策划的文件，是目标规划的文书，这类文档的篇幅一般较长，可以归为长文档。云帆国际有一份关于企业文化建设的策划案文档，需要在其中插入分隔符、页眉、页脚和页码，并提取文档目录，逐步完善该文档。

素材文件所在位置 素材文件\第4章\企业文化建设策划案.docx、Logo.png
效果文件所在位置 效果文件\第4章\企业文化建设策划案.docx

4.1.1 设置页面的页眉和页脚

进行文档编辑时，可在页面的顶部或底部区域，即页眉或页脚处插入文本、图形等内容，如文档标题、公司标志、文件名或日期等。在设置页眉或页脚前，最好对文档的页面进行正确的划分，也就是分页或分节。

微课：设置页面的页眉和页脚

1. 插入分隔符

在 Word 2019 中输入文本时，输入完一页的文本，继续输入的文本将会自动跳转到下一页中，这是因为 Word 2019 具有自动分隔的功能。如果没有输完一页文本，就需要跳转到下一页，或者防止下一页的内容跳转到上一页，就需要手动添加分隔符。在"企业文化建设策划案.docx"文档中插入分隔符，具体操作步骤如下。

STEP 1 插入分页符

❶打开"企业文化建设策划案.docx"文档，将光标定位到"目录"文本左侧；❷在【插入】/【页面】组中单击"分页"按钮，即可将光标后面的文本移动到下一页中。

STEP 2 继续插入分页符

❶将光标定位到"前言"文本左侧，在【布局】/【页面设置】组中，单击"分隔符"按钮；❷在打开的列表的"分页符"栏中选择"分页符"选项。

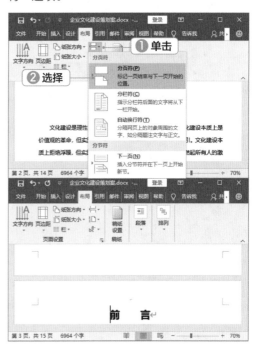

知识补充

分隔符的类型

分隔符包括分页符和分节符。在包含多页的文档中，可在需要分页的位置插入分页符，避免手动分页的麻烦。编辑文档时，可使用分节符改变文档中一个或多个页面的版式或格式，如在文档中插入分节符后，设置的页眉和页脚只显示在分节符之后的页面中。

STEP 3 **继续插入分页符**

用相同的方法在"一、理念篇"等相同级别的标题文本左侧插入分页符。

2. 插入页眉和页脚

为文档插入页眉和页脚可使文档的格式更加整齐和统一。为"企业文化建设策划案 .docx"文档插入页眉和页脚，具体操作步骤如下。

STEP 1 **插入页眉**

①在【插入】/【页眉和页脚】组中，单击"页眉"按钮；②在打开的列表的"内置"栏中选择"奥斯汀"选项。

STEP 2 **输入页眉文本**

①在页眉的文本框中输入文本；②在页眉其他位置定位光标；③在【页眉和页脚】/【插入】组中，单击"图片"按钮。

STEP 3 **选择图片**

①打开"插入图片"对话框，选择需要插入的图片；②单击"插入"按钮。

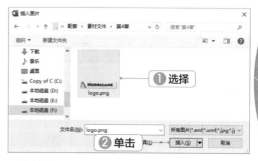

STEP 4 **设置图片布局**

①将插入的图片缩小；②单击图片右侧的"布局选项"按钮；③在打开的列表的"文字环绕"栏中选择"浮于文字上方"选项。

STEP 5　设置图片样式

1 将图片移动到页眉右侧，在【图片工具　格式】/【图片样式】组中单击"快速样式"按钮；2 在打开的列表中选择"矩形投影"选项。

STEP 6　设置页脚

1 在【工具　设计】/【页眉和页脚】组中单击"页脚"按钮；2 在打开的列表的"内置"栏中选择"花丝"选项。

STEP 7　退出页眉和页脚编辑状态

1 单击选择页眉中默认添加的边框，按【Delete】键删除；2 在【页眉和页脚】/【关闭】组中单击"关闭页眉和页脚"按钮，退出页眉和页脚编辑状态。

技巧秒杀

显示分隔符的标记

默认状态下，Word 文档中不显示分隔符的标记。在 Word 文档中打开"Word 选项"对话框的"显示"选项卡，在"始终在屏幕上显示这些标记"栏中单击选中"显示所有格式标记"复选框，可显示分隔符的标记。

3. 设置页码

页码用于显示文档的页数，通常在页面底端的页脚区域插入页码，且首页一般不显示页码。在"企业文化建设策划案.docx"文档中设置页码，具体操作步骤如下。

STEP 1　选择页码样式

1 在【插入】/【页眉和页脚】组中单击"页码"按钮；2 在打开的列表中选择"页边距"选项；3 在打开的子列表的"带有多种形状"栏中选择"圆（左侧）"选项。

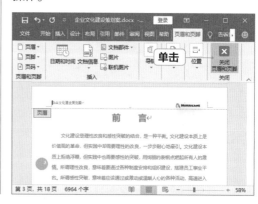

STEP 2　插入页码

Word 2019 自动在文档左侧插入所选格式的页码，在【页眉和页脚】/【关闭】组中单击

4.1.2　制作目录

在制作公司制度手册等内容较多、篇幅较长的文档时，为了让读者快速了解文档内容，通常都会为文档制作目录。在 Word 2019 中，用户可以直接应用内置目录样式，也可以自定义目录，下面分别进行介绍。

微课：制作目录

1. 应用内置目录样式

在为 Word 文档创建目录时，用户可使用 Word 2019 自带的创建目录功能，快速地完成创建。需要注意的是，文档中需要提取目录的文本应设置大纲级别。在"企业文化建设策划案 .docx"文档中应用内置目录样式，具体操作步骤如下。

STEP 1　选择目录的样式

1 将光标定位到需要插入目录的位置；
2 在【引用】/【目录】组中，单击"目录"按钮；
3 在打开的列表的"内置"栏中选择"自动目录 1"选项。

STEP 2　查看效果

Word 2019 将自动在文档中插入选择的目录样式。

知识补充

"自动目录 1"和"自动目录 2"的区别

根据 Word 2019 的提示，"自动目录 1"的标签为"内容"，"自动目录 2"的标签为"目录"。但从制作的目录效果上看，两者完全一样。

技巧秒杀

通过目录跳转至目标文档页面

按住【Ctrl】键，单击目录中的标题文本，可以直接跳转到该标题对应的文档页面。

第 4 章　Word 文档高级排版

2. 自定义目录

Word 2019 中内置了"手动目录""自动目录 1""自动目录 2"3 种目录样式，如果用户对内置目录不满意，可以根据需要对其进行修改，制作自定义目录。在"企业文化建设策划案 .docx"文档中自定义目录，并设置目录的样式，具体操作步骤如下。

STEP 1 删除目录

1 在【引用】/【目录】组中单击"目录"按钮；
2 在打开的列表中选择"删除目录"选项。

STEP 2 自定义目录

1 在【引用】/【目录】组中单击"目录"按钮；
2 在打开的列表中选择"自定义目录"选项。

STEP 3 设置目录选项

1 打开"目录"对话框的"目录"选项卡，在"常规"栏的"显示级别"数值框中输入"2"；
2 单击"修改"按钮。

STEP 4 选择设置样式的目录

1 打开"样式"对话框，在"样式"列表框中选择"TOC1"选项；2 单击"修改"按钮。

STEP 5　修改目录样式

1 打开"修改样式"对话框，在"格式"栏的"字体"下拉列表框中选择"微软雅黑"选项；2 在"字号"下拉列表框中选择"12"选项；3 单击"加粗"按钮；4 单击"确定"按钮。

STEP 6　查看效果

返回"样式"对话框，单击"确定"按钮；返回"目录"对话框，单击"确定"按钮。此时在文档中插入了自定义样式的目录。

3. 更新目录

设置好文档的目录后，当文档中的文本被

修改时，目录的内容和页码都有可能发生变化，因此需要对目录进行调整。而在 Word 2019 中使用"更新目录"功能可快速更新目录，使目录和文档文本内容保持一致。在"企业文化建设策划案 .docx"文档中更新目录，具体操作步骤如下。

STEP 1　修改正文标题

1 在文档中将"理念篇"文本修改为"理论篇"文本；2 在【引用】/【目录】组中单击"更新目录"按钮。

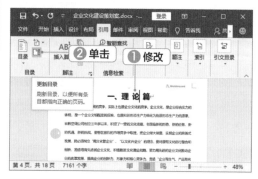

STEP 2　更新目录

1 打开"更新目录"对话框，在其中单击选中"更新整个目录"单选项；2 单击"确定"按钮，即可看到目录中对应的标题已经自动更新了。

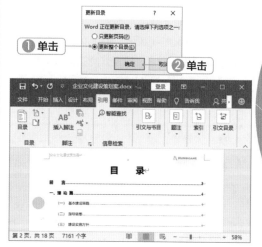

4.2 审阅并打印"招工协议书"文档

云帆集团的人力资源部门制作了一份"招工协议书"文档，接下来的工作就是对其进行审阅，以免出现拼写、语法、排版和常识性错误，影响文档质量及公司形象，并在其中插入脚注和尾注；然后，将其交由上级领导审查和批注；最后，需修订、打印并装订文档，供招聘时使用。

素材文件所在位置 素材文件 \ 第 4 章 \ 招工协议书 .docx
效果文件所在位置 效果文件 \ 第 4 章 \ 招工协议书 .docx

4.2.1 审阅文档

在 Word 2019 中，审阅功能可以将文档的修改操作记录下来，可以让收到文档的人看到审阅人对文件所做的修改。下面介绍使用沉浸式阅读器阅读文档、检查拼写和语法、插入脚注和尾注、插入批注、修订文档等操作。

微课：审阅文档

1. 使用沉浸式阅读器阅读文档

沉浸式阅读器是 Word 2019 新增的一项功能，能极大地提高用户的阅读体验。使用沉浸式阅读器阅读文档时，用户可以调整列宽、页面颜色等，方便阅读的同时并不会影响文档原本的内容格式。使用沉浸式阅读器阅读"招工协议书 .docx"文档，粗略查看文档内容，具体操作步骤如下。

STEP 1　启动沉浸式阅读器

打开"招工协议书 .docx"文档，在【视图】/【沉浸式】组中，单击"沉浸式阅读器"按钮。

知识补充

翻页功能的应用

在【视图】/【页面移动】组中，单击"翻页"按钮可以开启翻页功能。翻页也是 Word 2019 新增的一项功能，该功能可以带来翻书一样的阅读体验，适合使用平板电脑的用户阅读文档。

STEP 2　调整列宽

❶ 在【沉浸式阅读器】/【沉浸式阅读器】组中，单击"列宽"按钮；❷ 在打开的列表中选择"适中"选项。

STEP 3 设置页面颜色

1 在【沉浸式阅读器】/【沉浸式阅读器】组中，单击"页面颜色"按钮；**2** 在打开的列表中选择"棕褐"选项。

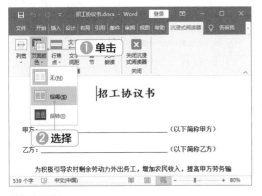

STEP 4 朗读文档内容

1 将光标定位到"招工协议书"文本左侧；**2** 在【沉浸式阅读器】/【沉浸式阅读器】组中，单击"大声朗读"按钮，系统会从定位位置开始朗读文档内容。朗读结束后，单击"关闭沉浸式阅读器"按钮即可关闭沉浸式阅读器。

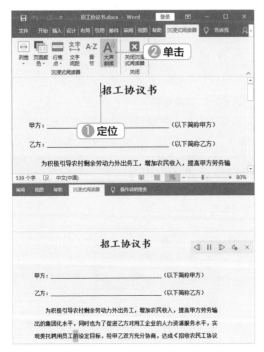

知识补充

行焦点的作用

在【沉浸式阅读器】/【沉浸式阅读器】组中，单击"行焦点"按钮，在打开的列表中选择焦点行选项。焦点行将突出显示文本内容，方便读者集中注意力逐行阅读。

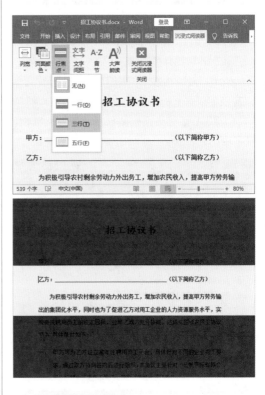

2. 检查拼写和语法

检查拼写和语法的目的是在一定程度上减少用户输入文字时产生的失误，如标点符号错误、文字错误等。在"招工协议书.docx"文档中检查拼写和语法，具体操作步骤如下。

STEP 1 校对拼写和语法

1 将光标定位到"招工协议书"文本左侧；**2** 在【审阅】/【校对】组中，单击"拼写和语法"按钮。

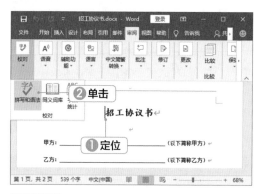

STEP 2　查找并显示错误

1 Word 2019 在文档中检查出一处错误，会以灰色底纹样式标记错误文本所在段落；2 在 Word 2019 工作界面右侧显示"校对"窗格，在其中的列表框中会显示错误的相关信息。

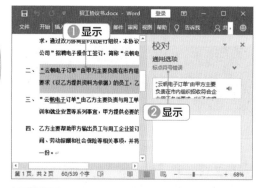

STEP 3　修改错误

1 修改错误的引号；2 在"校对"窗格中单击"继续"按钮。

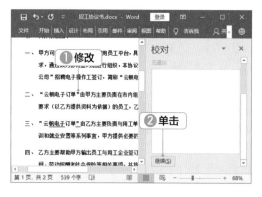

STEP 4　修改并继续检查错误

1 在显示语法错误的段落中修改错误；2 再单击"继续"按钮。

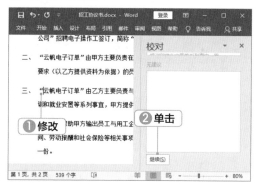

STEP 5　忽略错误

继续自动检查错误，若确认该错误并不成立，在"校对"窗格中选择"忽略"选项。

STEP 6　完成检查

文档检查完后，系统会自动打开提示框，单击"确定"按钮，完成拼写和语法的检查操作。

知识补充

为什么无法使用拼写和语法功能

要使用"拼写和语法"功能在文档中检查拼写和语法错误，需要在"Word 选项"对话框中单击"校对"选项卡，在"在 Word 中更正拼写和语法时"栏中单击选中"键入时检查拼写"和"键入时标记语法错误"复选框。

3. 插入脚注和尾注

脚注通常附在文档页面的最底端，可以列出文档某处内容的注释。尾注一般位于文档的末尾，列出引文的出处等，两者都可以作为文本的补充说明。在"招工协议书 .docx"文档中插入脚注和尾注，具体操作步骤如下。

STEP 1 插入脚注

1 将光标定位到"招工协议书"文本左侧；2 在【引用】/【脚注】组中单击"插入脚注"按钮。

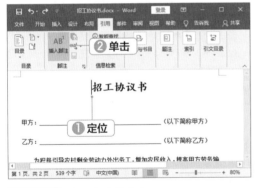

STEP 2 输入脚注的内容

在页面的脚注区域输入脚注的内容。

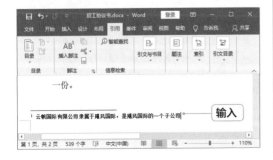

STEP 3 插入尾注

1 将光标定位到"社会保险"文本右侧；2 在【引用】/【脚注】组中单击"插入尾注"按钮。

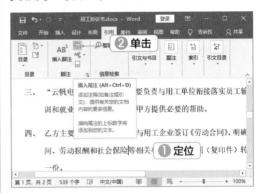

STEP 4 输入尾注的内容

文档的末尾出现尾注输入区域，在其中输入尾注的内容即可。

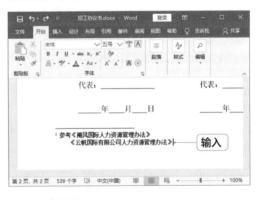

4. 插入批注

在审阅文档的过程中，若针对某些文本需要提出意见和建议，可在文档中添加批注。在"招工协议书 .docx"文档中添加批注，具体操作步骤如下。

STEP 1 插入批注

1 在文档中选择"市内"文本；2 在【审阅】/【批注】组中单击"新建批注"按钮。

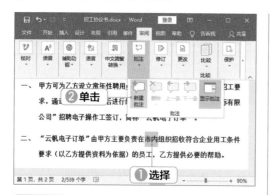

STEP 2　输入批注内容

在文档页面右侧插入了一个红色边框的批注框，在其中输入批注内容即可。

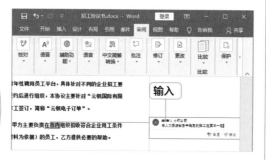

技巧秒杀

显示和删除批注

在【审阅】/【批注】组中单击"显示批注"按钮即可显示批注，再次单击该按钮将隐藏批注；单击"删除"按钮，在打开的列表中选择对应的选项即可删除批注。

5. 修订文档

在审阅文档时，对于能够确定的错误，可使用修订功能直接修改，以减少原作者修改的难度。在"招工协议书.docx"文档中进行修订，具体操作步骤如下。

STEP 1　进入修订状态

■在【审阅】/【修订】组中单击"修订"按钮下方的下拉按钮；■在下拉列表中选择"修订"选项。

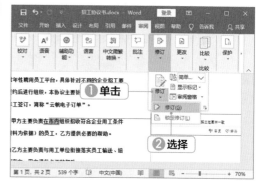

STEP 2　选择查看修订的方式

■将光标定位到需要修订的文本处；■在【审阅】/【修订】组的"显示以供审阅"下拉列表框中选择"所有标记"选项。

STEP 3　修订文本

■按【Backspace】键将"100"文本删除，删除的文本并未消失，而是添加了红色删除线；■在修订行左侧出现一条竖线标记（单击该竖线将隐藏修订的文本，再次单击该竖线将显示修订的文本）。

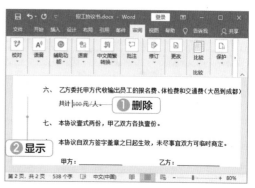

STEP 4　退出修订

① 输入正确的文本（以红色下划线标注）；② 单击【审阅】/【修订】组的"修订"按钮下方的下拉按钮；③ 在下拉列表中选择"修订"选项，退出修订状态。

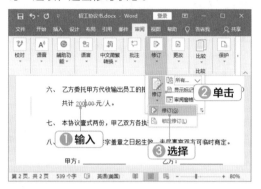

接受修订

将光标定位到修订文本处，在【审阅】/【更改】组中，单击"接受"按钮，在打开的列表中选择"接受此修订"可确认此处修订；选择"接受所有修订"可确认所有修订，文本内容以正常的形式显示。

知识补充

脚注、尾注与批注的区别

脚注、尾注与批注的创建人是不同的，脚注和尾注是由作者本人创建的；批注通常是由审阅文档的人，如领导、上级等创建的。

4.2.2　打印文档

用户制作好文档后，为了便于查阅或提交，可将其打印出来。为了避免打印文档时出错，用户一定要先预览文档打印效果，然后对文档做出相应的调整，最后通过打印设置来满足不同场合的打印需求。下面在接受"招工协议书.docx"文档的修订和根据批注修改文本的基础上，设置打印属性和预览打印效果。

微课：打印文档

1. 设置打印属性

用户在打印文档前通常需要对打印的份数等属性进行设置，否则可能会出现文档内容打印不全，或浪费纸张的情况。打印属性通常包括打印的份数、打印的方向和指定打印机等。为"招工协议书.docx"文档进行打印属性设置，具体操作步骤如下。

STEP 1　选择操作

在 Word 2019 工作界面中单击"文件"选项卡，在打开的界面的左侧的导航窗格中选择"打印"选项。

STEP 2　设置打印份数和页面

① 在右侧的任务窗格的"份数"数值框中输入"10"；② 在"设置"栏的第 1 个下拉列表框中选择"打印所有页"选项。

STEP 3　设置其他选项

在"设置"栏的其他下拉列表中设置打印的方式、顺序、方向和页面大小等，这里保持默认设置。

第 **4** 章　Word 文档高级排版

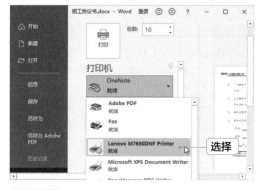

技巧秒杀

设置打印的范围

"设置"栏中有一个"页数"数值框，在其中可以设置打印的页数范围。断页之间用半角逗号分隔，如"1,3"；连页之间用短横线连接，如"4-8"。

2. 预览打印效果

打印属性设置完成后，即可选择进行打印的打印机，然后预览并打印文档。打印"招工协议书.docx"文档，具体操作步骤如下。

STEP 1 选择打印机

在任务窗格的"打印机"下拉列表框中选择进行打印的打印机。

STEP 2 打印预览

① 在任务窗格的右侧查看文档的打印预览效果；② 在任务窗格中单击"打印"按钮，即可对文档进行打印。

4.3 制作邀请函

云帆酒业准备举行"名酒展销会"开幕典礼，需要制作统一的邀请函，并邮寄给每个来宾。Word 2019 提供了强大的邮件功能，该功能可以批量生成需要的邮件文档。一方面，用户可以使用 Word 2019 制作信封，通过传统的邮寄方式寄送邮件；另一方面，用户可以使用 Word 2019 直接编辑、合并及发送电子邮件。

素材文件所在位置	素材文件 \ 第 4 章 \ 邀请函 .docx、来宾名单 .xlsx
效果文件所在位置	效果文件 \ 第 4 章 \ 信封 .docx、邀请函 .docx、来宾信息 .mdb

微课：制作信封

4.3.1 制作信封

在 Word 2019 中可以通过制作向导制作信封，也可以通过自定义的方式制作。下面利用 Word 2019 的制作向导制作传统的中文信封，需要注意的是，制作的信封和邀请函的内容需匹配，即信封上的收信人和邀请函上称呼处的名称需吻合，具体操作步骤如下。

STEP 1 创建信封

启动 Word 2019，新建一个空白文档，在【邮件】/【创建】组中单击"中文信封"按钮。

STEP 2 打开制作向导

打开"信封制作向导"对话框，单击"下一步"按钮。

STEP 3 选择信封样式

1 打开"选择信封样式"对话框，在"信封样式"下拉列表框中选择"国内信封 -DL（220×110）"选项；**2** 单击"下一步"按钮。

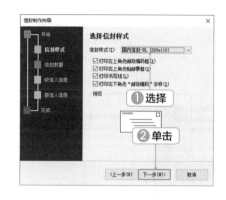

知识补充

常用的信封标准

日常生活中，信封一般分为这几种：5 号信封，即"国内信封 -DL（220×110）"；6 号信封，即"国内信封 -ZL（230×120）"；7 号信封，即"国内信封 -C5（229×162）"；9 号信封，即"国内信封 -C4（324×229）"。

STEP 4 选择生成信封的方式和数量

1 打开"选择生成信封的方式和数量"对话框，单击选中"基于地址簿文件，生成批量信封"单选项；**2** 单击"下一步"按钮。

技巧秒杀

制作单个信封

在"选择生成信封的方式和数量"对话框中，单击选中"键入收信人信息，生成单个信封"单选项，输入收件人和寄件人信息后，可生成单个信封。

STEP 5　从文件中获取收件人信息

打开"从文件中获取并匹配收件人信息"对话框，单击"选择地址簿"按钮。

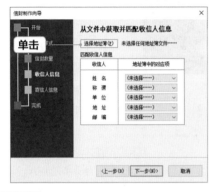

STEP 6　插入数据源

1打开"打开"对话框，在"文件名"右侧的下拉列表框中选择"Excel"选项；2在地址栏中打开"来宾名单 .xlsx"的保存位置；3选择"来宾名单 .xlsx"文件；4单击"打开"按钮。

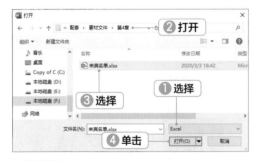

STEP 7　匹配收件人信息

1返回"从文件中获取并匹配收信人信息"对话框，在"姓名""称谓""单位""地址""邮编"对应的下拉列表框中分别选择"来宾姓名""职

位""单位""地址""邮编"选项；2单击"下一步"按钮。

STEP 8　输入寄件人信息

1打开"输入寄信人信息"对话框，分别在"姓名""单位""地址""邮编"中输入相应文本；2单击"下一步"按钮。

STEP 9　完成信封制作

在打开的对话框中出现完成信封的制作的提示，单击"完成"按钮。

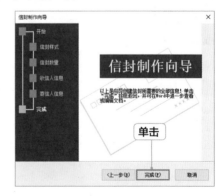

STEP 10　查看创建的信封效果

Word 2019 将在文档中创建设置的信封，将其保存到计算机中即可。

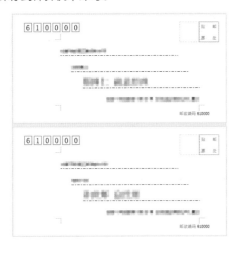

知识补充

打印信封

批量生成信封后，在 Word 2019 工作界面单击"文件"选项卡，在打开的界面左侧的导航窗格中选择"打印"选项。根据实际情况设置各选项，单击"打印"按钮，即可将电子版信封打印出来。

4.3.2　邮件合并

微课：邮件合并

　　邮件合并可以将内容有变化的部分，如姓名或地址等制作成数据源，将内容相同的部分制作成一个主文档，然后将数据源中的信息合并到主文档，批量生成文档。通过邮件合并，用户可以批量制作邀请函等。下面介绍在 Word 2019 中进行邮件合并的操作。

1. 制作数据源

　　制作数据源有两种方法，一种是直接使用现有的数据源，另一种是新建数据源。无论使用哪种方法，都需要在合并操作中进行。在"邀请函 .docx"文档中制作数据源，具体操作步骤如下。

STEP 1　启动合并向导

1打开"邀请函 .docx"文档（这里的"邀请函 .docx"文档即为主文档，在制作主文档时，只需输入不变的文本，并设置文本格式即可），在【邮件】/【开始邮件合并】组中单击"开始邮件合并"按钮；2在打开的列表中选择"邮件合并分步向导"选项。

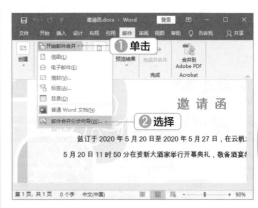

STEP 2　选择文档类型

1打开"邮件合并"窗格，在"选择文档类型"栏中单击选中"信函"单选项；2在步骤栏中单击"下一步：开始文档"超链接。

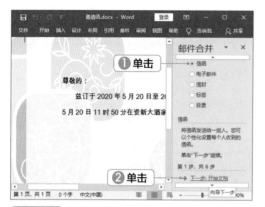

STEP 3 选择开始文档

1 在"选择开始文档"栏中单击选中"使用当前文档"单选项；**2** 在步骤栏中单击"下一步：选择收件人"超链接。

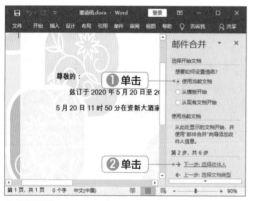

STEP 4 选择收件人

1 在"选择收件人"栏中单击选中"键入新列表"单选项；**2** 在"键入新列表"栏中单击"创建"超链接。

STEP 5 新建地址列表

打开"新建地址列表"对话框，单击"自定义列"按钮。

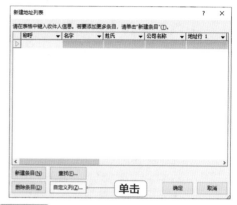

STEP 6 删除多余字段

1 打开"自定义地址列表"对话框，在"字段名"列表框中选择"姓氏"字段；**2** 单击"删除"按钮；**3** 在打开的提示框中单击"是"按钮，删除该字段。

STEP 7 调整字段顺序

1 继续删除列表框中的其他字段，只保留"称呼"和"名字"，选择"名字"字段；**2** 单击"上移"按钮，将"名字"字段移动到"称呼"字段的上方。

第一部分

知识补充

添加与重命名字段

在"自定义地址列表"对话框中，单击"添加"按钮可添加新的字段；单击"重命名"按钮，可对选择的字段进行重命名。

STEP 8 **输入第 1 个条目**

1 在"自定义地址列表"对话框中单击"确定"按钮，返回"新建地址列表"对话框，在对应的字段下面的文本框中输入第 1 个条目；**2** 单击"新建条目"按钮。

STEP 9 **输入所有条目**

继续输入其他条目信息，完成后单击"确定"按钮。

STEP 10 **保存数据源**

1 打开"保存通讯录"对话框，先选择保存的位置；**2** 在"文件名"下拉列表框中输入"来宾信息"文本；**3** 单击"保存"按钮。

STEP 11 **完成操作**

打开"邮件合并收件人"对话框，其中展示了创建的数据信息，单击"确定"按钮。

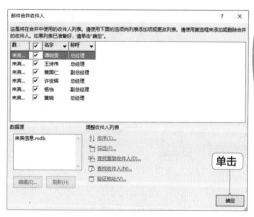

第 **4** 章　Word 文档高级排版

2. 将数据源合并到主文档中

将数据源合并到主文档中的操作主要有两种：一种是按照前面介绍的操作创建数据源，然后直接打开文档使用；另一种比较常见，是选择数据源进行合并。在"邀请函.docx"文档中选择前面创建的数据源进行合并，具体操作步骤如下。

STEP 1 准备撰写信函

1 在"邮件合并"窗格的"选择收件人"栏中，单击选中"使用现有列表"单选项；2 单击"下一步：撰写信函"超链接。

STEP 2 撰写信函

1 将光标定位到"尊敬的"文本右侧；2 在"撰写信函"栏中单击"其他项目"超链接。

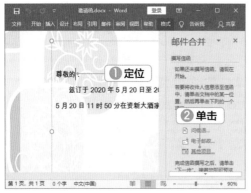

STEP 3 插入域

1 打开"插入合并域"对话框，在"域"列表框中选择"名字"选项；2 单击"插入"按钮，将"名字"域插入文档。

STEP 4 继续插入域

1 用同样的方法将"称呼"域插入文档；2 单击"关闭"按钮。

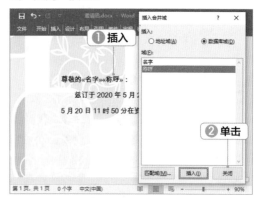

STEP 5 设置域的字体

1 选择插入的域，将其字体设置为"方正综艺简体"；2 在"邮件合并"窗格中，单击"下一步：预览信函"超链接。

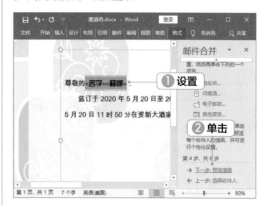

STEP 6 完成邮件合并

1 此时文档中添加的项目"名字"和"称呼"都将以数据源中的第 1 条数据显示，单击"邮件合并"窗格中的"下一条"按钮，即可预览下一条数据；2 单击"下一步: 完成合并"超链接。

STEP 7 打开文档

1 单击"打印"超链接；2 打开"合并到打印机"对话框，单击选中"全部"单选项；3 单击"确定"按钮即可批量打印所有创建的邀请函。

知识补充

发送电子邮件

要通过"邮件合并"功能发送电子邮件，首先需安装 Office 2019 的 Outlook 电子邮件程序，然后制作数据源时，需要添加"电子邮件"字段，并包含有有效的电子邮箱地址数据。完成邮件合并后，在【邮件】/【完成并合并】组中选择"发送电子邮件"选项，打开"合并到电子邮件"对话框。在"邮件选项"栏的"收件人"下拉列表框中选择"名字"选项，并设置其他选项后，单击"确定"按钮即可发送电子邮件。

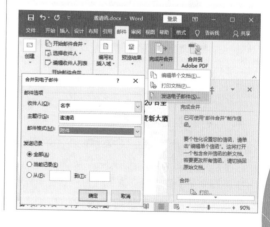

 新手加油站 ——Word 文档高级排版技巧

1. 设置页码的起始数

有些大型文档是由多个文档组成的，在一个子文档中插入的页码，可能不是由"1"开始，此时可以自定义页码的起始数字。双击页眉页脚区域，进入页眉页脚设置状态，在【设计】/【页眉和页脚】组中单击"页码"按钮，在打开的列表中选择"设置页码格式"选项，打开"页码格式"对话框，在"页码编号"栏中单击选中"起始页码"单选项，在其后的数值框中输入起始页码，单击"确定"按钮。

2. 取消页眉上方的横线

双击页眉页脚区域，进入页眉页脚设置状态，有时并未设置任何内容，退出页眉页脚设置状态后，却发现页眉上方多了一条横线。此时，可以再次进入页眉页脚设置状态，选择页眉区域的空白字符，在【开始】/【段落】组中，单击"边框"按钮右侧的下拉按钮，在打开的下拉列表中选择"无框线"选项，退出页眉页脚设置状态，可发现横线已经消失。

3. 制作索引

索引是根据一定需要，把书刊中的主要概念或各种题名摘录下来，标明出处、页码，按一定次序分条排列，以供人查阅的资料。索引的本质是在文档中插入一个隐藏的代码，便于读者快速查询。制作索引的具体操作步骤如下。

1 在文档中选择需要制作索引的文本，在【引用】/【索引】组中单击"标记条目"按钮。

2 打开"标记索引项"对话框，单击"标记"按钮，单击"关闭"按钮，完成标记操作。

3 将光标定位到文档末尾，在【引用】/【索引】组中单击"插入索引"按钮；打开"索引"对话框的"索引"选项卡，单击选中"页码右对齐"复选框，单击"确定"按钮。

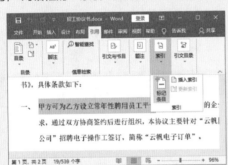
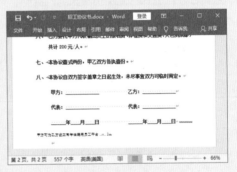

4. 设置批注人的姓名

添加批注时，用户会发现批注由两部分组成，一是冒号前的内容，二是冒号后的内容。冒号前的内容表示批注人的名字及批注序号；冒号后的内容表示批注的具体内容。在实际工作中，如果一个文档由多人批注过，该如何知晓这个批注是谁批准的呢？其实，可以对批注人的名字进行设置，在 Word 2019 文档中，单击"文件"选项卡，在打开的页面的右侧的导航窗格中选择"选项"选项，打开"Word 选项"对话框，选择左侧的"常规"选项卡，在"对 Microsoft Office 进行个性化设置"栏的"用户名"和"缩写"文本框中输入个人的姓名，单击"确定"按钮。此后批注时，冒号前将显示设置的"缩写"文本框中的人名。

5. 通过打印奇偶页实现双面打印

在办公室耗材中，打印用纸占主要部分。为了节省纸张，除非明文规定，办公人员一般都会将纸张双面打印使用。下面介绍通过设置奇偶页来实现双面打印的方法。单击"文件"选项卡，在打开的列表中选择"打印"选项，打开"打印"任务窗格，在"设置"栏中的"打印所有页"下拉列表中选择"仅打印奇数页"选项。单击顶部的"打印"按钮,即可开始打印奇数页。打印完奇数页后,将纸张翻转一面重新放入打印机,在"设置"栏中的"打印所有页"下拉列表中选择"仅打印偶数页"选项。单击顶部的"打印"按钮,即可开始打印偶数页。

高手竞技场 ——Word 文档高级排版练习

1. 编辑"公司考勤制度"文档

打开提供的素材文档"公司考勤制度 .docx",对文档进行编辑,要求如下。

素材文件所在位置 素材文件\第 4 章\公司考勤制度 .docx
效果文件所在位置 效果文件\第 4 章\公司考勤制度 .docx

● 为文档设置"运动型(偶数页)"页眉样式,文本格式设置为"方正正中黑简体、红色"。

● 为文档设置"积分"页脚样式,字体设置为"方正正中黑简体"。

● 插入目录和尾注。

2. 制作新春问候信函

打开提供的素材文档"新春问候.docx"，批量制作新春问候函，要求如下。

素材文件所在位置 素材文件\第4章\新春问候.docx
效果文件所在位置 效果文件\第4章\新春问候.docx、员工数据.mdb

- 打开"新春问候.docx"文档，制作"员工数据.mdb"数据源。
- 利用邮件合并功能能合并数据源和"新春问候.docx"文档，将插入的域的字体设置为"方正综艺简体"。
- 打印文档。

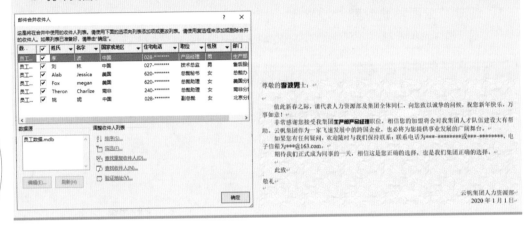

第 5 章

制作 Excel 表格

本章导读

　　Excel 2019 可实现数据的应用、处理和分析，它的一切操作都是围绕数据进行的。用户在商务办公过程中，掌握 Excel 相关的基础知识尤为重要，主要包括工作簿、工作表和单元格的基本操作，数据的输入与编辑，以及美化 Excel 表格等。

5.1 创建"来访登记表"工作簿

　　来访登记表通常指非本单位的人士去学校、企业、事业单位、机关、团体及其他机构办理事务时填写的个人信息登记表。制作"来访登记表"会用到 Excel 2019 的一些基本操作，例如工作簿、工作表和单元格的基本操作等，掌握这些内容能够让用户制作出更加专业和精美的表格。

素材文件所在位置　素材文件＼第 5 章＼素材 .xlsx
效果文件所在位置　效果文件＼第 5 章＼来访登记表 .xlsx

5.1.1　工作簿的基本操作

　　工作簿即 Excel 文件，是用于存储和处理数据的文档，也称电子表格。新建的工作簿默认以"工作簿 1"命名，并显示在标题栏的文件名处。工作簿的基本操作包括新建、保存、密码保护等，下面进行详细的介绍。

微课：工作簿的基本操作

1. 新建并保存工作簿

　　使用 Excel 2019 制作电子表格，首先应创建工作簿，即启动 Excel 2019 后，将新建的空白工作簿以相应的名称保存到所需的位置。新建"来访登记表 .xlsx"工作簿，并将其保存在计算机中，具体操作步骤如下。

STEP 1　启动 Excel 2019

1 单击操作系统桌面左下角的"开始"按钮；2 打开"开始"菜单，在字母 E 开头的列表中选择"Excel"命令。

STEP 2　选择创建的工作簿类型

1 启动 Excel 2019，在其登录界面左侧的导航窗格中选择"新建"选项；2 在右侧的窗格中选择"空白工作簿"选项。

STEP 3　保存工作簿

进入 Excel 2019 工作界面，新建的工作簿名称为"工作簿 1"，在快速访问工具栏中单击"保存"按钮。

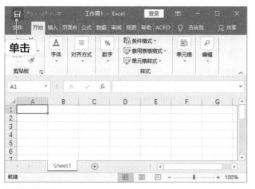

STEP 4 选择保存方式

1 在打开的窗格的"另存为"栏中选择"这台电脑"选项；2 选择"浏览"选项。

STEP 5 设置保存参数

1 打开"另存为"对话框，先选择文件保存的位置；2 在"文件名"下拉列表框中输入"来访登记表"文本；3 单击"保存"按钮。

2. 保护工作簿

在商务办公中，工作簿中经常会有涉及

公司机密的数据信息，这时用户可以通过设置密码来保护工作簿。为"来访登记表 .xlsx"工作簿设置保护密码，具体操作步骤如下。

STEP 1 保存工作簿

1 在 Excel 2019 工作界面中单击"文件"选项卡，在左侧的导航窗格中选择"信息"选项；2 在右侧单击"保护工作簿"按钮；3 在打开的列表中选择"用密码进行加密"选项。

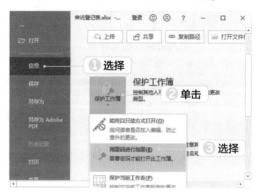

STEP 2 设置密码

1 打开"加密文档"对话框，在"密码"文本框中输入"123456"；2 单击"确定"按钮；3 打开"确认密码"对话框，在"重新输入密码"文本框中输入"123456"；4 单击"确定"按钮。

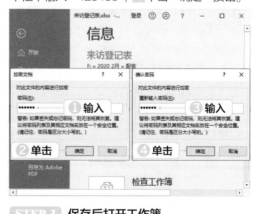

STEP 3 保存后打开工作簿

1 返回 Excel 2019 工作界面，在快速访问工具栏中单击"保存"按钮保存工作簿。在文件资源管理器中选择"来访登记表 .xlsx"工作簿的保存位置；2 双击"来访登记表 .xlsx"工作簿选项。

第 5 章 制作 Excel 表格

STEP 4 输入密码打开工作簿

▌1 在 Excel 2019 工作界面中，打开"密码"对话框，在"密码"文本框中输入"123456"；▌2 单击"确定"按钮即可打开设置了密码的工作簿。

技巧秒杀

取消密码保护

取消密码保护只需在设置了密码的工作簿中，执行保护工作簿的操作，打开"加密文档"对话框后，删除"密码"文本框中的密码，单击"确定"按钮。

5.1.2 工作表的基本操作

工作表总是存储在工作簿中，是用于展示和分析数据的场所，是表格内容的载体。熟练掌握工作表的各项操作，用户能够轻松输入、编辑和管理数据。下面介绍工作表的一些基本操作。

微课：工作表的基本操作

1. 添加与删除工作表

在实际工作中，用户可能需要用到很多工作表，那么就需要在工作簿中添加新的工作表。而对于多余的工作表，用户可以直接删除。在"来访登记表.xlsx"工作簿中添加与删除工作表，具体操作步骤如下。

STEP 1 添加工作表

在工作表标签栏中单击"新工作表"按钮。

STEP 2 删除工作表

▌1 在新添加的"Sheet2"工作表标签上单击

鼠标右键；▌2 在弹出的快捷菜单中选择"删除"选项，删除该工作表。

2. 移动或复制工作表

在办公中，移动或复制工作表有两种情形，一种是在同一个工作簿中移动或复制工作表，另一种是将一个工作簿中的工作表移动或复制到另一个工作簿中。把"素材.xlsx"工作簿的工作表复制到"来访登记表.xlsx"工作簿中，并调整工作表的位置，具体操作步骤如下。

STEP 1　选择移动或复制

❶打开"素材.xlsx"工作簿，在"Sheet1"工作表标签上单击鼠标右键；❷在弹出的快捷菜单中选择"移动或复制"选项。

STEP 2　复制工作表

❶打开"移动或复制工作表"对话框，在"工作簿"下拉列表框中选择"来访登记表.xlsx"选项；❷在"下列选定工作表之前"列表框中选择"移至最后"选项；❸单击选中"建立副本"复选框；❹单击"确定"按钮。

知识补充

在同一个工作簿中复制工作表

在"移动或复制工作表"对话框的"工作簿"下拉列表框中选择同一个工作簿，单击选中"建立副本"复选框，即可在同一个工作簿中复制工作表。

STEP 3　移动工作表

跳转到打开的"来访登记表.xlsx"工作簿中，会发现复制的工作表显示于"Sheet1"工作表右侧并被命名为"Sheet1（2）"。在"Sheet1（2）"工作表标签上按住鼠标左键，向"Sheet1"工作表标签左侧拖动，即可移动工作表。

技巧秒杀

快速复制工作表

在工作表标签上按住鼠标左键，在拖动的同时按住【Ctrl】键，即可将工作表复制到同一个或不同的工作簿中。

3. 重命名工作表

工作表的命名方式默认为"Sheet1""Sheet2""Sheet3"等，用户也可以自定义工作表的名称。重命名"来访登记表.xlsx"工作簿中的工作表，具体操作步骤如下。

STEP 1　进入名称编辑状态

在"Sheet1（2）"工作表标签上双击，进入名称编辑状态，工作表名称呈灰色底纹显示。

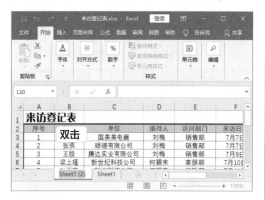

STEP 2　输入名称

输入"来访登记表"文本，按【Enter】键，即可为该工作表重新命名。

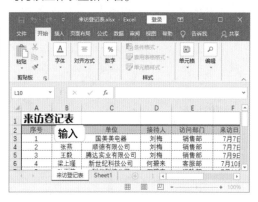

4. 设置工作表标签的颜色

Excel 2019 中工作表标签的颜色默认是相同的。为了区分工作簿中的各个工作表，用户除了对工作表进行重命名外，还可以为工作表的标签设置不同的颜色。在"来访登记表 .xlsx"工作簿中设置工作表标签的颜色，具体操作步骤如下。

STEP 1　选择标签颜色

■1 在"来访登记表"工作表标签上单击鼠标右键；■2 在弹出的快捷菜单中选择"工作表标签颜色"选项；■3 在打开的列表的"标准色"栏中选择"红色"选项。

STEP 2　查看设置标签颜色的效果

用同样的方法将"Sheet1"工作表标签的颜色设置为"深蓝"后，效果如下图所示（通常当前工作表标签的颜色显示为较浅的渐变透明色，目的是显示出工作表的名称；其他工作表标签则显示为实际设置的颜色）。

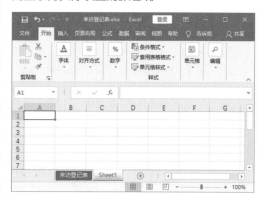

5. 保护工作表

为防止有人在未经授权的情况下对工作表中的数据进行编辑或修改，需要为工作表设置密码进行保护。通过设置密码来保护"来访登记表 .xlsx"工作簿中的工作表，具体操作步骤如下。

STEP 1　选择保护工作表

■1 单击"来访登记表"工作表标签，选择"来访登记表"工作表；■2 在【审阅】/【保护】组中单击"保护工作表"按钮。

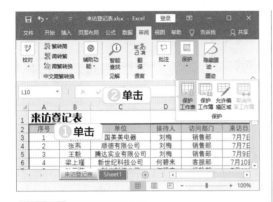

STEP 2 设置保护范围

1 打开"保护工作表"对话框,在"取消工作表保护时使用的密码"文本框中输入"12345";2 单击选中"保护工作表及锁定的单元格内容"复选框;3 在"允许此工作表的所有用户进行"列表框中单击选中"选定锁定单元格"复选框;4 单击选中"选定解除锁定的单元格"复选框;5 单击"确定"按钮。

STEP 3 确认密码

1 打开"确认密码"对话框,在"重新输入密码"文本框中输入"12345";2 单击"确定"按钮。

STEP 4 完成工作表保护

在完成工作表的保护设置后,如果对工作表进行编辑操作,则会打开下图所示的提示框(单击"确定"按钮后,仍然无法对工作表进行编辑操作,只有撤销工作表保护,才能进行操作)。

> **技巧秒杀**
>
> **撤销工作表保护**
>
> 设置工作表保护之后,"保护工作表"按钮将显示为"撤销工作表保护"按钮。在【审阅】/【保护】组中单击"撤销工作表保护"按钮,打开"撤销工作表保护"对话框,在"撤销工作表保护"文本框中输入密码,单击"确定"按钮,即可撤销工作表保护。

5.1.3 单元格的基本操作

为了使制作的表格更加整洁美观,用户可对工作表中的单元格进行编辑、整理,常用的操作包括插入和删除单元格、合并和拆分单元格及设置单元格的行高与列宽等,下面分别进行介绍。

微课:单元格的基本操作

1. 插入与删除单元格

用户在对工作表进行编辑时,通常都会用到插入与删除单元格的操作。在"来访登记表"工作表中插入与删除单元格,具体操作步骤如下。

STEP 1 选择操作

1 在 B8 单元格中单击鼠标右键;2 在弹出的快捷菜单中选择"插入"选项。

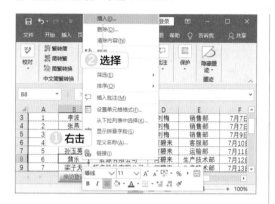

知识补充

单元格的命名规则

　　单元格的行号用阿拉伯数字标识，列号用大写英文字母标识。例如，位于 A 列第 1 行的单元格可表示为 A1 单元格；A2 单元格与 C5 单元格之间连续的单元格可表示为 A2:C5 单元格区域。

STEP 2　插入整行单元格

1 打开"插入"对话框，在"插入"栏中单击选中"整行"单选项；2 单击"确定"按钮，在 B8 单元格上方插入一行单元格。

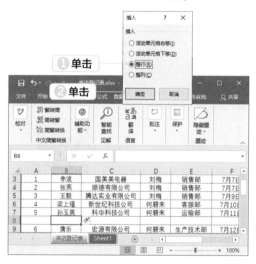

STEP 3　选择删除的单元格

1 在 B8:H8 单元格区域内输入文本内容；2 在

A10 单元格中单击鼠标右键；3 在弹出的快捷菜单中选择"删除"选项。

STEP 4　删除单元格

1 打开"删除"对话框，在"删除"栏中单击选中"整列"单选项；2 单击"确定"按钮，删除 A 列的所有单元格。

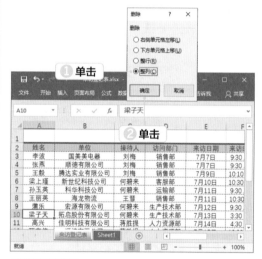

技巧秒杀

清除单元格中的内容

　　选择单元格或单元格区域，单击鼠标右键，在弹出的快捷菜单中选择"清除内容"选项，或者按"Delete"键，即可删除单元格或单元格区域中的内容，而不会影响单元格或单元格区域的格式和单元格或单元格区域自身。

2. 合并与拆分单元格

在编辑工作表时，若一个单元格中输入的内容过多，在显示时可能会占用几个单元格的位置，这时可以将几个单元格合并成一个单元格以完全显示其中的内容。当然合并后的单元格也可以取消合并，即拆分单元格。在"来访登记表"工作表中合并单元格，具体操作步骤如下。

STEP 1 合并单元格

1 选择 A1:H1 单元格区域；**2** 在【开始】/【对齐方式】组中，单击"合并后居中"按钮。

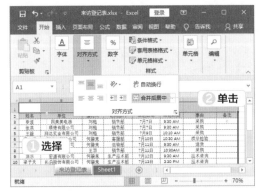

STEP 2 输入文本

此时，选择的单元格区域将合并为一个单元格，在其中输入"来访登记表"（字体为"方正粗倩简体，字号为 16"）。

知识补充

拆分单元格

选择单元格，在【开始】/【对齐方式】组中单击"合并后居中"按钮右侧的下拉按钮，在下拉列表中选择"取消单元格合并"选项即可拆分单元格。

3. 设置单元格的行高和列宽

工作表中，若单元格的行高或列宽不合理，将直接影响单元格中内容的显示，此时需要对单元格的行高和列宽进行调整。在"来访登记表"工作表中设置行高，具体操作步骤如下。

STEP 1 选择"行高"选项

1 选择 A2:H16 单元格区域；**2** 在【开始】/【单元格】组中单击"格式"按钮；**3** 在打开的列表的"单元格大小"栏中选择"行高"选项。

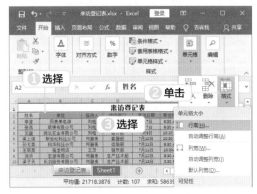

STEP 2 设置行高

1 打开"行高"对话框，在"行高"文本框中输入"20"；**2** 单击"确定"按钮。

知识补充

设置列宽

在【开始】/【单元格】组中单击"格式"按钮；在打开的列表的"单元格大小"栏中选择"列宽"选项。打开"列宽"对话框，在"列宽"文本框中输入列宽值，即可设置单元格的列宽。

第 5 章 制作 Excel 表格

技巧秒杀

自动调整行高和列宽

选择单元格区域，在【开始】/【单元格】组中单击"格式"按钮，在打开的列表的"单元格大小"栏中选择"自动调整行高"或"自动调整列宽"选项，系统将根据内容的显示情况自动调整为适合的行高或列宽。

5.2 编辑"产品价格表"工作簿

产品价格表是一种常用的表格，在超市数据统计和商业办公活动中经常使用。制作表格的目的是方便使用者查看各种数据，这种表格涉及的数据量较大，因此在制作时，用户需要对工作表进行编辑，还可以直接将已有的样式应用在表格中。下面通过编辑"产品价格表 .xlsx"工作簿，用户可以了解输入与编辑数据及美化 Excel 表格的基本操作。

素材文件所在位置　素材文件＼第 5 章＼产品价格表 .xlsx
效果文件所在位置　效果文件＼第 5 章＼产品价格表 .xlsx

5.2.1 输入数据

在 Excel 2019 中，普通数据类型包括数字、数值、分数、文本及货币等。在默认情况下，在单元格中输入数字数据后，数据将呈右对齐方式显示，输入文本后，数据将呈左对齐方式显示。下面介绍在表格中输入数据的方法。

微课：输入数据

1. 输入单元格数据

单击单元格即可输入数据。在"产品价格表 .xlsx"中输入数据，具体操作步骤如下。

STEP 1 选择单元格

单击选择 B3 单元格。

STEP 2 输入数据

直接输入"美白洁面乳"文本。

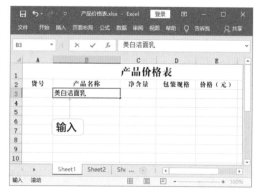

STEP 3 继续输入其他数据

按【Enter】键完成输入，继续在 B3:D20 单元格区域中输入其他数据。

2. 修改数据

修改 Excel 表格中的数据主要有两种情况，一种是修改单元格中的整个数据，另一种是修改单元格中的部分数据。在"产品价格表 .xlsx"工作簿中修改数据，具体操作步骤如下。

STEP 1 修改部分数据

1 双击 B18 单元格，将光标定位到单元格中"眼霜"文本右侧；2 按【Backspace】键，删除"眼霜"文本，输入"精华液"文本。

STEP 2 修改全部数据

1 单击选择 C18 单元格；2 直接输入"100ml"文本。

3. 快速填充数据

有时需要输入一些相同或有规律的数据，如商品编码、学生学号等。手动输入会浪费时间，因此，Excel 2019 专门提供了快速填充数据的功能，可以大大提高输入数据的准确性和工作效率。在"产品价格表 .xlsx"工作簿中快速填充商品编号，具体操作步骤如下。

STEP 1 输入起始数据

1 单击选择 A3 单元格；2 输入"YF001"文本。

技巧秒杀

快速填充相同的数据

如果起始单元格中的数据是数字和字母的组合，进行填充时需要单击"自动填充选项"按钮，在打开的列表中单击选中"复制单元格"单选项，才能在其他单元格中填充与起始单元格相同的数据。

第 5 章 制作 Excel 表格

STEP 2　快速填充

1 将鼠标指针移动到 A3 单元格右下角，鼠标指针变成黑色十字形状，按住鼠标左键向下拖动，到 A20 单元格；2 释放鼠标左键，即可为 A4:A20 单元格区域快速填充数据。

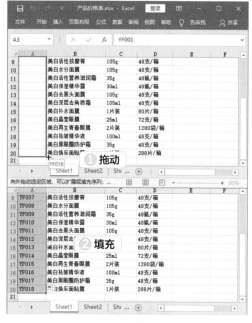

知识补充

默认的填充数据的方式

若起始单元格中的数据没有明显的编号特征，执行本例的操作，则会将起始单元格中的数据复制到其他单元格中。

4. 输入货币型数据

在 Excel 表格中输入货币型的数据，通常要先设置单元格的格式。在"产品价格表 .xlsx"工作簿中输入货币型数据，具体操作步骤如下。

STEP 1　输入数据

在 E3:E20 单元格区域中输入数据。

STEP 2　选择数据样式

1 选择 E3:E20 单元格区域；2 在【开始】/【数字】组中单击"数字格式"下拉列表框右侧的下拉按钮；3 在下拉列表中选择"货币"选项。返回 Excel 2019 工作界面，即可看到该列的数据格式效果。

5.2.2 编辑数据

微课：编辑数据

Excel 表格可以存储各种各样的数据，用户在编辑过程中除了对数据进行修改，还可以进行其他的操作，如使用记录单批量修改数据、自定义数据的显示单位和设置数据验证规则等。至于一些基本操作，如复制粘贴、查找替换等与 Word 2019 操作相似，这里就不再赘述。

1. 使用记录单批量修改数据

如果工作表涉及的数据量巨大，工作表的长度、宽度也会非常大，这样，用户在输入数据时就会将很多宝贵的时间用在来回切换行、列上，甚至还容易出现错误。此时，用户可通过 Excel 2019 的"记录单"功能，在打开的"记录单"对话框中批量编辑数据，而不用在长表格中编辑数据。在"产品价格表 .xlsx"工作簿中利用记录单批量修改数据，具体操作步骤如下。

STEP 1　新建组

1 在 Excel 2019 工作界面单击"文件"选项卡，在左侧的导航窗格中选择"选项"选项，打开"Excel 选项"对话框，在左侧窗格中单击"自定义功能区"选项卡；2 在右侧的"从下列位置选择命令"下拉列表框中选择"不在功能区中的命令"选项；3 在其下方的列表框中选择"记录单"选项；4 在"主选项卡"列表框中单击选中"开始"复选框；5 单击"新建组"按钮。

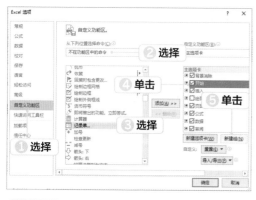

STEP 2　添加按钮

1 单击"重命名"按钮；2 打开"重命名"对话框，在"显示名称"文本框中输入"记录单"文本；3 单击"确定"按钮；4 返回"Excel 选项"对话框，单击"添加"按钮；5 单击"确定"按钮。（Excel 2019 工作界面中默认不显示"记录单"按钮，因此需要手动添加。）

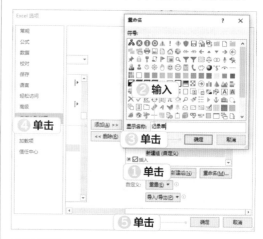

STEP 3　选择数据区域

1 选择 A2:F20 单元格区域；2 在【开始】/【记录单】组中单击"记录单"按钮。

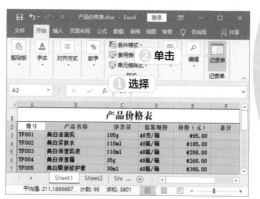

STEP 4 修改数据

❶ 打开"Sheet1"对话框，拖动滑块到第 13 个记录；❷ 将"产品名称"文本框中的文本修改为"美白亲肤面膜"；❸ 将"包装规格"文本框中的文本修改为"60 片 / 箱"；❹ 单击"关闭"按钮。

STEP 5 查看修改数据后的效果

返回 Excel 2019 工作界面，在第 15 行中即可看到修改后的数据。

2. 自定义数据的显示单位

在数据后添加单位可让数据更加明白、易懂，同时能够节省页面。特别是给长数据添加单位后，只需输入较短的简单数字。在"产品价格表 .xlsx"工作簿中自定义数据的显示单位，具体操作步骤如下。

STEP 1 选择设置单元格格式的区域

❶ 在工作表中选择 E3:E20 单元格区域；❷ 单击鼠标右键；❸ 在弹出的快捷菜单中选择"设置单元格格式"选项。

STEP 2 自定义数据的显示单位

❶ 打开"设置单元格格式"对话框的"数字"选项卡，在"分类"列表框中选择"自定义"选项；❷ 在"类型"文本框中输入"#.0"元"";❸ 单击"确定"按钮。

知识补充

自定义数据显示单位的含义

本例在"类型"文本框中输入"#.0"元"",表示在定义单位为"元"的同时，将数据显示格式设置为"#.0"，即显示为保留一位小数的数字。

STEP 3 查看自定义数据的显示单位后的效果

返回 Excel 2019 工作界面，即可看到自定义数据的显示单位后的效果。

3. 设置数据验证规则

数据验证规则是指数据有效性，可对单元格或单元格区域输入的数据从内容到范围进行限制。允许输入符合条件的数据，禁止输入不符合条件的数据，防止输入无效数据。在"产品价格表 .xlsx"工作簿中设置价格验证规则，具体操作步骤如下。

STEP 1 设置数据验证

① 在工作表中选择 E3:E20 单元格区域；② 在【数据】/【数据工具】组中单击"数据验证"按钮。

知识补充

数据验证的作用

可以在尚未输入数据时预先设置数据有效性，使用条件验证限制数据输入的范围，以保证输入数据的正确性。

STEP 2 设置验证条件

① 打开"数据验证"对话框的"设置"选项卡，在"验证条件"栏的"允许"下拉列表框中选择"小数"选项；② 在"数据"下拉列表框中选择"介于"选项；③ 在"最小值"数值框中输入"5.0"；④ 在"最大值"数值框中输入"600.0"。

STEP 3 设置出错警告

① 单击"出错警告"选项卡；② 在"样式"下拉列表框中选择"警告"选项；③ 在"错误信息"文本框中输入"价格超出正确范围"文本；④ 单击"确定"按钮。

STEP 4 查看数据验证效果

① 返回 Excel 2019 工作界面，在工作表中选

择 E5 单元格，输入"602.0"，按【Enter】键；
2 打开提示框，提示"价格超出正确范围"，单击"取消"按钮。

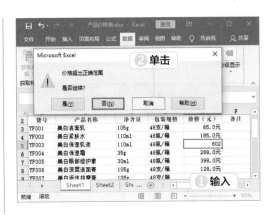

知识补充

数据验证的规则

　　"出错警告"和"输入信息"都是对验证内容进行提示，一个是对错误数据的提示，另一个是对正确数据的提示，两者的设置方法几乎相同。

5.2.3　美化 Excel 表格

　　用 Excel 2019 制作的表格有时需要打印出来交上级部门人员审阅，因此表格不仅要内容翔实，还要页面美观。表格的美化操作包括对表格的主题和样式、单元格的样式等进行设置，以使表格版面美观、数据清晰。

微课：美化 Excel 表格

1. 套用表格内置样式

　　表格样式是指一组特定单元格格式的组合，使用表格样式可以快速对单元格进行格式设置，从而提高工作效率并使工作表格式规范统一。为"产品价格表 .xlsx"工作簿套用样式，具体操作步骤如下。

STEP 1　选择表格样式

1 在工作表中选择 A2:F20 单元格区域；2 在【开始】/【样式】组中单击"套用表格格式"按钮；3 在打开的列表框中选择"浅色"栏的"红色，表样式浅色 10"选项。

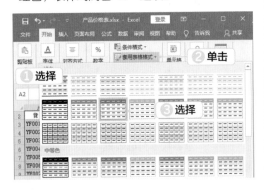

STEP 2　确认表格区域

1 打开"套用表格式"对话框，在"表数据的来源"文本框中确认表格的区域，单击选中"表包含标题"复选框；2 单击"确定"按钮。

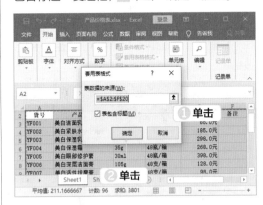

STEP 3　查看套用表格样式后的效果

返回 Excel 2019 工作界面，即可查看套用表格样式后的效果。

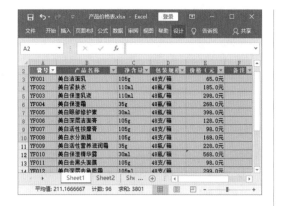

❶打开"样式"对话框，在"样式名"文本框中输入"新标题"文本；❷单击"格式"按钮。

技巧秒杀

去掉表格标题行中的下拉按钮

为表格区域套用表格样式后，默认在表格标题字段添加"筛选"样式，也就是显示下拉按钮。如果要删除这些下拉按钮，只需要在打开的"套用表格式"对话框中撤销选中"表包含标题"复选框。

STEP 3 设置单元格格式

❶打开"设置单元格格式"对话框，单击"字体"选项卡；❷在"字体"列表框中选择"微软雅黑"选项；❸在"字号"列表框中选择"16"选项；❹在"下划线"下拉列表框中选择"单下划线"选项；❺单击"确定"按钮。

2.设置单元格样式

Excel 2019 不仅能为表格整体设置样式，也可以为某一单元格或单元格区域设置样式。在"产品价格表.xlsx"工作簿中应用单元格样式，具体操作步骤如下。

STEP 1 选择操作

❶选择 A1 单元格，在【开始】/【样式】组中单击"单元格样式"按钮；❷在打开的列表中选择"新建单元格样式"选项。

STEP 4 应用自定义单元格样式

❶返回"样式"对话框，单击"确定"按钮，返回 Excel 2019 工作界面，再次单击"单元格样式"按钮；❷在打开的列表的"自定义"栏中选择"新标题"选项，为单元格设置样式。

3. 突出显示单元格

在编辑表格的过程中，有时候需要将某些特定区域中的特定数据用特定的颜色突出显示，以便于查看。在"产品价格表.xlsx"工作簿中设置突出显示单元格，具体操作步骤如下。

STEP 1　**选择操作**

1 在工作表中选择 E3:E20 单元格区域，在【开始】/【样式】组中，单击"条件格式"按钮；2 在打开的列表中选择"突出显示单元格规则"选项；3 在打开的子列表中选择"大于"选项。

STEP 2　**自定义格式**

1 打开"大于"对话框，在"为大于以下值的

单元格设置格式"文本框中输入"200"；2 在右侧的"设置为"下拉列表框中选择"自定义格式"选项。

STEP 3　**设置单元格填充**

1 打开"设置单元格格式"对话框，单击"填充"选项卡；2 单击"填充效果"按钮。

STEP 4　**设置渐变填充**

1 打开"填充效果"对话框，在"颜色 1"下拉列表框中选择"橙色"选项；2 在"颜色 2"下拉列表框中选择"白色，背景 1，深色 5%"选项；3 在"底纹样式"栏中单击选中"垂直"单选项；4 单击"确定"按钮。

STEP 5　设置其他突出显示

1 返回"设置单元格格式"对话框，依次单击"确定"按钮。在【开始】/【样式】组中单击"条件格式"按钮；2 在打开的列表中选择"突出显示单元格规则"选项；3 在打开的子列表中选择"小于"选项。

STEP 6　设置突出显示的格式

1 打开"小于"对话框，在"为小于以下值的单元格设置格式"文本框中输入"100"；2 在右侧的"设置为"下拉列表框中选择"绿填充色深绿色文本"选项；3 单击"确定"按钮。

STEP 7　查看突出显示单元格的效果

返回 Excel 2019 工作界面，即可看到设置的突出显示单元格的效果。

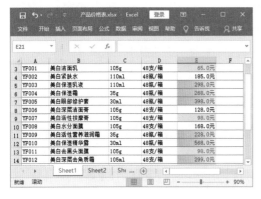

4. 添加边框

Excel 2019 中的单元格是为了方便存放数据而设计的，在打印时并不会将单元格打印出来。如果要将单元格和数据一起打印出来，可为单元格添加边框，让单元格区域变得更美观。在"产品价格表.xlsx"工作簿中添加单元格边框，具体操作步骤如下。

STEP 1　选择其他边框

1 选择 A1:F20 单元格区域，在【开始】/【字体】组中，单击"下框线"按钮右侧的下拉按钮；2 在下拉列表框中选择"其他边框"选项。

STEP 2　设置边框颜色

1 打开"设置单元格格式"对话框的"边框"选项卡，在"直线"栏中单击"颜色"下拉列表框右侧的下拉按钮；2 在下拉列表框的"标准色"栏中选择"浅绿"选项。

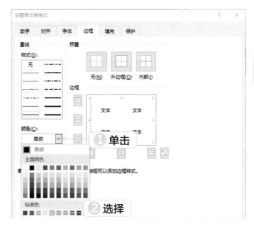

121

STEP 3 设置边框样式

1 在"直线"栏的"样式"列表框中选择右侧最后一个的线条样式；2 在"预置"栏中单击"外边框"按钮；3 继续在"直线"栏的"样式"列表框中选择左侧第 3 个线条样式；4 在"预置"栏中单击"内部"按钮；5 单击"确定"按钮。

STEP 4 查看设置表格边框的效果

返回 Excel 2019 工作界面，即可看到添加了边框的表格效果。

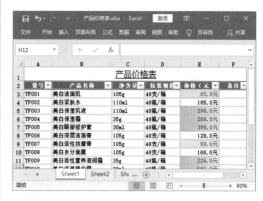

知识补充

为工作表设置背景

在【页面布局】/【页面设置】组中单击"背景"按钮，打开"插入图片"对话框，可以为工作表设置图片背景，美化工作表。

 新手加油站 ——制作 Excel 表格技巧

1. 输入以 0 开始的数据

默认情况下，在 Excel 2019 单元格中输入以"0"开始的数据，该数据在单元格中不能正确显示，如输入"0101"，会显示为"101"，此时可以通过相应的设置正确显示数据。设置方法如下：首先选择要输入如"0101"类型数字的单元格，在【开始】/【数字】组的右下角单击"数字格式"按钮，打开"设置单元格格式"对话框中的"数字"选项卡，在"分类"列表框中选择"文本"选项，然后单击"确定"按钮。之后在该单元格中输入如"0101"类型的数据时，该数据就会正常显示了。

2. 输入以 0 结尾的小数

与输入以 0 开始的数据类似，默认情况下，输入以"0"结尾的小数，该小数在单元格中也不能正确显示，如输入"100.00"，会显示为"100"，此时可以通过相应的设置正确显示小数。设置方法如下：首先选择要输入如"100.00"类型小数的单元格，在【开始】/【数字】组的右下角单击"数字格式"按钮，打开"设置单元格格式"对话框中的"数字"选项卡，在"分类"列表框中选择"数值"选项，然后在"小数位数"数值框中输入需要显示的小数位数，再单击"确定"按钮之后。在该单元格中输入如"100.00"类型的小数时，该小数将会正常显示了。

3. 输入长数据

　　Excel 2019 能够正常显示 11 位数字，当数字位数超过 11 位时，输入完成后，该数字在单元格中会以科学计数法方式显示。如输入身份证号码"110125199810251234"，将显示为"1.10125E+17"。解决此类问题的方法如下：在工作表中选择需要输入数据的单元格，并单击鼠标右键，在弹出的快捷菜单中选择"设置单元格格式"选择，打开"设置单元格格式"对话框的"数字"选项卡，在"分类"列表中选择"数值"选项，然后将小数位数设置为"0"，单击"确定"按钮。

4. 在多个单元格输入相同数据

　　如果多个单元格中需要输入同一数据，用户采用直接输入的方法，其效率比较低。此时可以采用批量输入的方法，首先先选择需要输入数据的单元格或单元格区域，如果需要输入数据的单元格中有不相邻的，可以按住【Ctrl】键逐一进行选择。然后再单击编辑栏，在其中输入数据，完成输入后按【Ctrl+Enter】组合键，数据就会被填充到所有选择的单元格中。

5. 将单元格中的数据换行显示

　　要换行显示单元格中较长的数据，可选择已输入较长数据的单元格，将光标定位到需要换行显示处，然后按【Alt+Enter】组合键，或选择需要换行显示的单元格，在【开始】/【对齐方式】组中，单击"自动换行"按钮，或按【Ctrl+1】组合键，打开"设置单元格格式"对话框的"对齐"选项卡，在"文本控制"栏中单击选中"自动换行"复选框，单击"确定"按钮。

 高手竞技场 ——制作 Excel 表格练习

1. 制作"客户资料管理表"工作簿

　　新建一个"客户资料管理表 .xlsx"工作簿，对表格进行编辑，要求如下。

 效果文件所在位置 效果文件 \ 第 5 章 \ 客户资料管理表 .xlsx

- 新建工作簿，对工作表进行命名。
- 在表格中输入数据，并编辑数据，包括使用快速填充数据功能、调整列宽和行高、合并单元格等。
- 美化单元格，设置单元格的样式，添加边框。

2. 制作"材料领用明细表"工作簿

新建一个"材料领用明细表.xlsx"工作簿，对表格进行编辑，要求如下。

 效果文件所在位置　效果文件\第5章\材料领用明细表.xlsx

- 新建工作簿，在表格中输入数据，合并单元格，调整行高和列宽。
- 为表格设置单元格格式，并添加边框和设置单元格底纹（注意：这里设置单元格底纹有两种方法，一种是设置单元格样式；另一种是设置单元格的填充颜色）。
- 设置突出显示单元格。

第 6 章

计算 Excel 数据

本章导读

用户除了可以在 Excel 2019 表格页面中输入信息并进行美化外，还可以使用其强大的数据计算功能。在日常办公中，公司产品登记、处理营业内容等任务，几乎都离不开数据的计算，Excel 2019 可以帮助用户快速计算数据，实现办公自动化。本章主要介绍 Excel 2019 公式和函数的应用与编辑、办公常用函数的应用等。

6.1 计算"工资表"中的数据

工资表又称工作结算表，通常会在工资正式发放前的 1 ~ 3 天发放到员工手中，员工可以就工资表中出现的问题向上级反映。在工资表中，用户要根据基本工资、考勤记录、产量记录及代扣款项等资料进行数据的计算。工资表通常都是利用 Excel 制作的，主要涉及的操作包括公式的输入与编辑，以及单元格数据的引用。

📢 **素材文件所在位置** 素材文件 \ 第 6 章 \ 工资表 .xlsx、固定奖金表 .xlsx
　　效果文件所在位置 效果文件 \ 第 6 章 \ 工资表 .xlsx

6.1.1 输入与编辑公式

Excel 2019 中的公式是一种对工作表中的数据进行计算的等式，它可以帮助用户快速完成各种复杂的数据运算。用户在 Excel 表格中对数据进行计算，首先要输入公式，如果情况发生变化，还可以对其进行编辑修改。

微课：输入与编辑公式

1. 输入公式

在 Excel 表格中，输入计算公式进行数据计算时需要遵循一个特定的次序或语法：最前面是等号"="，然后才是计算公式。公式中可以包含运算符、常量数值、单元格引用、单元格区域引用和函数等。在"工资表 .xlsx"工作簿中输入公式，具体操作步骤如下。

STEP 1 在单元格中输入公式

1 打开"工资表 .xlsx"工作簿，选择 J4 单元格，输入符号"="，编辑栏中会同步显示输入的符号"="，依次输入计算公式"3200+200+441+200+300+200-314.94-50"，编辑栏中同步显示输入的内容。

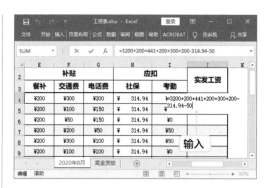

STEP 2 查看计算结果

按【Enter】键，Excel 2019 对公式进行计算，并在单元格中显示计算结果。

技巧秒杀

在编辑栏中输入公式

选择显示计算结果的单元格，将光标定位到编辑栏，输入公式，按【Enter】键，即可在该单元格中显示计算结果。

2. 复制公式

在 Excel 表格中利用公式计算数据时，通常公式的结构是一定的，只是计算的数据不同，复制公式然后直接修改，能够节省用户输入公式的时间。在"工资表 .xlsx"工作簿中复制公式，具体操作步骤如下。

STEP 1 复制公式

❶ 在 J4 单元格中单击鼠标右键；❷ 在弹出的快捷菜单中选择"复制"选项。

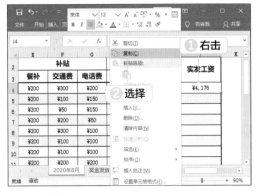

STEP 2 粘贴公式

❶ 在 J5 单元格中单击鼠标右键；❷ 在弹出的快捷菜单的"粘贴选项"栏中选择"公式"选项。

STEP 3 查看复制公式效果

公式将被复制到 J5 单元格中，并显示计算结果，双击单元格即可看到公式（或者选择该单元格，在编辑栏中也可以看到公式）。

知识补充

复制公式和普通复制的区别

如果在"粘贴选项"栏中选择【粘贴】选项，或通过【Ctrl+C】和【Ctrl+V】组合键来复制公式，不仅能复制公式，还会将源单元格中的格式复制到目标单元格中。

3. 修改公式

输入公式后，如果发现输入错误或情况发生改变，就需要修改公式。修改公式的方法很简单，只需要选中公式中要修改的部分，修改后确认内容，修改方法与在单元格或编辑栏中修改数据相似。在"工资表 .xlsx"工作簿中修改公式，具体操作步骤如下。

STEP 1 选择修改的数据

选择 J5 单元格，在编辑栏中选择公式中的第 1 个"200"数据。

第二部分

STEP 2 修改公式

将"200"修改为"150"，然后根据第5行的数据，在J5单元格的编辑栏中修改公式中的其他数据。

STEP 3 查看计算结果

修改完成后按【Enter】键，J5单元格中将显示新公式的计算结果。

6.1.2 引用单元格

　　引用单元格的作用在于标识工作表中的单元格或单元格区域，并将其作为公式中所使用的数据地址，这样就可以直接通过引用单元格来快速创建公式并进行计算，提高计算数据的效率。

微课：引用单元格

1. 直接引用单元格

　　在Excel表格中利用公式来计算数据时，最常用的方法是直接引用单元格。在"工资表.xlsx"工作簿中引用单元格，具体操作步骤如下。

STEP 1 删除公式

在工作表中选择J4:J5单元格区域，按【Delete】键删除其中的公式。

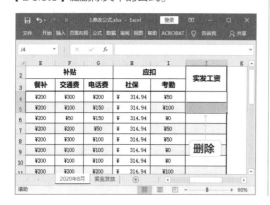

STEP 2 输入公式并计算结果

在J4单元格中输入"=B4+C4+D4+E4+F4+G4-H4-I4"，按【Enter】键即可得出计算结果。

技巧秒杀

单击引用单元格

　　单击选择单元格也能引用单元格，并在公式中输入引用单元格的地址。单击能更加直观地选择引用单元格，并减少公式中的引用错误。

2. 相对引用单元格

在默认情况下，复制与填充公式时，公式中的单元格地址会随着存放计算结果的单元格位置的改变而改变，这里使用的就是相对引用。将公式复制到其他单元格时，公式的引用位置会发生相应的变化，但引用的单元格与包含公式的单元格的相对位置不变。在"工资表 .xlsx"工作簿中通过相对引用来复制公式，具体操作步骤如下。

STEP 1 复制公式

1 在 J4 单元格中单击鼠标右键；2 在弹出的快捷菜单中选择"复制"选项。

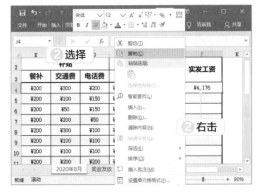

STEP 2 粘贴公式

1 在 J5 单元格中单击鼠标右键；2 在弹出的快捷菜单的"粘贴选项"栏中选择"公式"选项，将 J4 单元格中的公式复制到 J5 单元格中，由于这里是相对引用单元格，所以 J5 单元格中的公式引用的单元格变为了第 5 行中的。

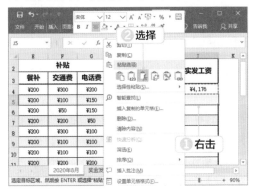

STEP 3 通过填充柄复制公式

1 将鼠标指针移动到 J5 单元格右下角的填充柄上，按住鼠标左键并拖动至 J21 单元格，释放鼠标左键，单击"自动填充选项"按钮；
2 在打开的列表中单击选中"不带格式填充"单选项。

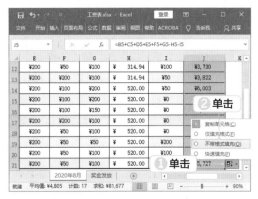

STEP 4 查看自动填充公式的效果

J6:J21 单元格区域自动填充公式，并计算出结果。

知识补充

为什么实发工资显示为整数

工资表中有的项目有小数，但是计算出的实发工资却显示为整数。这是因为实际发放的工资通常为整数，所以，本例将 J4:J21 单元格区域显示的小数位数设置为了"0"。

3. 绝对引用单元格

绝对引用是指引用单元格的绝对地址，将公式复制到其他单元格时，引用单元格的行和列不会变。绝对引用的方法是在行号和列标前分别添加一个"$"符号。在"工资表.xlsx"工作簿中通过绝对引用来计算数据，具体操作步骤如下。

STEP 1　删除多余数据

① 选择 E4:E21 单元格区域，按【Delete】键删除单元格中的内容；② 在【开始】/【对齐方式】组中单击"合并后居中"按钮。

STEP 2　设置绝对引用

① 在合并后的 E4 单元格中输入"200"，选择 J4 单元格；② 在编辑栏中选择"E4"文本，修改为"$E$4"。

技巧秒杀

快速将相对引用转换为绝对引用

将光标定位在公式的单元格地址前或后，按【F4】键，即可快速将相对引用转换为绝对引用。

STEP 3　复制公式

① 按【Enter】键计算结果，将鼠标指针移动到 J4 单元格右下角的填充柄上，按住鼠标左键并拖动至 J21 单元格，释放鼠标左键即可快速复制公式到 J5:J21 单元格区域中；② 单击"自动填充选项"按钮；③ 在打开的列表中单击选中"不带格式填充"单选项。

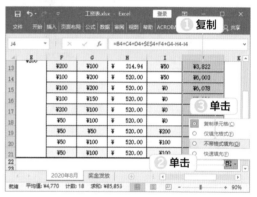

知识补充

混合引用

混合引用就是指公式中既有绝对引用又有相对引用，如公式"=B$1"就是混合引用。在混合引用中，绝对引用部分将会保持绝对引用的性质，而相对引用部分会保持相对引用的性质。

4. 引用同一工作簿中不同工作表中的单元格

用户在办公中有时需要调用同一工作簿中不同工作表的数据，这时就需要引用其他工作表中的单元格。在"工资表.xlsx"工作簿中引用不同工作表中的单元格，具体操作步骤如下。

STEP 1　插入函数

1 选择 J4 单元格；2 将光标定位到编辑栏中，在公式末尾输入符号"+"。

STEP 2　引用不同工作表中的单元格

1 单击"奖金发放"工作表标签；2 在该工作表中选择 I3 单元格。

知识补充

引用不同的工作表中的单元格的格式

引用同一工作簿中的另一张工作表中的单元格数据，只需在单元格地址前加上工作表的名称和半角符号"!"，其格式为"工作表名称! 单元格地址"。

STEP 3　设置绝对引用

按【Enter】键返回"2020 年 8 月"工作表，将光标定位到编辑栏的"I3"文本处，按【F4】键将该引用转换为绝对引用。

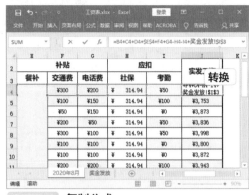

STEP 4　复制公式

1 按【Enter】键计算结果，将鼠标指针移动到 J4 单元格右下角的填充柄上，按住鼠标左键并拖动至 J21 单元格，释放鼠标左键即可快速复制公式到 J5:J21 单元格区域中；2 单击"自动填充选项"按钮；3 在打开的列表中单击选中"不带格式填充"单选项。

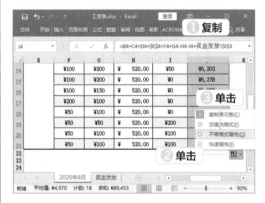

5. 引用不同工作簿中的单元格

Excel 2019 不仅可以引用同一工作簿中不同工作表中的单元格，还能引用不同工作簿中的单元格。在"工资表 .xlsx"工作簿中引用"固定奖金表 .xlsx"工作簿中的单元格，具体操作步骤如下。

STEP 1　选择单元格

1 在"工资表 .xlsx"工作簿中选择 J4 单元格；2 将光标定位到编辑栏中，在公式末尾输入符号"+"。

STEP 2　引用不同工作簿中的单元格

打开"固定奖金表 .xlsx"工作簿，在"奖金表"工作表中选择 E3 单元格，在编辑栏中即可看到公式中引用了该工作簿的单元格。

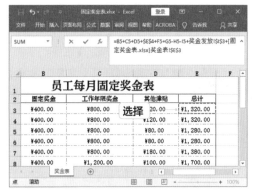

STEP 3　转换为相对引用

在编辑栏中，将绝对引用"$E$3"转换为相对引用"E3"。

STEP 4　计算结果

按【Enter】键即可返回"工资表 .xlsx"，在 J4 单元格中得出结果。

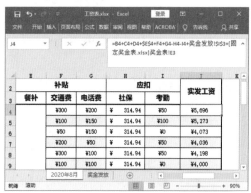

不同工作簿中单元格的引用格式

若打开了引用数据的工作簿，则引用格式为"=[工作簿名称]工作表名称!单元格地址"；若关闭了引用数据的工作簿，则引用格式为"工作簿存储地址[工作簿名称]!工作表名称!单元格地址"。

STEP 5　复制公式

将鼠标指针移动到 J4 单元格右下角的填充柄上，按住鼠标左键并拖动至 J21 单元格，释放鼠标左键，并使用"不带格式填充"填充数据，计算出结果。

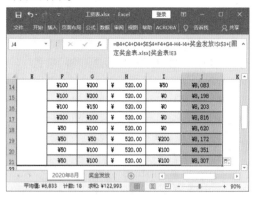

6.2 编辑"新晋员工资料"工作簿

　　云帆集团人力资源部需要对新晋员工各方面的技能进行评测，并统计这些员工本月的工资情况，相关数据资料保存在"新晋员工资料"工作簿中，主要使用 Excel 函数进行操作。Excel 函数是一些预先定义好的公式，常被称作"特殊公式"，可进行复杂的运算，快速地计算出结果。每个函数都有特定的功能与用途，对应唯一的名称，且不区分大小写。

素材文件所在位置 素材文件 \ 第 6 章 \ 新晋员工资料 .xlsx
效果文件所在位置 效果文件 \ 第 6 章 \ 新晋员工资料 .xlsx

6.2.1 函数的基本操作

　　在 Excel 表格中使用函数计算数据时，需要掌握的基本操作有输入函数、复制函数、自动求和、嵌套函数，以及定义与使用名称等，大部分操作与使用公式基本相似。下面介绍函数基本操作的相关知识。

微课：函数的基本操作

1. 输入函数

　　与公式一样，用户也可以在单元格或编辑栏中直接输入函数，除此之外，还可以通过插入函数的方法来输入并设置函数参数。对于初学者而言，最好采用插入函数的方式，这样比较容易设置函数的参数。在"新晋员工资料 .xlsx"工作簿的"工资表"工作表中输入函数，具体操作步骤如下。

STEP 1　插入函数
❶ 打开"新晋员工资料 .xlsx"工作簿，在"工资表"工作表中选择 E4 单元格；❷ 在编辑栏中单击"插入函数"按钮。

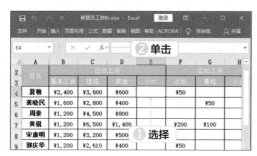

STEP 2　选择函数
❶ 打开"插入函数"对话框，在"选择函数"列表框中选择"SUM"选项；❷ 单击"确定"按钮。

STEP 3　打开"函数参数"对话框
打开"函数参数"对话框，单击"Number1"文本框右侧的区域选择按钮。

STEP 4　设置函数参数

1 "函数参数"对话框自动折叠，在"工资表"工作表中选择 B4:D4 单元格区域；**2** 在折叠的"函数参数"对话框中单击右侧的区域选择按钮。

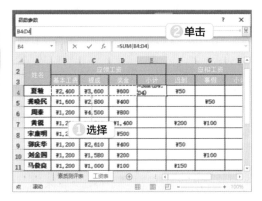

STEP 5　查看输入函数后的计算结果

展开"函数参数"对话框，单击"确定"按钮。返回 Excel 2019 工作界面，即可在 E4 单元格中看到利用函数得出的计算结果。

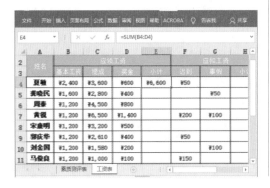

2. 复制函数

复制函数的操作与复制公式相似。在"工资表"工作表中复制函数，具体操作步骤如下。

STEP 1　复制函数

将鼠标指针移动到 E4 单元格右下角，当其变成黑色十字形状时，按住鼠标左键向下拖动。

STEP 2　查看自动填充函数的效果

拖动到 E15 单元格释放鼠标左键，即可快速复制函数到 E5:E15 单元格区域中，并计算出结果。

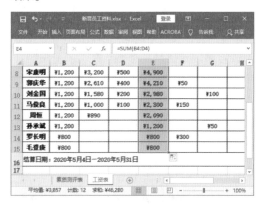

3. 自动求和

自动求和是 Excel 2019 的一个基本功能，其操作方便，但只能对同一行或同一列中的数据进行求和，不能跨行、跨列求和。在"工资表"工作表中设置自动求和，具体操作步骤如下。

STEP 1　自动求和

① 在"工资表"工作表中选择 H4 单元格；② 在【公式】/【函数库】组中单击"自动求和"按钮右侧的下拉按钮；③ 在下拉列表中选择"求和"选项。

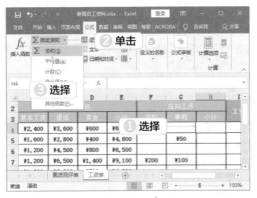

STEP 2　设置求和参数

Excel 2019 自动插入函数并设置函数参数。

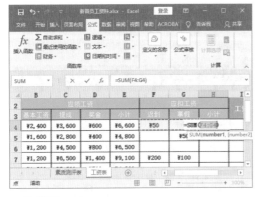

STEP 3　复制函数

按【Enter】键，在 H4 单元格中计算出结果，然后将函数复制到 H5:H15 单元格区域。

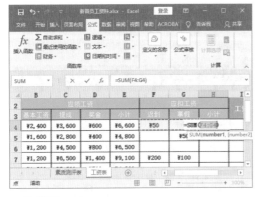

4. 嵌套函数

　　嵌套是使用函数时最常见的一种操作，它是指某个函数或公式以函数参数的形式参与计算。在使用嵌套函数时，应该注意返回值类型需要符合外部函数的参数类型。在"工资表"工作表中通过嵌套函数计算数据，具体操作步骤如下。

STEP 1　选择单元格

① 在"工资表"工作表中选择 I4 单元格；② 在编辑栏中单击"插入函数"按钮。

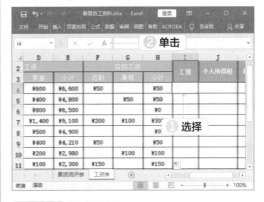

STEP 2　选择函数

① 打开"插入函数"对话框，在"选择函数"列表框中选择"SUM"选项；② 单击"确定"按钮。

STEP 3　嵌套函数

① 打开"函数参数"对话框，在"Number1"

文本框中输入"SUM(B4:D4)-SUM(F4:G4)"；

② 单击"确定"按钮。

STEP 4 计算结果

在 I4 单元格中计算出结果，并将函数复制到 I5:I15 单元格区域。

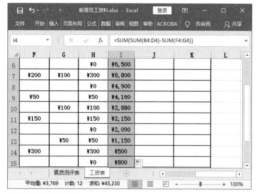

技巧秒杀

尽量少用嵌套函数

嵌套函数会增加公式的复杂程度，在本例中将 I 列的公式设置为"SUM（E-H）"，会得到同样的结果，但公式数却更简单，因此建议尽量少用嵌套函数。

5. 定义与使用单元格名称

默认情况下，Excel 2019 是以行号和列标来定义单元格名称的，用户可以根据实际使用情况，重新命名单元格，然后在公式或函数中使用，简化输入过程，并且让数据的计算更加直观。在"新晋员工资料 .xlsx"工作簿的"素

质测评表"工作表中定义与使用单元格名称，具体操作步骤如下。

STEP 1 选择单元格区域

① 在"新晋员工资料 .xlsx"工作簿中单击"素质测评表"工作表标签；② 选择 C4:C15 单元格区域；③ 在【公式】/【定义的名称】组中单击"定义名称"按钮。

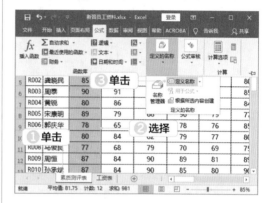

STEP 2 定义名称

① 打开"新建名称"对话框，在"名称"文本框中输入"企业文化"；② 单击"确定"按钮。

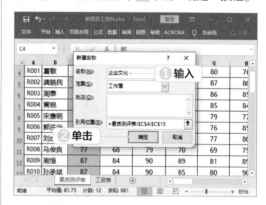

STEP 3 定义其他单元格名称

用同样的方法将 D4:D15、E4:E15、F4:F15、G4:G15、H4:H15 单元格区域分别定义为"规章制度""电脑应用""办公知识""管理能力""礼仪素质"。在【公式】/【定义的名称】组中单击"名称管理器"按钮。

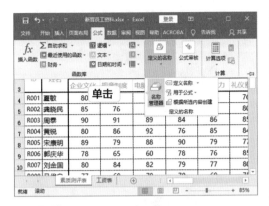

"=SUM(企业文化 + 规章制度 + 电脑应用 + 办公知识 + 管理能力 + 礼仪素质)"。

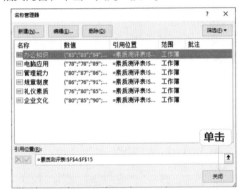

STEP 4 **查看定义的名称**

打开"名称管理器"对话框，在其中即可看到相关内容，单击"关闭"按钮。

STEP 6 **查看计算结果**

按【 Ctrl+Enter 】组合键，计算出结果。

STEP 5 **选择单元格**

1 选择 I4:I15 单元格区域； 2 在编辑栏中输入

6.2.2 常用函数

Excel 中提供了多种类别的函数，如财务函数、逻辑函数、文本函数、日期和时间函数、查找与引用函数、数学和三角函数等。在日常办公中比较常用的函数包括求和函数 SUM、平均值函数 AVERAGE、最大值函数 MAX 和最小值函数 MIN、排名函数 RANK.EQ、条件函数 IF 及多条件函数 IFS 等。

微课：常用函数

1. 平均值函数 AVERAGE

平均值函数用于计算所有参数的平均值，相当于使用公式将若干个单元格数据相加后再除以单元格个数。在"新晋员工资料 .xlsx"工作簿的"素质测评表"工作表中利用平均值函

数计算数据，具体操作步骤如下。

STEP 1 **插入函数**

1 在"素质测评表"工作表中选择 J4 单元格；
2 在编辑栏中单击"插入函数"按钮。

知识补充

平均值函数的语法结构及其参数

语法结构为 AVERAGE(number1,[number2], …)，number1,number2,…… 为 1~255 个需要计算平均值的数值参数。

STEP 2 选择函数

1 打开"插入函数"对话框，在"或选择类别"下拉列表框中选择"统计"选项；2 在"选择函数"列表框中选择"AVERAGE"选项；3 单击"确定"按钮。

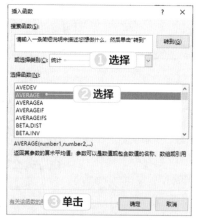

STEP 3 打开"函数参数"对话框

打开"函数参数"对话框，单击"Number1"文本框右侧的区域选择按钮。

STEP 4 设置函数参数

1 "函数参数"·对话框自动折叠，在"素质测评表"工作表中选择 C4:H4 单元格区域；2 单击折叠的"函数参数"对话框右侧的区域选择按钮。

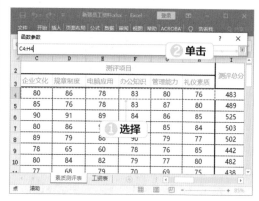

STEP 5 查看计算结果

打开"函数参数"对话框，单击"确定"按钮。返回 Excel 2019 工作界面，即可在 J4 单元格中看到利用平均值函数得出的计算结果。

STEP 6 复制函数

将函数复制到 J5:J15 单元格区域，并计算出结果。

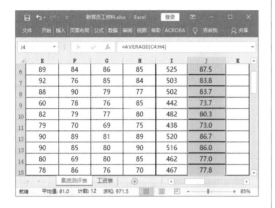

2. 最大值函数 MAX 和最小值函数 MIN

最大值函数用于返回一组数据中的最大值，最小值函数用于返回一组数据中的最小值。在"素质测评表"工作表中使用最大值函数，具体操作步骤如下。

STEP 1 插入函数

1 在"素质测评表"工作表中选择 C16 单元格；2 在编辑栏中单击"插入函数"按钮。

STEP 2 选择函数

1 打开"插入函数"对话框，在"或选择类型"下拉列表框中选择"常用函数"选项；2 在"选择函数"列表框中选择"MAX"选项；3 单击"确定"按钮。

知识补充

最大值 / 最小值函数的语法结构及其参数

语法结构为 MAX/MIN(number1,[number2], ...)，number1,number2,······为 1~255 个需要计算最大值 / 最小值的数值参数。

STEP 3 设置函数参数

1 打开"函数参数"对话框，在"Number1"文本框中输入"企业文化"；2 单击"确定"按钮。

STEP 4 查看计算结果

返回 Excel 2019 工作界面，即可在 C16 单元格中看到利用最大值函数得出的结果。用同样的方法在 D16:H16 单元格区域分别得出"规章制度""电脑应用""办公知识""管理能力""礼仪素质"的最大值。

知识补充

本例不能使用复制函数的操作

本例中如果复制 C16 单元格中的函数到 D16:H16 单元格区域，各个单元格的计算结果都一样，因为函数的参数是定义了名称的单元格，复制的函数将保留 C16 单元格中函数的参数。如果在 C16 单元格中输入的函数为"=MAX（C4:C15）"，则可以使用复制函数的方式为 D16:H16 单元格区域计算结果。

3. 排名函数 RANK.EQ

排名函数用于分析与比较一列数据并根据数据大小返回数值的排列名次，在商务办公的数据统计工作中经常使用。在"素质测评表"工作表中使用排名函数，具体操作步骤如下。

STEP 1　插入函数

1 在"素质测评表"工作表中选择 K4 单元格；
2 在编辑栏中单击"插入函数"按钮。

STEP 2　选择函数

1 打开"插入函数"对话框，在"或选择类别"下拉列表框中选择"统计"选项；2 在"选择函数"列表框中选择"RANK.EQ"选项；3 单击"确定"按钮。

知识补充

排名函数的语法结构及其参数

语法结构为 RANK.EQ(number,ref,order)，其中 number 指需要排位的数字；ref 指数组或对数字列表的引用；order 指排名的方式，为 0（零）或省略表示对数字按照降序排列，不为零表示对数字按照升序排列。

STEP 3　设置函数参数

1 打开"函数参数"对话框，在"Number"文本框中输入"I4"；2 在"Ref"文本框中输入"$I$4:$I$15"；3 单击"确定"按钮。

STEP 4　查看排名结果

返回 Excel 2019 工作界面，即可在 K4 单元格中看到利用排名函数得出的排名结果。

STEP 5　复制函数

将函数复制到 K5:K15 单元格区域，在各单元格中显示排名结果。

4. 条件函数 IF

条件函数 IF 用于判断数据表中的某个数据是否满足指定条件，如果满足则返回特定值，不满足则返回其他值。在"素质测评表"工作表中，以测评总分 480 分作为标准，通过条件函数 IF 来判断各个员工是否转正，480（包括480）分以上的"转正"，480 分以下的"辞退"，具体操作步骤如下。

STEP 1　插入函数

1 在"素质测评表"工作表中选择 L4 单元格；2 在编辑栏中单击"插入函数"按钮。

STEP 2　选择函数

1 打开"插入函数"对话框，在"或选择类别"下拉列表框中选择"常用函数"选项；2 在"选择函数"列表框中选择"IF"选项；3 单击"确定"按钮。

STEP 3　设置函数参数

1 打开"函数参数"对话框，在"Logical_test"文本框中输入"I4>=480"；2 在"Value_if_true"文本框中输入""转正""；3 在"Value_if_false"文本框中输入""辞退""；4 单击"确定"按钮。

第 6 章　计算 Excel 数据

知识补充

条件函数的语法结构及其参数

语法结构为 IF(logical_test,[value_if_true], [value_if_false])，其中 logical_test 表示计算结果为 TRUE 或 FALSE 的任意值或表达式；value_if_true 表示 logical_test 为 TRUE 时要返回的值，可以是任意数据；value_if_false 表示 logical_test 为 FALSE 时要返回的值，也可以是任意数据。在本例中，"I4>=480" 是判断的条件，如果 I4 单元格中的数据大于等于 480，在 L4 单元格中显示"转正"，否则（I4 单元格中的数据小于 480）在 L4 单元格中显示"辞退"。

STEP 4 查看判断结果

返回 Excel 2019 工作界面，在 L4 单元格显示计算出的结果。将函数复制到 L5:L15 单元格区域内，得出计算结果。

5. 多条件函数 IFS

当我们使用 Excel 2019 中的函数时，函数 IF 无疑是使用频率最高的函数之一。然而有时候需要设定的条件太多，以至于 IF 函数往往层层嵌套。但在 Excel 2019 中，新增了 IFS 函数，使用起来就直观许多，也更加简便。在"工资表"工作表中使用多条件函数 IFS，具体操作步骤如下。

STEP 1 插入函数

1️⃣ 在"工资表"工作表中选择 J4 单元格；
2️⃣ 在编辑栏中单击"插入函数"按钮。

STEP 2 选择函数

1️⃣ 打开"插入函数"对话框，在"或选择类别"下拉列表框中选择"逻辑"选项；2️⃣ 在"选择函数"列表框中选择"IFS"选项；3️⃣ 单击"确定"按钮。

STEP 3 继续设置函数参数

1️⃣ 打开"函数参数"对话框，在"Logical_test1"文本框中输入"I4-5000<0"，在"Value_if_true1"文本框中输入"0"，"Logical_test2"文本框中输入"I4-5000<3000"，在"Value_if_true2"文本框中输入"0.03*(I4-5000)-0"；2️⃣ 向下拖动"IFS"栏右侧的滑块。

STEP 4 设置函数参数

1 在 "Logical_test3" 文本框中输入 "I4-5000<12000"，在 "Value_if_true3" 文本框中输入 "0.1*(I4-5000)-210"；2 单击 "确定" 按钮。

知识补充

多条件函数的语法结构及其参数

语法结构为 IFS(logical_test,value_if_true,...)，其中 logical_test 表示计算结果为 TRUE 的任意值或表达式；value_if_true 表示 logical_test 为 TRUE 时要返回的值，可以是任意数据。也就是说，函数可表示为 IFS(条件 A，结果 A，条件 B，结果 B，……)。在本例中，"I4-5000<0" 时，返回 "0"；"I4-5000<3000" 时，返回 "0.03*(I4-5000)-0"，以此类推。

STEP 5 计算个人所得税金额

返回 Excel 2019 工作界面，即可在 J4 单元格中看到利用 IFS 函数得出的个人所得税金额。

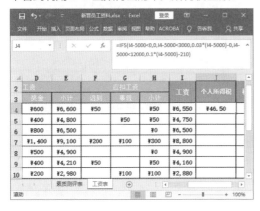

STEP 6 复制函数

将函数复制到 J5:J15 单元格区域，可看到计算出的个人所得税金额。

STEP 7 计算税后工资

在 K4 单元格中输入 "=I4-J4"，按【Enter】键，将公式复制到 K5:K15 单元格区域，计算出税后工资。

第 6 章 计算 Excel 数据

新手加油站——计算 Excel 数据技巧

1. 认识公式的常见错误值

在单元格中输入错误的公式会计算出错误值，如 #VALUE!、#N/A 等。下面介绍产生这些错误值的原因及其解决方法。

- 出现错误值 #VALUE!: 使用的参数或操作数类型错误，或者公式自动更正功能 不能更正公式，如公式需要数字或逻辑值（如 TRUE 或 FALSE）时，却输入了文本，将产生 #VALUE! 错误。解决方法是确认公式或函数所需的运算符或参数是否正确，公式引用的单元格中是否包含有效的数值。如单元格 A1 中是一个数字，单元格 B1 中是"单位"文本，则公式"=A1+B1"将产生 #VALUE! 错误值。
- 出现错误值 #N/A: 当公式引用的单元格中没有可用数值时，将产生错误值 #N/A。如果工作表中某些单元格暂时没有数值，可以在单元格中输入 #N/A，公式在引用这些单元格时，将不进行数值计算，而直接返回 #N/A。
- 出现错误值 #REF!: 当单元格引用无效时，将产生错误值 #REF!，产生的原因是删除了公式所引用的单元格，或将已移动的单元格粘贴到其他公式所引用的单元格中。解决的方法是更改公式，或在删除或粘贴单元格之后恢复工作表中的单元格。
- 出现错误值 #NUM!: 通常当公式或函数中使用无效数字值时，会出现这种错误值。产生的原因是在需要数字参数的函数中使用了无法接受的参数，解决的方法是确保函数中使用的参数是数字。例如，即使需要输入的值是"$2,000"，也应在公式中输入"2000"。

2. 用 NOW 函数显示当前日期和时间

NOW 函数可以返回计算机系统内部时钟的当前日期和时间，其语法结构为 NOW()，没有参数，并且如果包含公式的单元格格式设置不同，则返回的日期和时间的格式也不相同。其操作方法为: 在工作簿中选择目标单元格，输入"=NOW()"，按【Enter】键即可显示计算机系统当前的日期和时间。

3. 用 MID 函数从身份证号码中提取出生日期

MID 函数可以返回文本字符串中从指定位置开始的特定数目的字符，该数目由用户指定。其语法结构为 MID(text,start_num,num_chars)，其中 text 是包含要提取字符的文本字符串; start_num 是文本中要提取的第 1 个字符的位置，文本中第 1 个字符的 start_num 为 1，以此类推; num_chars 指定希望 MID 从文本中返回字符的个数。例如使用 MID 函数从客户的身份证号码中提取出生日期，方法为: 在 D3 单元格输入函数"=MID(C3,7,8)"，按【Enter】键并填充函数。

4. 用 RIGHT 和 TRUNC 函数计算员工的年龄和工龄

公司需要记录员工的年龄和工龄，工龄涉及年龄工资。手动计算员工的年龄和工龄稍显麻烦，且容易混淆和出错。下面使用 RIGHT、TRUNC 函数并结合时间函数 YEAR、NOW 和 DAYS360 来计算员工的实际年龄及工龄。在 E3 单元格中输入函数"=RIGHT(YEAR(NOW()-D3),2)"，按【Enter】键并填充函数，计算员工年龄；在 G3 单元格中输入函数"=TRUNC((DAYS360(F3,NOW()))/360,0)"，按【Enter】键并填充函数，计算员工工龄。

RIGHT 函数可以从字符串右端取指定个数的字符，语法结构为 RIGHT(string, n)。"=RIGHT(YEAR(NOW()-D3),2)"函数中，"YEAR(NOW()-D3)"表示返回当前日期减 D3 单元格中日期的年份。函数 YEAR 用于提取日期的年份，其语法结构为 YEAR(serial_number)，serial_number 是一个日期值，包含要查找的年份。"=RIGHT(YEAR(NOW()-D3),2)"则表示返回年份中右侧的 2 个字符。DAYS360 函数用于返回相差天数，即使用 DAYS360 函数计算员工工龄时，是计算当前日期与员工入职日期之间的天数，再按一年 360 天的标准相除，得到员工的工龄。

TRUNC 函数可将数字截尾取整，其语法结构为 TRUNC（number, num_digits），其中 number 表示需要截尾取整的数字；num_digits 用于指定取整精度，如值为"0"时不保留小数，值为"1"时保留一位小数。因此本例中"=TRUNC((DAYS360(F3,NOW()))/360,0)"表示返回工龄值的整数部分。

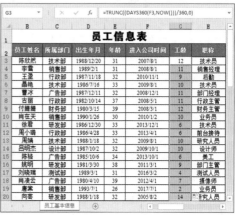

5. 用 COUNT 函数统计单元格数量

COUNT 函数用于返回包含数字的单元格的个数，同时还可以计算单元格区域或数组中数字字段的输入项个数，空白单元格或文本单元格将被忽略。其语法结构为 COUNT(value1,value2,...)，其中参数 value1，value2，……是可以包含或引用各种类型数据的 1~255 个参数，但只有数字类型的数据才计算在内。

6. 用 COUNTIFS 函数进行多条件统计

COUNTIFS 函数用于计算区域中满足多个条件的单元格数目。其语法结构为 COUNTIFS(range1,criteria1,range2,criteria2,...)，其中 range1,range2，……是计算关联条件的 1~127 个区域，每个区域中的单元格必须是数字或包含数字的名称、数组或引用，空值和文本会被忽略；criteria1, criteria2，……是数字、表达式、单元格引用或文本形式的 1~127 个条件，用于定义要对哪些单元格进行计算。下面使用 COUNTIFS 函数统计员工企业文化测评分数大于等于 80，管理能力测评分数大于等于 85 的人数：在表格中选择 J4 单元格，输入函数"=COUNTIFS(B3:G3,">=8.5",B3:G3,"<10")"，按【Enter】键。

7. 用 SUMIF 函数进行条件求和

SUMIF 函数可根据指定条件对若干单元格进行求和，常应用在人事工作、工资和成绩统计中。它与 SUM 函数相比，除了具有 SUM 函数的求和功能之外，还可按条件求和。其语法结构为 SUMIF(range，criteria，sum_range)，各参数的含义如下。

range：用于条件判断的单元格区域。

criteria：确定相加单元格的条件，其形式可以为数字、表达式或文本，例如表示为 32、"32"、">32" 或 "apples"。

sum_range：要相加的实际单元格（如果区域内的相关单元格符合条件），如果省略 sum_range，则当区域中的单元格符合条件时，它们既按条件计算，也执行相加。

如下使用 SUMIF 函数计算地区的销售总额：在 G3 单元格输入函数"=SUMIF(A3:A10,"北京",E3:E10)"，计算出北京的销售总额；在 G4 单元格输入函数"=SUMIF(A3:A10,"成都",E3:E10)"，计算出成都的销售总额；在 G5 单元格输入函数"=SUMIF(A3:A10,"重庆",E3:E10)"，计算出重庆的销售总额。

 高手竞技场 ——计算 Excel 数据练习

1. 编辑"员工培训成绩表"工作簿

打开"员工培训成绩表 .xlsx"工作簿,计算其中的数据,要求如下。

 素材文件所在位置 素材文件\第 6 章\员工培训成绩表 .xlsx
效果文件所在位置 效果文件\第 6 章\员工培训成绩表 .xlsx

- 利用 SUM 函数计算总成绩。
- 利用 AVERAGE 函数计算平均成绩。
- 利用 RANK.EQ 函数对成绩进行排名。
- 利用 IF 函数评定水平等级。

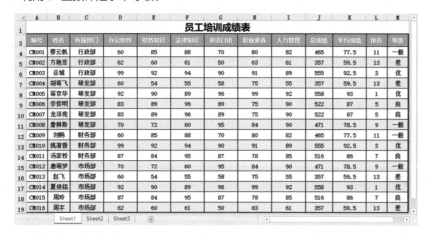

2. 编辑"年度绩效考核表"工作簿

打开"年度绩效考核表 .xlsx"工作簿，计算其中的数据，要求如下。

素材文件所在位置 素材文件 \ 第 6 章 \ 年度绩效考核表 .xlsx
效果文件所在位置 效果文件 \ 第 6 章 \ 年度绩效考核表 .xlsx

- 在工作簿中新建工作表，并重命名为"年度绩效考核表"。
- 使用函数计算员工的各项绩效分数。在表格中输入员工的编号和姓名，然后使用 AVERAGE、INDEX 和 ROW 函数从其他工作表中引用员工假勤考评、工作能力、工作表现和奖惩记录的值并计算出年终时各项的分数，最后使用 SUM 函数计算员工的绩效总分。
- 使用函数评定员工等级。根据绩效总分的值与 IF 函数来计算员工的绩效等级，并根据绩效等级来评定员工的年终奖金。

第 7 章

处理 Excel 数据

本章导读

对 Excel 2019 表格中的数据进行计算后，还应对其进行适当的管理与分析，以便其他人更好地查看其中的数据。如对数据进行排序、筛选出需要查看的部分数据内容、设置条件格式、分类汇总显示各项数据，以及假设运算数据等。

7.1 处理"业务人员提成表"中的数据

小刘每个月都要制作本部门的"业务人员提成表"，然后交由部门经理审核。业务人员提成表通常是各种数据的集合，小刘需要对数据进行计算、分析和分类排序，这样既有利于上级领导查阅，也能筛选出其中某项目的领先者和落后者，还能方便部门领导制订下个月的计划。

素材文件所在位置　素材文件 \ 第 7 章 \ 业务人员提成表 .xlsx
效果文件所在位置　效果文件 \ 第 7 章 \ 业务人员提成表 .xlsx

7.1.1 数据排序

排序是比较基础的数据处理方法，通常是将表格中杂乱的数据按一定的条件进行排序，便于用户浏览数据量较大的表格，如在销售表中对销售额按高低进行排序等，用户可以更加方便地查看、理解并快速查找需要的数据。

微课：数据排序

1. 简单排序

简单排序是根据表格中的相关数据或字段名，将表格中的数据按照升序（从低到高）或降序（从高到低）的方式进行排列，是处理数据时最常用的排序方式。对"业务人员提成表 .xlsx"工作簿中的商品名称进行降序排列，具体操作步骤如下。

STEP 1　设置排序
1 打开"业务人员提成表 .xlsx"工作簿，在 B 列中选择任意一个单元格；2 在【数据】/【排序和筛选】组中单击"降序"按钮。

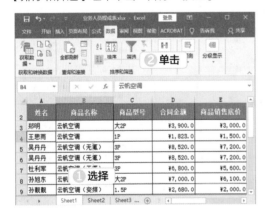

STEP 2　查看排序效果
表格中的所有数据将以"商品名称"所在列的数据为标准，商品名称按拼音首字母 Z~A 的顺序进行排列，由此可将商品名称相同的数据汇总到一起显示。

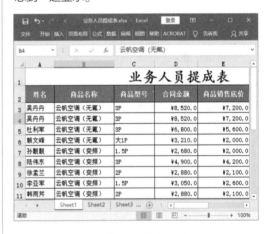

2. 删除重复值

重复值是指工作表中某一行中的所有值与另一行中的所有值完全相同，用户可逐一查找表格中的重复值，然后按【Delete】键将其删除。不过，此方法仅适用于数据较少的工作表，对于数据量庞大的工作表而言，则用户可采用 Excel 2019 提供的删除重复值功能快速完成此操作。在"业务人员提成表 .xlsx"工作簿中删除重复值，具体操作步骤如下。

STEP 1 删除重复值

① 在表格中选择任意一个单元格，这里选择 C3 单元格；② 在【数据】/【数据工具】组中单击"删除重复值"按钮。

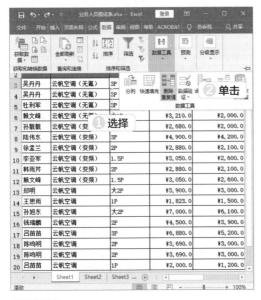

STEP 2 设置删除条件

① 打开"删除重复值"对话框，单击"全选"按钮，保持"列"列表框中复选框的选中状态；② 单击"确定"按钮。

STEP 3 确认删除

打开提示对话框，显示删除重复值的相关信息，确认无误后单击"确定"按钮。

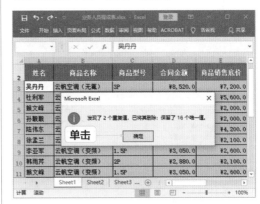

STEP 4 查看删除重复值的效果

此时表格中只保留了 16 条记录，其中重复的 2 条记录已被成功删除，其他仅有某一项数据相同的记录都保留了下来。

	姓名	商品名称	商品型号	合同金额	商品销售底价
2	吴丹丹	云帆空调（无氟）	3P	¥8,520.0	¥7,200.0
3	杜利军	云帆空调（无氟）	3P	¥6,800.0	¥5,600.0
4	赖文峰	云帆空调（无氟）	大1P	¥3,210.0	¥2,000.0
5	孙靓靓	云帆空调（变频）	1.5P	¥2,680.0	¥2,000.0
6	陆伟东	云帆空调（变频）	3P	¥4,900.0	¥4,200.0
7	徐孟兰	云帆空调（变频）	2P	¥2,880.0	¥2,100.0
8	李亚军	云帆空调（变频）	1.5P	¥3,050.0	¥2,600.0
9	韩雨芹	云帆空调（变频）	2P	¥2,880.0	¥2,100.0
10	赖文峰	云帆空调（变频）	1.5P	¥3,050.0	¥2,600.0
11	郑明	云帆空调	大2P	¥3,900.0	¥3,000.0
12	王思雨	云帆空调	1P	¥1,823.0	¥1,500.0
13	孙旭东	云帆空调	大2P	¥7,000.0	¥6,100.0
14	钱璐麟	云帆空调	2P	¥4,500.0	¥3,900.0
15	吕苗苗	云帆空调	3P	¥6,880.0	¥5,200.0
16	陈鸣明	云帆空调	2P	¥3,690.0	¥3,000.0
17	吕苗苗	云帆空调	1P	¥2,000.0	¥1,200.0

3. 多重排序

在对表格中的某一字段进行排序时，可能会出现含有相同数据而无法正确排序的情况，此时就需要另设其他条件来对含有相同数据的记录进行排序。对"业务人员提成表 .xlsx"工作簿进行多重排序，具体操作步骤如下。

第 **7** 章 处理 Excel 数据

STEP 1 数据排序

1 在表格中选择任意一个单元格，这里选择 C3 单元格；2 在【数据】/【排序和筛选】组中，单击"排序"按钮。

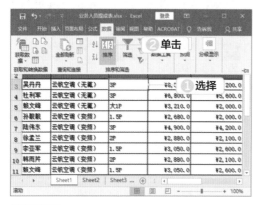

STEP 2 设置主要关键字

1 打开"排序"对话框，在"主要关键字"下拉列表框中选择"姓名"选项；2 在"排序依据"下拉列表框中选择"单元格值"选项；3 在"次序"下拉列表框中选择"升序"选项。

STEP 3 设置次要关键字

1 单击"添加条件"按钮；2 在"次要关键字"下拉列表框中选择"合同金额"选项；3 在"排序依据"下拉列表框中选择"单元格值"选项；4 在"次序"下拉列表框中选择"降序"选项；5 单击"确定"按钮。

STEP 4 查看多重排序效果

此时，表格中的数据先按照"姓名"列升序排列，对于"姓名"列中重复的数据，则按照"合同金额"列进行降序排列。

知识补充

数字和字母排序

在 Excel 2019 中，除了可以对数字进行排序外，还可以对字母或文本进行排序，对于字母，升序是从 A 到 Z 排列，降序则相反；对于数字，升序是按数值从小到大排列，降序则相反。

4. 自定义排序

如果需要将数据按照除升序和降序以外的其他方式进行排列，那么就需要设置自定义排序。对"业务人员提成表 .xlsx"工作簿按照"商品型号"列排序，次序为"1P → 大 1P → 1.5P → 2P → 大 2P → 3P"，具体操作步骤如下。

STEP 1 删除条件

在【数据】/【排序和筛选】组中，单击"排序"按钮，打开"排序"对话框，单击"删除条件"按钮。

STEP 2 新建条件选择自定义序列

❶单击"添加条件"按钮；❷在"主要关键字"下拉列表框中选择"商品型号"选项；❸在"次序"下拉列表框中选择"自定义序列"选项。

STEP 3 自定义序列

❶打开"自定义序列"对话框，在"输入序列"列表框中输入"1P, 大 1P,1.5P,2P, 大 2P,3P"(用半角逗号或分号隔开)；❷单击"添加"按钮。

STEP 4 选择自定义序列选项

❶在"自定义序列"列表框中选择添加的"1P, 大 1P,1.5P,2P, 大 2P,3P"选项；❷单击"确定"按钮。

STEP 5 确认自定义排序

返回"排序"对话框，单击"确定"按钮。

STEP 6 查看自定义排序效果

返回 Excel 2019 工作界面，即可查看自定义序列的排序效果。

	A	B	C	D	E
2	姓名	商品名称	商品型号	合同金额	商品销售底价
3	吕苗苗	云帆空调	1P	¥2,000.0	¥1,200.0
4	王思雨	云帆空调	1P	¥1,823.0	¥1,500.0
5	赖文峰	云帆空调（无氟）	大1P	¥3,210.0	¥1,500.0
6	赖文峰	云帆空调（变频）	1.5P	¥3,050.0	¥2,600.0
7	李亚军	云帆空调（变频）	1.5P	¥3,050.0	¥2,600.0
8	孙靓颖	云帆空调（变频）	1.5P	¥2,080.0	¥2,600.0
9	陈鸣明	云帆空调	2P	¥3,690.0	¥3,000.0
10	韩雨卉	云帆空调（变频）	2P	¥2,880.0	¥2,100.0
11	钱瑞麟	云帆空调	2P	¥4,500.0	¥3,900.0
12	徐孟兰	云帆空调（变频）	2P	¥2,880.0	¥2,100.0
13	孙旭东	云帆空调	大2P	¥7,000.0	¥6,100.0
14	郑明	云帆空调	大2P	¥3,900.0	¥3,000.0
15	杜利军	云帆空调（无氟）	3P	¥6,800.0	¥5,600.0
16	陆伟东	云帆空调（变频）	3P	¥4,900.0	¥4,200.0
17	吕苗苗	云帆空调	3P	¥6,880.0	¥5,200.0
18	吴丹丹	云帆空调（无氟）	3P	¥8,520.0	¥7,200.0

7.1.2 数据筛选

微课：数据筛选

　　在工作中，用户有时需要从数据繁多的工作簿中查找符合某一个或某几个条件的数据，这时可使用 Excel 2019 的筛选功能，轻松地筛选出符合条件的数据。Excel 2019 的筛选功能主要有"自动筛选""自定义筛选""高级筛选"3种方式，下面分别进行介绍。

1. 自动筛选

　　自动筛选数据就是根据用户设定的筛选条件，自动将表格中符合条件的数据显示出来。在"业务人员提成表.xlsx"工作簿中筛选出"云帆空调（变频）"的销售情况，具体操作步骤如下。

STEP 1　选择单元格

1 选择数据表中的任意单元格；2 在【数据】/【排序和筛选】组中，单击"筛选"按钮。

技巧秒杀

取消筛选状态

　　要取消已设置的数据筛选状态，显示表格中的全部数据，只需在工作表的【数据】/【排序与筛选】组中再次单击"筛选"按钮。

STEP 2　设置筛选条件

1 所有列标题单元格的右侧自动显示"筛选"按钮，单击"商品名称"单元格中的"筛选"按钮；2 在打开的列表中撤销选中"全选"复选框；3 单击选中"云帆空调（变频）"复选框；4 单击"确定"按钮。

STEP 3　查看筛选结果

表格中只显示商品名称为"云帆空调（变频）"的数据，其他数据将全部隐藏。

2. 自定义筛选

　　与数据排序类似，如果自动筛选方式不能满足需要，用户可自定义筛选条件。自定义筛选一般用于筛选数值型数据，通过设定筛选条件将符合条件的数据筛选出来。在"业务人员提成表.xlsx"工作簿中筛选出"合同金额"大于"3000"的数据，具体操作步骤如下。

STEP 1 清除之前的筛选

在【数据】/【排序和筛选】组中单击"清除"按钮，清除对"商品名称"的筛选操作。

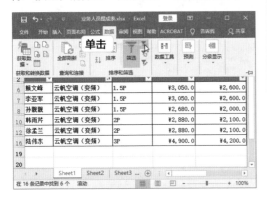

STEP 2 选择自定义筛选

1️⃣ 单击"合同金额"单元格中的"筛选"按钮；2️⃣ 在打开的列表中选择"数字筛选"选项；3️⃣ 在打开的子列表中选择"大于"选项。

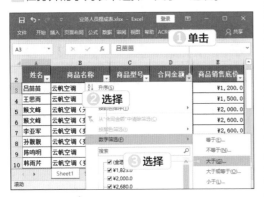

技巧秒杀

设置自定义筛选

在"自定义自动筛选方式"对话框左侧的下拉列表框中只能执行选择操作，而在右侧的下拉列表框中可直接输入数据，在输入筛选条件时，可使用通配符代替字符或字符串，如用"?"代表任意单个字符，用"*"代表任意多个字符。

STEP 3 设置筛选条件

1️⃣ 打开"自定义自动筛选方式"对话框，在"大于"下拉列表框右侧的下拉列表框中输入"3000"；2️⃣ 单击"确定"按钮。

STEP 4 查看效果

此时即可在表格中显示出"合同金额"大于"3000"的数据，其他数据将自动隐藏。

3. 高级筛选

自动筛选是根据 Excel 2019 提供的条件对数据进行筛选，若要根据自己设置的筛选条件对数据进行筛选，则需使用高级筛选功能。高级筛选功能可以筛选出同时满足两个或两个以上约束条件的数据。在"业务人员提成表.xlsx"工作簿中筛选出"合同金额"大于"3000"，并且"商品提成"小于"600"的员工，具体操作步骤如下。

STEP 1 取消之前的筛选状态

在【数据】/【排序和筛选】组中单击"筛选"按钮，取消数据表的筛选状态。

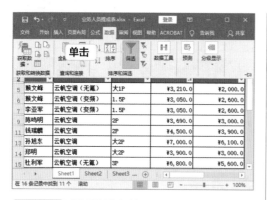

STEP 2 设置筛选条件

在 B20:C21 单元格区域中分别输入"合同
金额""商品提成（差价的 60%）""＞3000"
"＜600"。

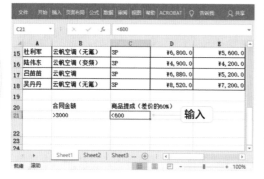

STEP 3 选择数据筛选区域

1 选择 A2:F18 单元格区域；2 在【数据】/
【排序和筛选】组中单击"高级"按钮。

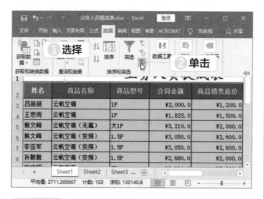

STEP 4 设置高级筛选

1 打开"高级筛选"对话框，将光标定位到"条

件区域"文本框中；2 选择 B20:C21 单元格
区域；3 单击"确定"按钮。

STEP 5 查看高级筛选效果

此时即可在原表格中显示出符合筛选条件的数
据记录。

知识补充

设置条件区域

使用高级筛选前，必须先设置条件
区域，且条件区域的项目应与表格项目一
致，否则不能筛选出结果。在"高级筛
选"对话框中单击选中"在原区域显示筛
选结果"单选项可在原区域中显示筛选结
果；单击选中"将筛选结果复制到其他位
置"单选项可在"复制到"文本框中设置
存放筛选结果的单元格区域；单击选中"选
择不重复的记录"复选框，当有多行满足
条件时将只显示或复制唯一一行，排除重复
的行。

7.2 处理"销售数据汇总表"中的数据

云帆集团需要统计 2019 年四大销售区域的主要销售数据，并根据这些数据分发奖金。但工作人员拿到的表格中只有简单的数据统计，因此需要对这些数据设置条件格式，以清晰地展示各地区的各种产品的销售情况，并按照不同地区或不同产品对这些数据进行分类汇总，根据销售数据来确定奖金的分发情况。

 素材文件所在位置 素材文件\第 7 章\销售数据汇总表 .xlsx
效果文件所在位置 效果文件\第 7 章\销售数据汇总表 .xlsx

7.2.1 设置条件格式

条件格式用于将表格中满足指定条件的数据以特定的格式显示出来，从而便于用户查看与区分数据。特定的格式包括数据条、迷你图和图标等。设置条件格式主要是为了实现数据的可视化效果。下面介绍设置条件格式的相关操作。

微课：设置条件格式

1. 添加数据条

数据条的功能就是为 Excel 表格中的数据插入底纹颜色，这种底纹颜色能够根据数值大小自动调整长度。数据条有两种默认的底纹颜色类型，分别是"渐变填充"和"实心填充"。在"销售数据汇总表 .xlsx"工作簿中添加数据条，具体操作步骤如下。

STEP 1 添加数据条

1 打开"销售数据汇总表 .xlsx"工作簿，选择 C3:F12 单元格区域，在【开始】/【样式】组中单击"条件格式"按钮；2 在打开的列表中选择"数据条"选项；3 在打开的子列表的"渐变填充"栏中选择"橙色数据条"选项。

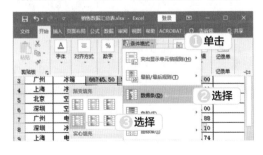

STEP 2 查看数据条效果

返回 Excel 2019 工作界面，即可看到选择的区域中出现了橙色的数据条。

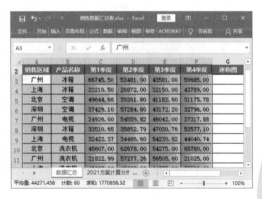

2. 插入迷你图

迷你图就是插入工作表的单元格中的一个微型图表，可以直观展示数据，并反映一系列数据的趋势，如季节性的增加或减少、经济周期的变化等，或者突出显示系列数据的最大值和最小值。在"销售数据汇总表 .xlsx"工作簿中插入迷你图，具体操作步骤如下。

STEP 1 选择迷你图样式

1 选择 G3 单元格；2 在【插入】/【迷你图】组中单击"折线图"按钮。

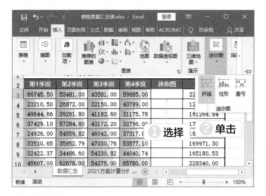

STEP 2 选择数据

1 打开"创建迷你图"对话框，在"选择所需的数据"栏的"数据范围"文本框中，输入"C3:F3"；2 单击"确定"按钮。

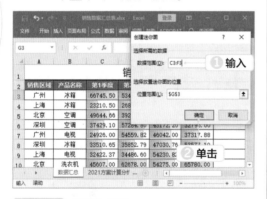

STEP 3 复制迷你图

拖动鼠标将 G3 中的迷你图快速复制到 G4:G12 单元格区域中。

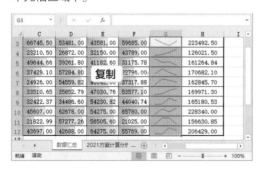

STEP 4 显示高低点

1 选择 G3:G12 单元格区域；2 在【迷你图工具 设计】/【显示】组中，单击选中"高点"复选框；3 单击选中"低点"复选框；4 在【样式】组中单击"其他"按钮。

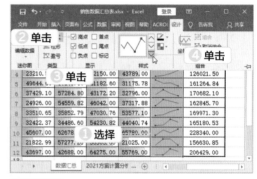

STEP 5 设置迷你图样式

在打开的列表中选择"橙色，迷你图样式着色 6，深色 25%"选项。

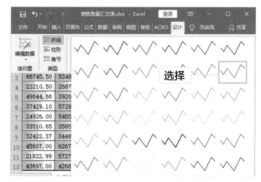

STEP 6 查看设置迷你图样式后的效果

返回 Excel 2019 工作界面，即可看到设置迷你图样式后的效果。

3. 添加图标

使用图标集可以对数据进行注释，并可以按大小将数据分为 3 ~ 5 个类别，每个图标代表一个数据范围。图标集中的"图标"是形状或颜色，用户可以根据数据进行选择。在"销售数据汇总表 .xlsx"工作簿中添加图标，具体操作步骤如下。

STEP 1 选择图标样式

1 选择 H3:H12 单元格区域，在【开始】/【样式】组中单击"条件格式"按钮；**2** 在打开的列表中选择"图标集"选项；**3** 在打开的子列表的"等级"栏中，选择"5 个框"选项。

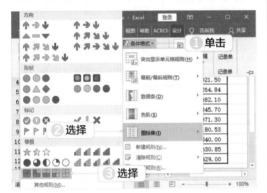

STEP 2 查看添加图标集后的效果

在 H3:H12 单元格区域内将自动添加方框图标，并根据数值大小显示为不同的样式。

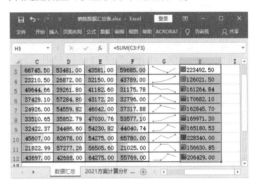

技巧秒杀

删除单元格区域中的条件格式

选择设置了条件格式的单元格区域，在【开始】/【样式】组中单击"条件格式"按钮，在打开的列表中选择"清除规则"选项，在打开的子列表中选择"清除所选单元格的规则"选项，即可删除条件格式。

7.2.2 分类汇总

分类汇总，顾名思义可分为两个部分，即分类和汇总，是以某一列字段为分类项目，然后对表格中其他数据列中的数据进行汇总的功能，可使表格的结构更清晰，使用户能更好地掌握表格中重要的信息。下面主要介绍分类汇总的创建、隐藏与显示操作。

微课：分类汇总

1. 创建分类汇总

分类汇总是按照表格中的分类字段对数据进行汇总，同时还需要设置汇总方式和汇总项。在"销售数据汇总表 .xlsx"工作簿中创建分类汇总，具体操作步骤如下。

STEP 1 数据排序

1 选择 A2:H12 单元格区域；**2** 在【数据】/【排序和筛选】组中单击"排序"按钮。

知识补充

分类汇总前为什么要对数据排序

分类汇总分为两个步骤：先分类，再汇总。分类就是把数据按一定条件进行排序，让相同数据排列在一起，之后才可以对同类数据进行求和、计数之类的汇总处理。如果不进行排序，直接进行分类汇总，汇总的结果就会很凌乱。

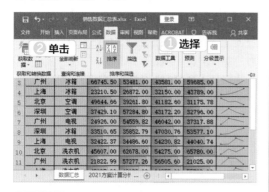

STEP 2　设置排序

1 打开"排序"对话框，在"主要关键字"下拉列表框中选择"销售区域"选项；2 在"次序"下拉列表框中选择"升序"选项；3 单击"确定"按钮。

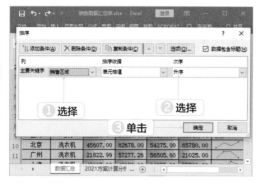

STEP 3　分类汇总数据

返回 Excel 2019 工作界面，可以看到表格中的数据按照销售区域进行升序排列，继续保持选择 A2:H12 单元格区域，在【数据】/【分级显示】组中单击"分类汇总"按钮。

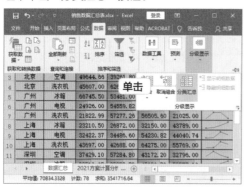

STEP 4　设置分类汇总

1 打开"分类汇总"对话框，在"分类字段"下拉列表框中选择"销售区域"选项；2 在"汇总方式"下拉列表框中选择"求和"选项；3 在"选定汇总项"列表框中单击选中"第 1 季度""第 2 季度""第 3 季度""第 4 季度""合计"复选框；4 单击"确定"按钮。

STEP 5　查看分类汇总效果

返回 Excel 2019 工作界面，可以看到表格中的数据按照销售区域对各季度和合计的产品销量进行汇总显示。

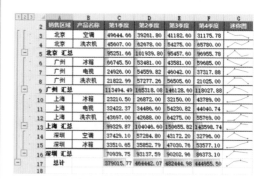

技巧秒杀

显示或隐藏明细数据

在进行分类汇总后，汇总数据的左侧会显示树状结构，单击"-"按钮，将隐藏该字段的明细数据；单击"+"按钮，将显示该字段的明细数据。

2. 隐藏与显示分类汇总

在表格中创建了分类汇总后，为了查看某部分数据，用户可将分类汇总后暂时不需要的数据隐藏起来，减少界面的占用空间。在"销售数据汇总表 .xlsx"工作簿中隐藏与显示分类汇总数据，具体操作步骤如下。

STEP 1　隐藏部分数据

在分类汇总数据表格的左上角，单击"2"按钮，将隐藏汇总的部分数据。

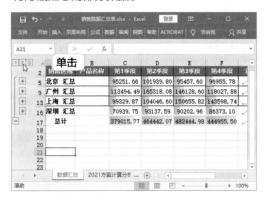

技巧秒杀

显示或隐藏单个分类汇总的明细行

在【数据】/【分级显示】组中单击"显示明细数据"或"隐藏明细数据"按钮，可以显示或隐藏单个分类汇总的明细行。

STEP 2　隐藏全部数据

在分类汇总数据表格的左上角单击"1"按钮，将隐藏汇总的全部数据，只显示总计的汇总数据。

7.2.3　假设运算

当需要分析大量且较为复杂的数据时，用户可运用 Excel 2019 的假设运算功能，从而大大减轻工作难度。Excel 2019 的假设运算功能可通过单变量求解、模拟运算表和方案管理器 3 种方法进行。下面对 Excel 2019 的假设运算功能分别进行介绍。

微课：假设运算

1. 单变量求解

用户在工作中有时会需要根据已知的公式结果来推算各个条件，如根据已知的月还款额来计算银行的年利率等，这时便可使用"单变量求解"功能解决问题。在"销售数据汇总表 .xlsx"工作簿中根据规定的奖金比率 0.2%，求销售总额应该达到多少，才能拿到 1600 的奖金，具体操作步骤如下。

STEP 1　输入公式

1 在 A20:A22 单元格区域中分别输入"销售总额""奖金比率""奖金"；2 在 B20:B21 单元格区域中分别输入"770858.32"和"0.20%"；3 在 B22 单元格中输入"=B20*B21"（注意：这里的符号"*"在 Excel 2019 中代表乘号"×"）。

STEP 2　选择操作

1 按【Enter】键计算出该销售总额的奖金，在【数据】/【预测】组中单击"模拟分析"按钮；2 在打开的列表中选择"单变量求解"选项。

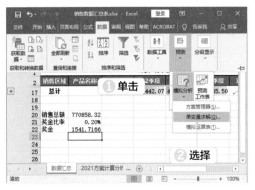

STEP 3　设置目标单元格

打开"单变量求解"对话框，将光标定位到"目标单元格"文本框中，单击 B22 单元格。

STEP 4　设置目标值和可变单元格

1 在"目标值"文本框中输入"1600"；2

将光标定位到"可变单元格"文本框中；3 单击 B20 单元格；4 单击"确定"按钮。

STEP 5　单变量求解

打开"单变量求解状态"对话框，Excel 2019 将根据设置进行单变量求解，得出结果后单击"确定"按钮。

2. 单变量模拟运算表

　　单变量模拟运算表在计算中只有一个变量，用户通过模拟运算表功能可快速计算出结果。在"销售数据汇总表 .xlsx"工作簿中，根据不同区域的不同奖金比率，计算各区域的销售总额，具体操作步骤如下。

STEP 1　输入公式

1 在 A25:A28 单元格区域中分别输入"北京""上海""广州""深圳"；2 在 B24:B28 单元格区域中分别输入"奖金比率""0.20%""0.30%""0.15%""0.16%"；3 在 C25 单元格中输入"=INT(1600/B21)"。

返回 Excel 2019 工作界面，即可看到利用单变量模拟运算表得出的计算结果。

STEP 2　使用模拟运算表

1 按【Enter】键计算出该销售总额，选择 B25:C28 单元格区域；2 在【数据】/【预测】组中，单击"模拟分析"按钮；3 在打开的列表中选择"模拟运算表"选项。

知识补充

INT 函数的用法

语法结构为 INT(number)，用于将数字向下舍入到最接近的整数，如"=INT(8.9)"将 8.9 向下舍入到最接近的整数 (8)；"=INT(-8.9)"将 -8.9 向下舍入到最接近的整数 (-9)。

3. 双变量模拟运算表

双变量模拟运算表在计算中存在两个变量，即同时分析两个因素对最终结果的影响。在"销售数据汇总表 .xlsx"工作簿中，奖金分为 80、125 和 295 三档，根据每个区域的不同奖金比率来计算销售总额，具体操作步骤如下。

STEP 3　设置引用的单元格

1 打开"模拟运算表"对话框，将光标定位到"输入引用列的单元格"文本框中；2 单击 B21 单元格；3 单击"确定"按钮。

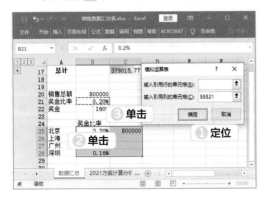

STEP 1　输入公式

1 在 D21:D24 单元格区域中分别输入"北京""上海""广州""深圳"；2 在 F20:H20 单元格区域中分别输入"80""125""295"；3 在 E19、E21、E22、E23、E24 单元格区域中分别输入"奖金比率""0.20%""0.30%""0.15%""0.16%"；4 在 E20 单元格中输入"=INT(B22/B21)"。

STEP 2　选择模拟运算表

1 按【Enter】键计算出该销售总额，选择 E20:H24 单元格区域；2 在【数据】/【预测】组中单击"模拟分析"按钮；3 在打开的列表中选择"模拟运算表"选项。

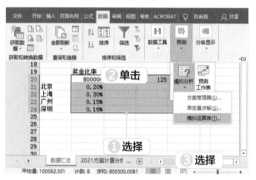

STEP 3　设置引用的单元格

1 打开"模拟运算表"对话框，在"输入引用行的单元格"文本框中输入"$B$22"；2 在"输入引用列的单元格"文本框中输入"$B$21"；3 单击"确定"按钮。

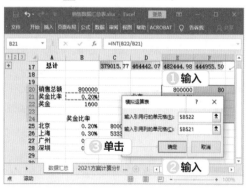

STEP 4　查看计算结果

返回 Excel 2019 工作界面，即可看到利用双变量模拟运算表得出的计算结果。

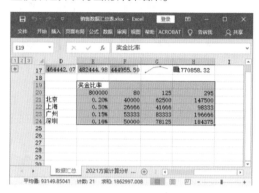

4. 创建方案

　　Excel 2019 的假设运算功能包含"方案管理器"，用户可以利用它运用不同的方案进行假设分析，在不同因素下选择出最适合的方案。在"销售数据汇总表 .xlsx"工作簿中根据区域的销售情况，得出较好、一般和较差 3 种方案，每种方案的销售额和销售成本的增长率不同，具体操作步骤如下。

STEP 1　输入公式

1 在工作簿中单击"2021 方案计算分析"标签；2 在"2021 方案计算分析"工作表中选择 G7 单元格；3 在编辑栏输入"=SUMPRODUCT(B4:B6,1+G4:G6)-SUMPRODUCT(C4:C6,1+H4:H6)"。

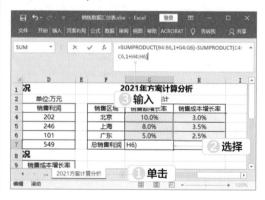

SUMPRODUCT函数的用法

语法结构为 SUMPRODUCT(array1,array 2,array3, ...)，其中 array1,array2,array3, …… 为 2 ~ 30 个数组，对参数进行相乘并求和。

STEP 2 定义名称

1 按【Enter】键计算出总销售利润，选择 G4 单元格；2 在【公式】/【定义的名称】组中单击"定义名称"按钮。

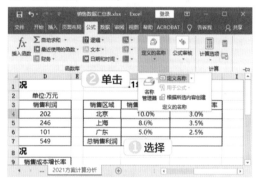

STEP 3 新建名称

1 打开"新建名称"对话框，在"名称"文本框中输入"北京销售额增长率"；2 单击"确定"按钮。

STEP 4 新建名称

1 使用同样的方法，为 H4 单元格新建名称"北京销售成本增长率"，为 G5 单元格新建名称"上海销售额增长率"，为 H5 单元格新建名称"上海销售成本增长率"，为 G6 单元格新建名称"广东销售额增长率"，为 H6 单元格新建名称"广东销售成本增长率"，为 G7 单元格新建名称"总销售利润"。然后，在【数据】/【预测】组中，单击"模拟分析"按钮；2 在打开的列表中选择"方案管理器"选项。

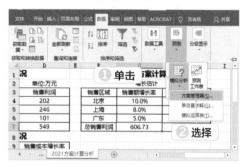

STEP 5 添加方案

打开"方案管理器"对话框，单击"添加"按钮。

STEP 6 输入方案名

1 打开"添加方案"对话框，在"方案名"文本框中输入"方案 A 的销售较好"；2 将光标定位到"可变单元格"文本框中；3 单击其右侧的折叠按钮。

STEP 7　选择可变单元格

1 选择 G4:H6 单元格区域；2 单击对话框右侧的折叠按钮。

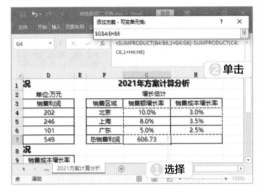

技巧秒杀

直接输入可变单元格

如果在"可变单元格"文本框中输入多个不相邻的单元格，则中间应用半角符号","分隔；如果输入相邻的单元格区域，则可用":"分隔。

STEP 8　编辑方案

返回"编辑方案"对话框，单击"确定"按钮。

STEP 9　输入方案变量值

1 打开"方案变量值"对话框，在对应的文本框中输入变量值；2 单击"确定"按钮。

STEP 10　添加方案 B

返回"方案管理器"对话框，单击"添加"按钮。

STEP 11　输入方案名

1 打开"添加方案"对话框，在"方案名"文本框中输入"方案 B 的销售一般"；2 单击"确定"按钮。

STEP 12　输入方案变量值

1 打开"方案变量值"对话框，在对应的文本框中输入变量值；2 单击"确定"按钮。

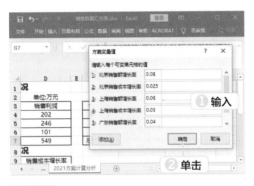

STEP 13　添加方案 C

返回"方案管理器"对话框，单击"添加"按钮。

STEP 14　输入方案名

1 打开"添加方案"对话框，在"方案名"文本框中输入"方案 C 的销售较差"；2 单击"确定"按钮。

STEP 15　输入方案变量值

1 打开"方案变量值"对话框，在对应的文本框中输入变量值；2 单击"确定"按钮。返回

"方案管理器"对话框，单击"确定"按钮，完成创建方案的操作。

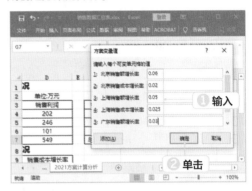

5. 显示方案

创建方案后，选择不同的方案可在创建方案的单元格区域，显示不同的结果。在"销售数据汇总表 .xlsx"工作簿中显示"方案 C 销售较差"的结果，具体操作步骤如下。

STEP 1　打开方案管理器

1 在【数据】/【预测】组中，单击"模拟分析"按钮；2 在打开的列表中选择"方案管理器"选项。

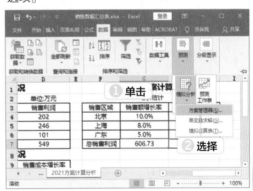

STEP 2　显示方案

1 打开"方案管理器"对话框，在"方案"列表框中选择"方案 C 销售较差"选项；2 单击"显示"按钮；3 单击"关闭"按钮。

STEP 3 查看显示结果

返回 Excel 2019 工作界面，即可在创建方案的 G4:H6 单元格区域中看到方案 C 的相关增长率数据，在 G7 单元格中看到得出的总销售利润。

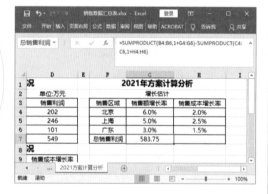

6. 生成方案总结报告

显示方案一次只能展示一种方案的结果，如果用户想将所有的方案的执行结果都展示出来，可以通过创建方案摘要的方式来生成方案总结报告。在"销售数据汇总表 .xlsx"工作簿中生成方案总结报告，具体操作步骤如下。

STEP 1 创建摘要

❶ 打开"方案管理器"对话框，在"方案"列表框中选择"方案 C 销售较差"选项；❷ 单击"编辑"按钮。

STEP 2 设置方案摘要

❶ 打开"方案摘要"对话框，在"报表类型"栏中单击选中"方案摘要"单选项；❷ 在"结果单元格"文本框中输入"G7"；❸ 单击"确定"按钮。

STEP 3 查看生成的方案总结报告

返回 Excel 2019 工作界面，即可看到在工作簿中自动生成了一个名为"方案摘要"的工作表，并在表中展示了生成的方案总结报告。

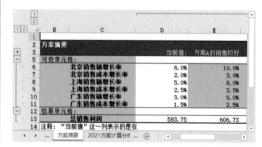

新手加油站 ——处理 Excel 数据技巧

1. 数据分列显示

在一些特殊情况下，用户需要使用 Excel 2019 的分列功能快速将一列数据分列显示，如将日期的月与日分列显示、将姓名的姓与名分列显示等。下面介绍分列显示数据的操作步骤。

■1 在工作表中选择需要分列显示数据的单元格区域，然后在【数据】/【数据工具】组中单击"分列"按钮。

■2 在打开的"文本分列向导 – 第 1 步"对话框中选择最合适的文件类型，然后单击"下一步"按钮，若单击选中了"分隔符号"单选项，在打开的"文本分列向导 – 第 2 步"对话框中可根据需要设置分列数据所包含的分隔符号；若单击选中了"固定宽度"单选项，在打开的对话框中可根据需要建立分列线，完成后单击"下一步"按钮。

■3 在打开的"文本分列向导 – 第 3 步"对话框中保持默认设置，单击"完成"按钮，返回 Excel 2019 工作界面，即可看到分列显示数据后的效果。

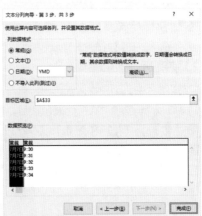

2. 特殊排序

通常情况下，用户按照数据数值大小或文本内容进行排序，除此之外，也可在 Excel 2019 中使用特殊排序方法，如按单元格颜色或字符数量进行排序。

（1）按单元格颜色排序

很多时候，为了突出显示数据，用户会为单元格填充颜色，Excel 2019 具有在排序时识别单元格或字体颜色的功能，因此可根据单元格颜色灵活进行排序，其方法如下：当需要排序的字段列中只有一种颜色时，在该字段列中选择任意一个填充颜色的单元格，然后单击鼠标右键，在弹出的快捷菜单中选择【排序】/【将所选单元格颜色放在最前面】选项，便可将填充了颜色的单元格放置到该字段列的最前面；如果表格某字段列中设置了多种颜色，在打开的"排序"对话框中将该字段列的表头内容设置为主 / 次关键字，在"排序依据"下拉列表框中选择"单元格颜色"选项，将"单元格颜色"作为排列顺序的依据，再在"次序"下拉列表框中选择单元格的颜色，如将"红色"置于最上方，然后是"橙色"，最后是"黄色"等。

（2）按字符数量进行排序

按照字符数量进行排序是为了符合用户阅读习惯，因为在日常习惯中，在对文本排序时都是由字符数量少的文本内容开始，依次向字符数量多的文本内容进行排列。在制作某些表时，常需要用这种排序方式，使数据整齐清晰，如将一份图书推荐单按图书名称的字符数量多少进行升序排列，其方法如下：首先输入函数"=LEN（ ）"，按【Enter】键返回包含的字符数量，然后选择字符数列，在【数据】/【排序和筛选】组中单击"升序"按钮或"降序"按钮，按照字符数量升序或降序排列。

3. 特殊筛选

用户在 Excel 2019 中能够使用特殊排序方式，如按单元格颜色排序等，同样，也可使用特殊筛选功能，如按字体颜色或单元格颜色筛选数据、使用通配符筛选数据等。

（1）按字体颜色或单元格颜色筛选数据

如果表格中设置了字体颜色或单元格颜色，通过字体颜色或单元格颜色可快速筛选数据。单击设置过字体颜色或填充过单元格颜色字段右侧的下拉按钮，在打开的下拉列表中选择"按颜色筛选"选项，在其打开的子列表中可选择按单元格颜色筛选或按字体颜色筛选。

（2）使用通配符进行模糊筛选

在某些场合中，用户需要筛选出包含某部分内容的数据项目，可使用通配符进行模糊筛选，如下所示筛选包含"红"的颜色项目，首先对表格按"价格"进行降序排列，然后选择表格，在【数据】/【排序和筛选】组中单击"筛选"按钮，再单击 C3 单元格中的下拉按钮，在下拉列表中选择【文本筛选】/【自定义筛选】选项，打开"自定义自动筛选方式"对话框，在"颜色"栏第 1 个下拉列表框中选择"等于"选项，在右侧的文本框中输入"红？"，单击"确定"按钮，便可筛选出包含"红"的颜色项目。

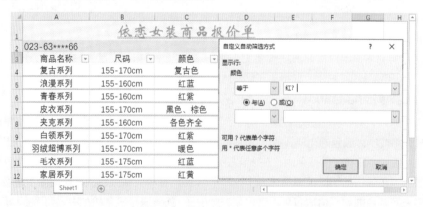

4. 字符串的排序规则

对于由数字、大小写英文字母和中文字符构成的字符串，在比较两个字符串时，应从左侧起始字符开始，对对应位置的字符进行比较，比较的基本原则如下。

● 数字＜字母＜中文，其中小写字母＜大写字母。

● 字符从小到大的顺序为: 0123456789（空格）！"#$%&()*,./:;?@[\]^_'{|}-+<=>ABCDEFGHIJKLMNOPQRSTUVWXYZ。例外情况是，如果两个字符串除了连字符不同外，其余都相同，则带连字符的字符串排在后面。

● 系统默认的排序次序区分大小写，字母的排序次序为: aAbBcCdDeEfFgGhHiIjJkKlLmMnNoOpPqQrRsStTuUvVwWxXyYzZ。在逻辑值中，FALSE 排在 TRUE 之前。

● 中文字符按全拼字母的顺序进行比较（例如 jian<jie）。

● 如果某个字符串中对应位置的字符大，则该字符串较大，比较停止。

● 当被比较的两个字符相同时，进入下一个字符的比较，如果某个字符串已经结束，则结束的字符串较小（例如 jian<jiang）。

 高手竞技场 ——处理 Excel 数据练习

1. 编辑"值班记录"工作簿

打开"值班记录 .xlsx"工作簿，添加最新记录并筛选出相应的数据，要求如下。

 素材文件所在位置 素材文件 \ 第 7 章 \ 值班记录 .xlsx
效果文件所在位置 效果文件 \ 第 7 章 \ 值班记录 .xlsx

● 使用记录单添加最新的记录数据。

● 筛选出除"运行情况良好""正常""无物资领取"以外的数据。

2. 编辑"车辆维修记录表"工作簿

打开"车辆维修记录表 .xlsx"工作簿，对数据进行分类汇总，要求如下。

 素材文件所在位置 素材文件 \ 第 7 章 \ 车辆维修记录表 .xlsx
效果文件所在位置 效果文件 \ 第 7 章 \ 车辆维修记录表 .xlsx

● 将"品牌"列的数据按升序进行排列，且将其中值相同的数据以"价格"列的数据进行升序排列。

● 用分类汇总对"品牌"列的相同数据以"所属部门"进行计数。

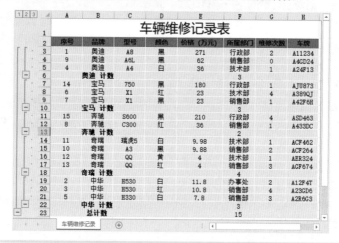

序号	品牌	型号	颜色	价格（万元）	所属部门	维修次数	车牌
			车辆维修记录表				
1	奥迪	A8	黑	271	行政部	2	A11234
9	奥迪	A6L	黑	62	销售部	0	A4GD24
4	奥迪	A4	白	36	技术部	1	A24F13
	奥迪 计数				3		
14	宝马	750	黑	180	行政部	1	AJU873
6	宝马	X1	红	23	技术部	4	A389QJ
7	宝马	X1	黑	23	销售部	1	A42F6H
	宝马 计数				3		
15	奔驰	S600	黑	210	行政部	4	ASD463
8	奔驰	C300	红	36	销售部	1	A433DC
	奔驰 计数				2		
11	奇瑞	瑞虎5	白	9.98	技术部	1	ACF462
10	奇瑞	A3	黑	9.88	销售部	2	ACF264
12	奇瑞	QQ	黄	4	技术部	1	AER324
13	奇瑞	QQ	红	4	销售部	3	AGF674
	奇瑞 计数				4		
2	中华	H530	白	11.8	办事处	2	A12F4T
3	中华	H530	红	10.8	销售部	4	A23GD6
5	中华	H330	白	7.8	销售部	3	A2R6G3
	中华 计数				3		
	总计数				15		

车辆维修记录

第 8 章

分析 Excel 数据

本章导读

　　本章主要介绍 Excel 2019 中图表的基础知识，让用户全面了解图表在表格数据分析中的应用。如创建图表的方法、编辑并美化图表的各种操作，以及创建数据透视表和数据透视图，并通过数据透视表、数据透视图对数据进行分析等。

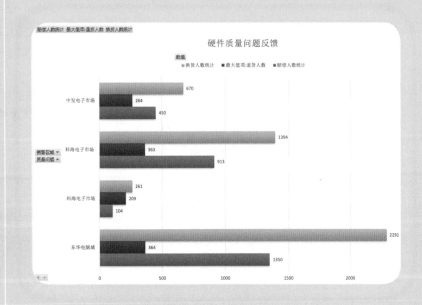

8.1 制作"销售分析"图表

公司销售部需要统计并分析这个月各大计算机商城计算机配件的销售情况，要求市场调查部制作"销售分析"图表。图表是 Excel 2019 中重要的数据分析工具，它能够将工作表中枯燥的数据显示得更清楚，使数据更易于理解，从而使数据分析更具有说服力。图表还具有展示数据差异、分析走势和预测发展趋势等功能。

素材文件所在位置 素材文件 \ 第 8 章 \ 销售分析图表 .xlsx
效果文件所在位置 效果文件 \ 第 8 章 \ 销售分析图表 .xlsx

8.1.1 创建图表

Excel 2019 提供了 10 多种标准类型和多个自定义类型的图表，如柱形图、条形图、折线图、饼图等。用户可为不同的表格数据创建合适的图表。创建图表的操作包括插入图表、调整图表的位置和大小、修改图表数据以及更改图表类型。

微课：创建图表

1. 插入图表

在创建图表之前，用户首先应制作或打开一个存储数据区域的表格，然后再选择合适的图表类型。在"销售分析图表 .xlsx"工作簿中，为其中的数据表格插入图表，具体操作步骤如下。

STEP 1 选择图表类型

① 选择 A2:E9 单元格区域；② 在【插入】/【图表】组中单击"插入柱形图或条形图"按钮；③ 在打开的列表的"三维柱形图"栏中选择"三维簇状柱形图"选项。

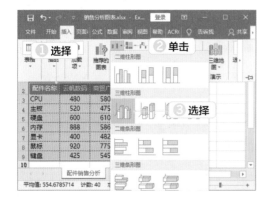

STEP 2 输入图表标题

此时，工作表中插入了一个图表，在图表标题文本框中输入"计算机配件销售情况"。

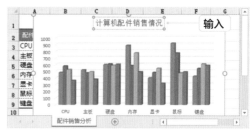

STEP 3 查看图表效果

单击选中图表标题文本框，将标题字体设置为"方正中雅宋简体"，插入的图表效果如下图所示。

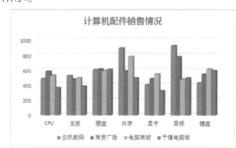

通过"插入图表"对话框插入图表

选择单元格区域后,在【插入】/【图表】组中单击"推荐的图表"按钮,打开"插入图表"对话框,单击"所有图表"选项卡,可以看到丰富的图表类型,选择插入合适的图表。

2. 调整图表的位置和大小

图表通常浮于工作表上方,可能会挡住其中的数据,这样不利于数据的查看,这时用户就需要对图表的位置和大小进行调整。在"销售分析图表 .xlsx"工作簿中调整图表的位置和大小,具体操作步骤如下。

STEP 1 调整图表的位置

将鼠标指针移动到图表区的空白位置,待鼠标指针变为十字箭头形状时,按住鼠标左键不放,拖动鼠标调整图表的位置。

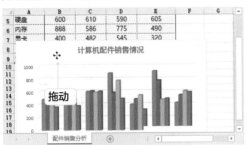

STEP 2 调整图表的大小

将鼠标指针移至图表右侧的控制点上,按住鼠标左键不放,拖动鼠标调整图表的大小。

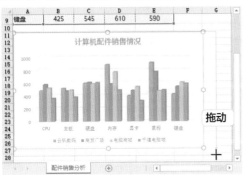

3. 重新选择图表数据源

图表依据表格创建,若创建图表时选择的数据区域有误,那么在创建图表后,就需要重新选择图表数据源。在"销售分析图表 .xlsx"工作簿中将图表区域从 A2:E9 单元格区域修改为 A2:C7 和 E2:E7 单元格区域,具体操作步骤如下。

STEP 1 选择数据

①在工作表中单击选中插入的图表,选择整个数据区域;②在【图表工具 设计】/【数据】组中单击"选择数据"按钮。

STEP 2 打开"选择数据源"对话框

打开"选择数据源"对话框,单击"图表数据区域"文本框右侧的折叠按钮。

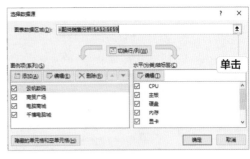

STEP 3 重新选择数据区域

①在工作表中拖动鼠标选择 A2:C7 单元格区域;②按住【Ctrl】键,拖动鼠标选择 E2:E7 单元格区域;③在折叠后的"选择数据源"对话框中再次单击文本框右侧的折叠按钮。

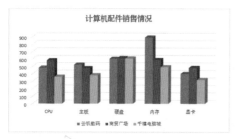

STEP 4 查看图表效果

展开"选择数据源"对话框，单击"确定"按钮，完成图表数据源的修改。返回 Excel 2019 工作界面，即可看到修改了数据源的图表。

计算机配件销售情况

技巧秒杀

快速修改图表数据

单击图表，在右侧显示出"图表筛选器"按钮，单击该按钮，打开图表的数据序列选项，取消选中某系列或类别对应的复选框，单击"应用"按钮，即可在图表中删除该序列的数据，如下图所示。

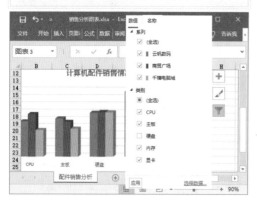

知识补充

修改图表数据

所有修改图表数据的操作都可以在"选择数据源"对话框中进行，单击"切换行/列""添加""编辑""删除"按钮，可分别进行修改图表数据的相关操作。

4. 更改图表类型

Excel 2019 中包含了多种不同的图表类型，如果觉得第 1 次创建的图表无法清晰地展示数据，则可以更改图表的类型。在"销售分析图表 .xlsx"工作簿中更改图表类型，具体操作步骤如下。

STEP 1 选择操作

1 单击选中插入的图表；2 在【图表工具 设计】/【类型】组中单击"更改图表类型"按钮。

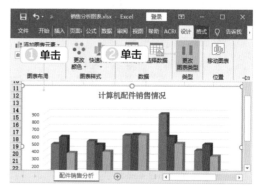

知识补充

移动图表

"更改图表类型"按钮右侧有一个"移动图表"按钮。选中图表后，单击该按钮，打开"移动图表"对话框，可以将图表移动到新建的工作表或其他工作表中。

STEP 2 选择图表类型

1 打开"更改图表类型"对话框，选择"所有图表"选项卡，在左侧的窗格中选择"柱形图"选项；2 在右侧的窗格中选择"簇状柱形图"选项；3 单击"确定"按钮。

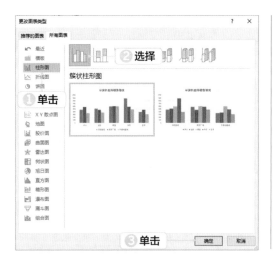

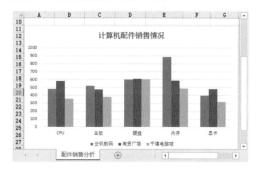

STEP 3 查看效果

返回 Excel 2019 工作界面，即可看到图表从三维簇状柱形图变成了簇状柱形图。更改图表类型后，可适当调整图表的大小。

8.1.2 编辑并美化图表

在创建图表后，用户往往需要对图表及其中的数据或元素等进行编辑修改，使图表符合不同的要求，达到满意的效果。美化图表不仅可增强图表的吸引力，而且能更清晰地展示数据，从而帮助读者更好地理解数据。

微课：编辑并美化图表

1. 应用图表样式

应用图表样式包括应用文字样式和形状样式等。应用图表样式可快速美化图表，用户还可根据需要调整图表布局。在"销售分析图表.xlsx"工作簿中应用图表样式，具体操作步骤如下。

STEP 1 应用图表样式

❶单击选中图表；❷在【图表工具 设计】/【图表样式】组中单击"快速样式"按钮；❸在打开的列表中选择"样式 7"选项。

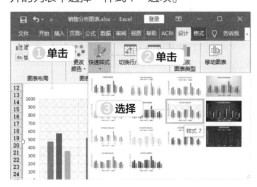

STEP 2 查看应用图表样式后的效果

返回 Excel 2019 工作界面，即可看到应用图表样式后的效果。

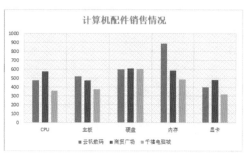

2. 添加坐标轴标题

默认创建的图表不会显示坐标轴标题，用户可自行添加，用以辅助说明坐标轴信息。在"销售分析图表.xlsx"工作簿中添加纵坐标轴标题，具体操作步骤如下。

STEP 1 添加纵坐标轴标题

❶单击选中图表；❷在【图表工具 设计】/【图

第 8 章　分析 Excel 数据

表布局】组中单击"添加图表元素"按钮；3 在打开的列表中选择"坐标轴标题"选项；4 在打开的子列表中选择"主要纵坐标轴"选项。

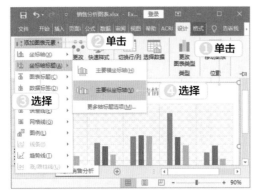

STEP 2　设置标题文字

1 在纵坐标轴标题文本框中输入"单位（个）"；2 单击选择该标题文本框；3 在【开始】/【对齐方式】组中单击"方向"按钮；4 在打开的列表中选择"竖排文字"选项。

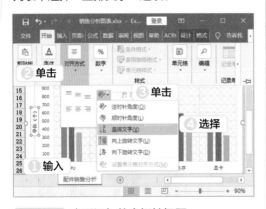

STEP 3　查看添加的坐标轴标题

返回 Excel 2019 工作界面，即可在图表中看到添加的纵坐标轴标题。

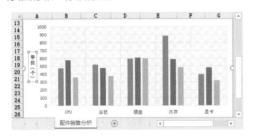

3. 调整图例位置

图例是用色块说明图表中各种颜色所代表的含义。在"销售分析图表 .xlsx"工作簿中调整图例位置，具体操作步骤如下。

STEP 1　设置图例位置

1 单击选择插入的图表；2 在【图表工具 设计】/【图表布局】组中单击"添加图表元素"按钮；3 在打开的列表中选择"图例"选项；4 在打开的子列表中选择"顶部"选项。

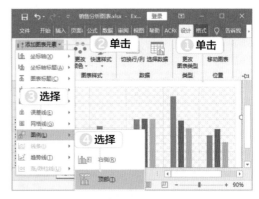

STEP 2　查看调整图例位置的效果

返回 Excel 2019 工作界面，即可在图表标题下方看到调整位置后的图例。

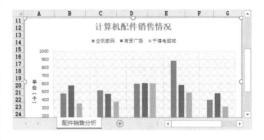

4. 添加数据标签

将数据项的数据在图表中直接显示出来，有利于用户直观地查看数据。在"销售分析图表 .xlsx"中添加数据标签，具体操作步骤如下。

STEP 1　添加数据标签

1 在图表中单击选中"商贸广场"数据系列；2 在【图表工具 设计】/【图表布局】组中单击

"添加图表元素"按钮；③在打开的列表中选择"数据标签"选项；④在打开的子列表中选择"其他数据标签选项"选项。

STEP 2　设置数据标签格式

打开"设置数据标签格式"窗格，在"标签选项"选项卡的"标签包括"栏中单击选中"值"复选框。

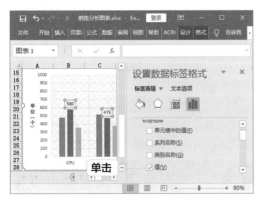

STEP 3　查看添加的数据标签

单击"关闭"按钮，关闭"设置数据标签格式"窗格，返回 Excel 2019 工作界面，即可看到添加的数据标签。

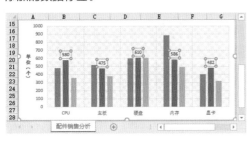

图表的快速布局

在【设计】/【图表布局】组中单击"快速布局"按钮，在展开的列表中可以选择图表的布局样式，包括标题、图例、数据系列和坐标轴等。

5. 设置坐标轴字体格式

图表坐标轴中文本的字体是可以自定义的，以便更清楚地显示数据。在"销售分析图表 .xlsx"工作簿中设置坐标轴字体格式，具体操作步骤如下。

STEP 1　设置纵坐标轴

①在纵坐标轴上单击鼠标右键；②在弹出的快捷菜单中选择"字体"选项。

STEP 2　设置字体格式

①打开"字体"对话框的"字体"选项卡，在"大小"数值框中输入"10"；②在"字体颜色"的下拉列表中选择"主题颜色"栏的"黑色，文字 1"选项；③单击"确定"按钮。

第 8 章　分析 Excel 数据

179

STEP 3 设置横坐标轴

1 在横坐标轴上单击鼠标右键；2 在弹出的快捷菜单中选择"字体"选项。

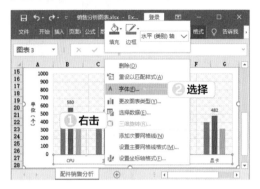

STEP 4 设置字体格式

1 打开"字体"对话框的"字体"选项卡，在"中文字体"下拉列表框中选择"方正大标宋简体"；2 在"大小"数值框中输入"10"；3 在"字体颜色"下拉列表框中选择"主题颜色"栏的"黑色，文字1"选项；4 单击"确定"按钮。

STEP 5 查看设置坐标轴字体后的效果

返回 Excel 2019 工作界面，即可看到设置坐标轴字体格式后的效果。

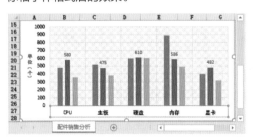

6. 设置数据系列格式

数据系列是根据用户指定的图表类型以系列的方式显示在图表中的可视化数据，在分类轴上每一个分类都对应着一个或多个数据，并以此构成数据系列。在"销售分析图表.xlsx"工作簿中设置数据系列的颜色，具体操作步骤如下。

STEP 1 打开数据系列设置窗格

1 在"云帆数码"数据系列上单击鼠标右键；2 在弹出的快捷菜单中选择"设置数据系列格式"选项。

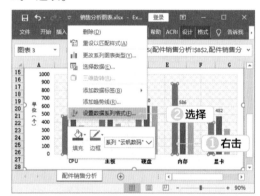

STEP 2 渐变填充

1 打开"设置数据系列格式"窗格，单击"填充与线条"选项卡；2 在"填充"栏中单击选中"渐变填充"单选项。

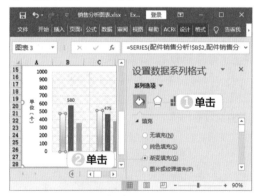

STEP 3 设置填充方向

1 向下拖动右侧的滑块，显示其他栏目；2 单击"方向"按钮；3 在打开的列表中选择"线性向下"选项。

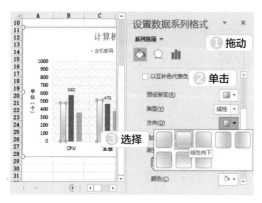

STEP 4 删除停止点

1 在"渐变光圈"栏单击"停止点2"滑块；
2 单击"删除渐变光圈"按钮。

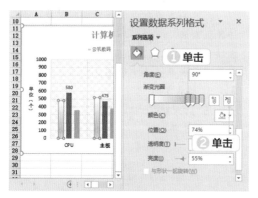

STEP 5 设置停止点的颜色

1 单击"渐变光圈"栏的"停止点1"滑块；
2 单击"颜色"按钮；3 在打开的列表的"标准色"栏中选择"橙色"选项。

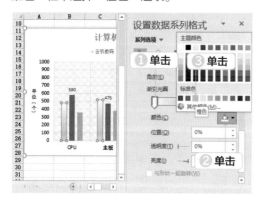

STEP 6 设置其他停止点的颜色

1 将第2个停止点的颜色设置为"橙色"；
2 将第3个停止点的颜色设置为"白色"。

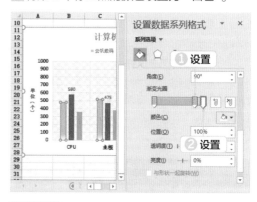

STEP 7 调整停止点的位置

1 单击"停止点2"滑块；2 在"位置"数值框中输入"70%"。

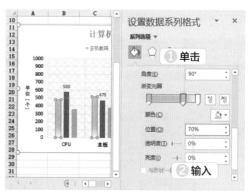

STEP 8 查看设置数据系列格式的效果

利用相同的方法为其他两个数据系列设置渐变填充，关闭"设置数据系列格式"窗格，即可看到设置数据系列格式后的效果。

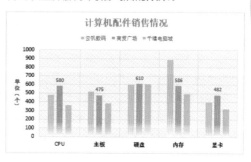

第 8 章 分析 Excel 数据

7. 设置图表区样式

图表区就是整个图表的背景区域，包括了所有的数据信息及辅助的说明信息。在"销售分析图表.xlsx"工作簿中设置图表区的样式，具体操作步骤如下。

STEP 1 设置图表区样式

1 单击选中图表；2 在【图表工具 格式】/【形状样式】组中单击"形状填充"按钮；3 在打开的列表的"主题颜色"栏中选择"白色，背景1，深色5%"选项。

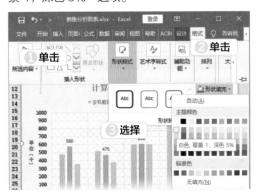

STEP 2 查看设置图表区样式的效果

返回 Excel 2019 工作界面，即可看到为图表区设置样式的效果。

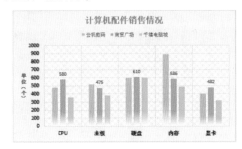

知识补充

设置绘图区样式

绘图区是图表中描绘图形的区域，包括数据系列、坐标轴和网格线。设置绘图区样式的操作与设置图表区样式相似：首先在图表中单击选中绘图区，然后在【图表工具 格式】/【形状样式】组中单击"形状填充"按钮的下拉按钮，在下拉列表中选择相应选项。

8.2 分析"硬件质量问题反馈"表格

云帆科技需要对最近销售的计算机产品的质量进行调查和数据统计，制作产品质量问题分析表，并根据客户对产品质量的反馈信息，从赔偿、退货和换货等方面分析质量问题形成的原因，从而针对问题制定相应的管理措施，以控制和提高产品的质量。普通图表并不能很好地展示出数据间的关系。这时，用户使用数据透视表和数据透视图来展示工作簿中的数据，便于对数据做出精确和详细的分析。

素材文件所在位置 素材文件\第8章\硬件质量问题反馈.xlsx
效果文件所在位置 效果文件\第8章\硬件质量问题反馈.xlsx

8.2.1 使用数据透视表

数据透视表是一种交互式报表，可以按照不同的需要、关系来提取、组织和分析数据，它集筛选、排序和分类汇总等功能于一身，是 Excel 2019 重要的分析性报告工具，弥补了在表格中使用图表分析大量数据时内容过于拥挤的缺点。

微课：使用数据透视表

1. 创建数据透视表

要在 Excel 2019 中创建数据透视表，首先要选择需要创建数据透视表的单元格区域。需要注意的是，用来创建数据透视表的表格，数据内容要先进行分类，再使用数据透视表进行汇总才有意义。在"硬件质量问题反馈.xlsx"工作簿中创建数据透视表，具体操作步骤如下。

STEP 1 **选择数据区域**

1️⃣ 选择 A2:F15 单元格区域；2️⃣ 在【插入】\【表格】组中单击"数据透视表"按钮。

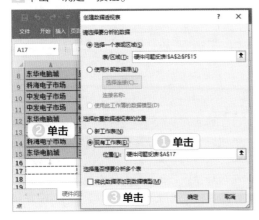

STEP 2 **设置数据透视表位置**

1️⃣ 打开"创建数据透视表"对话框，在"选择放置数据透视表的位置"栏中单击选中"现有工作表"单选项；2️⃣ 返回 Excel 2019 工作界面，在"硬件问题反馈"工作表中单击 A17 单元格；3️⃣ 单击"确定"按钮。

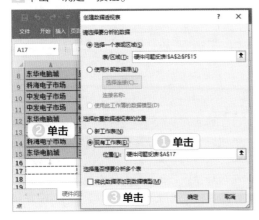

数据源中标题与数据透视表中字段名的关系

数据透视表的数据源中的每一列的列标题都会成为数据透视表中的字段，字段汇总了数据源中的多行信息。因此数据源中第 1 行上的各个列都应有列标题。

STEP 3 **设置任务窗格的显示方式**

1️⃣ 系统自动创建一个空白的数据透视表并打开"数据透视表字段"窗格，单击"工具"按钮；2️⃣ 在打开的列表中选择"字段节和区域节并排"选项。

STEP 4 **添加字段**

在"选择要添加到报表的字段"栏中单击选中"销售区域""质量问题""赔偿人数""退货人数""换货人数"复选框。

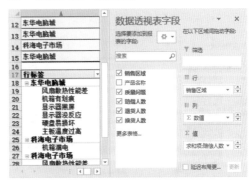

STEP 5 **查看创建的数据透视表**

单击"关闭"按钮，关闭"数据透视表字段"

第 8 章 分析 Excel 数据

窗格。返回 Excel 2019 工作界面，即可看到选择的区域中出现了创建的数据透视表。

技巧秒杀

打开"数据透视表字段"窗格

关闭"数据透视表字段"窗格后，在数据透视表的任意单元格上单击鼠标右键，在弹出的快捷菜单中选择"显示字段列表"选项，可重新打开"数据透视表字段"窗格。

2. 重命名字段

创建的数据透视表中的字段前面增加了"求和项："文本，这样就增加了所属列宽。为了让表格看起来更加简洁美观，可对字段进行重命名。在"硬件质量问题反馈.xlsx"工作簿中重命名字段，具体操作步骤如下。

STEP 1 打开"值字段设置"对话框

1 选择 B17 单元格，单击鼠标右键；2 在弹出的快捷菜单中选择"值字段设置"选项。

称"文本框中输入"赔偿人数统计"；2 单击"确定"按钮。

STEP 3 查看命名字段效果

用同样的方法在 C17 和 D17 单元格中重命名字段。

知识补充

重命名的注意事项

在重命名字段时，名称不能与该字段的原名称一样，否则将无法重命名字段。

3. 设置值汇总方式

默认情况下，数据透视表的数值区域显示为求和项，用户也可根据需要设置其他的汇总方式，如平均值、最大值、最小值、计数、乘积、偏差和方差等。在"硬件质量问题反馈.xlsx"工作簿中将"退货人数统计"字段的值设置为"最大值"，具体操作步骤如下。

STEP 2 命名字段

1 打开"值字段设置"对话框，在"自定义名

STEP 1　选择字段单元格

1 在数据透视表中选择需要设置值汇总方式的任意字段单元格，这里选择 C17 单元格；
2 在【数据透视表工具 分析】/【活动字段】组中单击"字段设置"按钮。

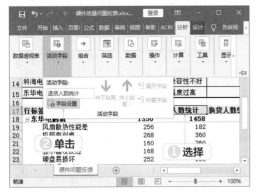

STEP 2　设置值汇总方式

1 打开"值字段设置"对话框，在"值汇总方式"选项卡中的"选择用于汇总所选字段数据的计算类型"列表框中选择"最大值"选项；
2 单击"确定"按钮。

STEP 3　查看设置值汇总方式的效果

返回 Excel 2019 工作界面，即可看到原"退货人数统计"字段的值已经变成了最大值，字段名称也变成了"最大值项: 退货人数"。

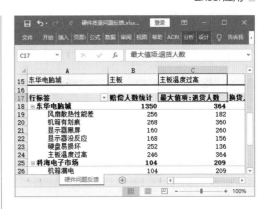

知识补充

设置值显示方式

打开"值字段设置"对话框，单击"值显示方式"选项卡，在其中可设置数值以"百分比""升序""降序"等方式显示。

4. 设置数据透视表样式

为了使数据透视表更美观，还可以设置数据透视表的样式。在"硬件质量问题反馈.xlsx"工作簿中设置数据透视表的样式，具体操作步骤如下。

STEP 1　选择布局

1 在数据透视表中选择任意单元格；2 在【数据透视表工具 设计】/【布局】组中单击"报表布局"按钮；3 在打开的列表中选择"以表格形式显示"选项。

第 8 章　分析 Excel 数据

STEP 2　选择样式

在打开的列表的"中等深浅"栏中选择"浅橙色，数据透视表样式中等深浅 14"选项。

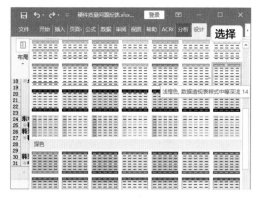

STEP 3　查看设置样式的效果

返回 Excel 2019 工作界面，即可看到设置了样式的数据透视表。

5. 使用切片器

切片器是易于使用的筛选组件，它包含一组按钮，使用户能快速地筛选数据透视表中的数据，而不需要通过下拉列表查找要筛选的项目。在"硬件质量问题反馈 .xlsx"工作簿中创建并使用切片器，具体操作步骤如下。

STEP 1　插入切片器

❶ 在数据透视表中选择任意单元格；❷ 在【数据透视表工具 分析】/【筛选】组中单击"插入切片器"按钮。

STEP 2　选择切片字段

❶ 打开"插入切片器"对话框，单击选中"产品名称"复选框；❷ 单击"确定"按钮。

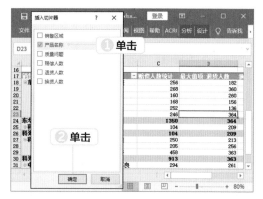

STEP 3　移动切片器

将鼠标指针移动到切片器上，按住鼠标左键不放，拖动切片器到数据透视表的左上角后释放鼠标左键。

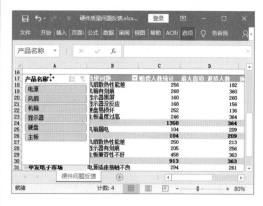

技巧秒杀

清除切片器筛选

选择切片器上的某个筛选项后，在切片器的右侧单击"清除筛选器"按钮，可显示切片器中的所有筛选项，即清除筛选器；若需直接删除切片器，可选择切片器后按【Delete】键。

STEP 4 设置切片

1 在【切片器工具 选项】/【按钮】组的"列"数值框中输入"7"；2 在【选项】/【大小】组的"高度"数值框中输入"2 厘米"；3 在"宽度"数值框中输入"16 厘米"，按【Enter】键。

STEP 5 设置切片器样式

1 在【选项】/【切片器样式】组中单击"快速样式"按钮；2 在打开的列表的"深色"栏中选择"切片器样式深色 6"选项。

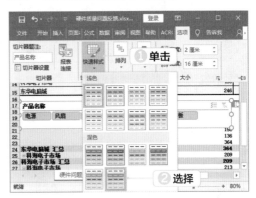

STEP 6 查看切片器筛选结果

返回 Excel 2019 工作界面，调整切片器的位置，在切片器上单击"显示器"按钮，数据透视表中将只显示与显示器项目相关的数据。

8.2.2 使用数据透视图

数据透视图是数据透视表的图形化显示效果，它可以形象地呈现数据透视表中的汇总数据，方便用户查看、对比和分析数据趋势。数据透视图具有与图表相似的数据系列、分类、数据标记和坐标轴，另外还具有与数据透视表对应的特殊元素。

微课：使用数据透视图

1. 创建数据透视图

数据透视图和数据透视表密切关联，它是数据透视表的图表表示形式，能使数据更加直观。数据透视图和数据透视表中的字段是相互对应的，如果更改其中某个数据，则另一个中的相应数据也会随之改变。在"硬件质量问题"反馈 .xlsx"表中根据创建好的数据透视表创建数据透视图，具体操作步骤如下。

STEP 1 创建数据透视图

1 在创建好的数据透视表中选择任意单元格；2 在【分析】/【工具】组中单击"数据透视图"按钮。

STEP 2 选择透视图样式

1 打开"插入图表"对话框，在左侧的窗格中选择"柱形图"选项；**2** 在右侧的窗格中选择"簇状柱形图"选项；**3** 单击"确定"按钮。

STEP 3 查看数据透视图

返回 Excel 2019 工作界面，查看数据透视图，调整数据透视图的大小。

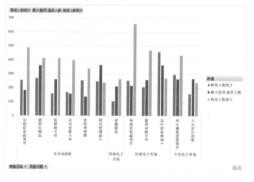

知识补充

单独创建数据透视图

在没有创建数据透视表的情况下创建数据透视图的方法如下：在表格中选择需要创建数据透视图的数据区域，在【插入】/【图表】组中单击"数据透视图"按钮，打开"创建数据透视图"对话框，在"选择放置数据透视图的位置"栏中设置数据透视图的位置，单击"确定"按钮，打开"数据透视图字段"窗格，在其中添加字段后，Excel 2019 将在设置的位置自动创建数据透视表和数据透视图。

2.移动数据透视图

在一张工作表中同时显示数据源表格、数据透视表和数据透视图，可能显得页面比较拥挤，这时可以将数据透视图移动到其他工作表中。在"硬件质量问题反馈.xlsx"工作簿中移动数据透视图，具体操作步骤如下。

STEP 1 移动图表

1 选择创建好的数据透视图；**2** 在【数据透视图工具 设计】/【位置】组中单击"移动图表"按钮。

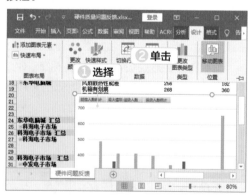

STEP 2 设置图表位置

1 打开"移动图表"对话框，单击选中"新工作表"单选项；**2** 在其右侧的文本框中输入"数据透视图"文本；**3** 单击"确定"按钮。

知识补充

数据透视图和图表的区别

数据透视图除包含与图表相同的元素外，还包括字段和项，用户可以通过添加或删除字段和项来显示不同的数据视图。

STEP 3 查看移动数据透视图效果

返回 Excel 2019 工作界面，即可看到创建的数据透视图移动到了新建的工作表中。

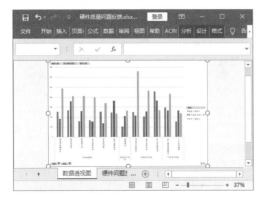

3. 美化数据透视图

美化数据透视图的操作与美化 Excel 图表的操作相似，包括设置布局、更改图表类型、设置样式等。在"硬件质量问题反馈 .xlsx"表中美化创建的数据透视图，具体操作步骤如下。

STEP 1 设置布局

1 选择创建的数据透视图；2 在【数据透视图工具 设计】/【图表布局】组中单击"快速布局"按钮；3 在打开的列表中选择"布局 2"选项。

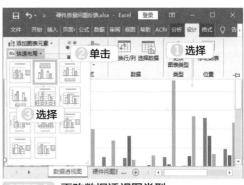

STEP 2 更改数据透视图类型

在【数据透视图工具 设计】/【类型】组中单击"更改图表类型"按钮。

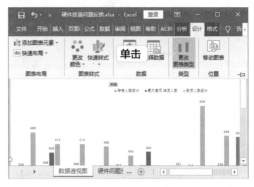

STEP 3 选择数据透视图类型

1 打开"更改图表类型"对话框，在左侧的窗格中选择"条形图"选项；2 在右侧的窗格中选择"簇状条形图"选项；3 单击"确定"按钮。

STEP 4 设置数据透视图样式

在【数据透视图工具 设计】/【图表样式】组中单击列表框右下角的"其他"按钮，在打开的列表中选择"样式5"选项。

STEP 5 查看效果

返回 Excel 2019 工作界面，即可看到美化后的数据透视图。

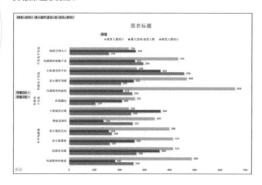

4. 筛选数据透视图中的数据

与图表相比，数据透视图中多了几个按钮，这些按钮分别和数据透视表中的字段相对应，被称作字段标题按钮。通过这些按钮，用户可对数据透视图中的数据系列进行筛选，从而选择所需数据。在"硬件质量问题反馈.xlsx"工作簿中筛选数据，具体操作步骤如下。

STEP 1 筛选数据

1 单击"销售区域"按钮；2 在打开的列表的列表框中撤销选中"科海电子市场"复选框；3 单击"确定"按钮。

STEP 2 折叠字段

在数据透视图左下角单击"折叠整个字段"按钮，即可折叠所有的质量问题字段，只显示销售区域的字段对应的透视图。

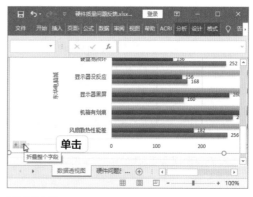

STEP 3 查看筛选效果

在数据透视图的标题文本框中输入"硬件质量问题反馈"，完成数据的筛选操作。

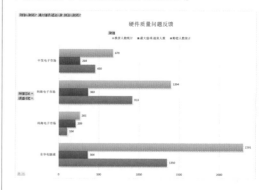

新手加油站 ——分析 Excel 数据技巧

1. 链接图表标题

用户除了手动输入图表标题外，还可将图表标题与工作表单元格中的表格标题相联，从而提高图表的可读性。操作方法如下：在图表中选择需要链接的标题，然后在编辑栏中输入"="，输入要引用的单元格或单击选择要引用的单元格，按【Enter】键完成图表标题的链接。单元格中的内容发生改变，图表中的链接标题也将随之发生改变。

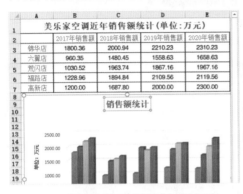

2. 更改坐标轴的边界值和单位值

在创建的图表中，坐标轴的边界值与单位值是根据数据源进行默认设置的，用户可根据实际需要，自定义坐标轴的边界值和单位值，如缩小或增大数值，具体操作步骤如下。

1. 双击图例区，打开"设置坐标轴格式"窗格，选择"坐标轴选项"选项卡。
2. 单击"坐标轴选项"按钮，在"边界"栏中设置最小值与最大值。
3. 在"单位"栏中设置主要和次要值。

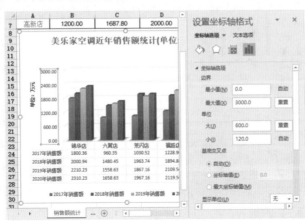

3. 制作组合图

在 Excel 2019 中，有时候单一的图表类型无法满足数据多元化展示的需要，这时用户就要考虑组合使用多种图表，下面以柱状图和折线图的组合为例来介绍组合图的制作方法。

1 选择 A3:A10 和 C3:C10 单元格区域，插入"簇状柱形图"。

2 单击选中橙色的数据系列（"利润"数据系列），单击鼠标右键，在弹出的快捷菜单中选择"更改系列图表类型"选项。

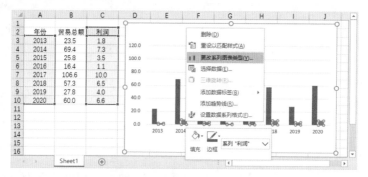

3 打开"更改图表类型"对话框，选择"所有图表"选项卡，在左侧的窗格中选择的"组合图"选项，在右侧的窗格中选择"自定义组合"选项，在"为您的数据系列选择图表类型和轴"列表框中，将"利润"数据系列的图表类型设置为"带数据标记的折线图"，并单击选中其右侧的"次坐标轴"复选框，单击"确定"按钮。

4 返回 Excel 2019 工作界面，对自定义的组合图进行编辑和美化。

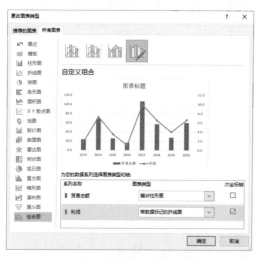

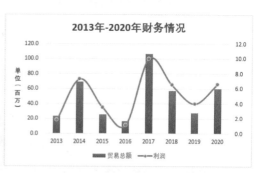

制作完成的组合图以年份为横坐标，贸易总额用柱状图表示，利润用折线图表示。利用图表的组合，用户不仅可以看出贸易总额和利润的变化趋势，还可以看出两者之间的关系。

4. 将图表保存为模板

在 Excel 2019 中，用户可以在将已存在的图表设置为自己所需的样式后，将该图表保存成模板，方便以后使用，具体操作步骤如下。

1 选择已设置好的图表，单击鼠标右键，在弹出的快捷菜单中选择"另存为模板"选项。

2 打开"保存图表模板"对话框，保存路径默认为"C:\Users\ASUS\AppData\Roaming\Microsoft\Templates\Charts"，保存类型默认为".crtx"。

3 在"文件名"文本框中输入文件名，单击"保存"按钮保存图表模板文件。

4 要使用图表模板时，打开"更改图表类型"对话框，选择"所有图表"选项卡。

5 在左侧的窗格中选择"模板"选项，在右侧的窗格中选择保存的图表模板选项，单击"确定"按钮，即可插入图表模板。

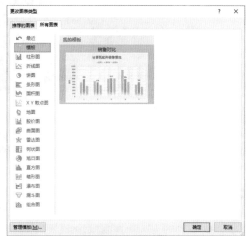

5. 更新数据透视表 / 图中的数据

工作表中的源数据更改后，创建的数据透视表 / 图中的数据不会同时更改，此时用户需要手动更新数据透视表 / 图中的数据。更新数据透视表 / 图中的数据的方法相同：单击【数据透视表图工具 分析】/【数据】组中"刷新"按钮中下方的下拉按钮，在下拉列表中选择"刷新"或"全部刷新"选项。

高手竞技场——分析 Excel 数据练习

1. 分析"费用统计表"

打开"费用统计表 .xlsx"工作簿，为其创建图表，要求如下。

素材文件所在位置 素材文件 \ 第 8 章 \ 费用统计表 .xlsx
效果文件所在位置 效果文件 \ 第 8 章 \ 费用统计表 .xlsx

- 在工作表中创建饼图。
- 设置图表样式，美化图表。

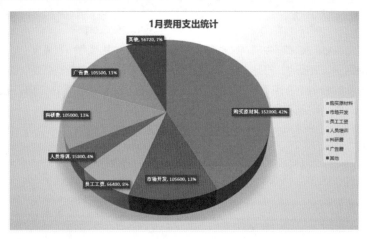

2. 分析"销售数据表"

打开"销售数据表.xlsx"工作簿，为其创建数据透视表和数据透视图，要求如下。

 素材文件所在位置 素材文件 \ 第 8 章 \ 销售数据表 .xlsx
效果文件所在位置 效果文件 \ 第 8 章 \ 销售数据表 .xlsx

- 在新的工作表中创建数据透视表，并为数据透视表添加切片器。
- 在新的工作表中创建数据透视图，并美化数据透视图。

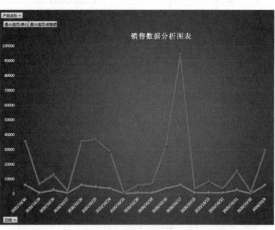

PowerPoint 应用

第 9 章

编辑幻灯片

本章导读

许多商务办公场合都会用到各种各样的演示文稿，而演示文稿是 PowerPoint 2019 生成的文件。制作演示文稿，实际上就是对多张幻灯片进行编辑后将它们组织到一起。PowerPoint 2019 主要用于制作丰富多样、图文并茂的幻灯片，它是制作公司简介、会议报告、产品说明、培训计划和教学课件等演示文稿的首选软件，深受广大用户青睐。

9.1 创建"营销计划"演示文稿

云帆集团市场部需要制作新一年的"营销计划"演示文稿，用于下个月的集团会议，在确定各项计划的数据指标之前，需要先将"营销计划"的演示文稿模板制作出来。制作演示文稿主要涉及演示文稿和幻灯片的一些基本操作，如新建和保存演示文稿，新建、删除、复制和移动幻灯片，修改幻灯片的版式，隐藏与显示幻灯片等，下面详细介绍这些基础操作。

效果文件所在位置 效果文件\第9章\营销计划.pptx

9.1.1 演示文稿的基本操作

使用 PowerPoint 2019 制作的文件被称为演示文稿，最早的演示文稿的扩展名为".ppt"，所以通常把使用 PowerPoint 2019 制作演示文稿称为制作 PPT。下面详细介绍演示文稿的基本操作。

微课：演示文稿的基本操作

1. 新建并保存空白演示文稿

空白的演示文稿就是一张空白幻灯片，没有任何内容。用户创建空白演示文稿后，通常需要通过添加和编辑幻灯片等操作来完成演示文稿的制作。新建一个空白演示文稿，并以"营销计划"为名保存到计算机中，具体操作步骤如下。

STEP 1 启动 PowerPoint 2019

❶在操作系统桌面单击"开始"按钮；❷打开"开始"菜单，在字母 P 开头的列表中选择"PowerPoint"选项。

STEP 2 选择创建的工作簿类型

❶启动 PowerPoint 2019，在左侧的导航窗格中选择"新建"选项；❷在右侧的任务窗格中选择"空白演示文稿"选项。

STEP 3 保存工作簿

进入 PowerPoint 2019 工作界面，新建的演示文稿默认命名为"演示文稿 1.pptx"，在快速访问工具栏中单击"保存"按钮。

STEP 4　选择保存方式

1 进入 PowerPoint 2019 保存页面，在"另存为"栏中选择"这台电脑"选项；**2** 在下面单击选择"浏览"选项。

STEP 5　设置保存

1 打开"另存为"对话框，先设置文件的保存路径；**2** 在"文件名"下拉列表框中输入"营销计划 .pptx"；**3** 单击"保存"按钮。

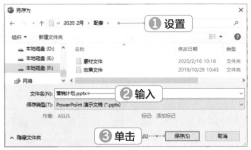

STEP 6　查看效果

返回 PowerPoint 2019 工作界面，演示文稿的名称已经变为"营销计划 .pptx"。

2. 打开并根据模板创建演示文稿

PowerPoint 2019 中的模板有两种来源，一种是软件自带的模板，另一种是通过 Office 的官网下载的模板，利用模板创建演示文稿能够节省设置样式等的操作时间。打开创建的空白"营销计划 .pptx"演示文稿，并根据模板创建新的"营销计划 .pptx"演示文稿，替换原来的空白"营销计划 .pptx"演示文稿，具体操作步骤如下。

STEP 1　打开演示文稿

在计算机中找到演示文稿所在的文件夹，双击"营销计划 .pptx"文件。

STEP 2　打开"文件"列表

进入 PowerPoint 2019 工作界面，单击"文件"选项卡。

STEP 3　选择模板样式

1 在打开的页面的左侧的导航窗格中选择"新建"选项；**2** 在右侧的任务窗格的"新建"栏的"搜索联机模板和主题"文本框中输入"营销计划"，按【Enter】键。

第 **6** 章　编辑幻灯片

STEP 4 选择模板

在搜索出的结果中选择"带立体玻璃图案的商业营销演示文稿（宽屏）"选项。

STEP 5 创建模板

在打开的该演示文稿的说明对话框中单击"创建"按钮。

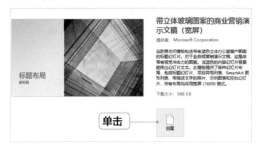

STEP 6 下载模板

PowerPoint 2019 将利用网络下载该演示文稿模板，然后以该模板创建一个新的演示文稿，在该演示文稿的快速访问工具栏中单击"保存"按钮。

STEP 7 选择保存方式

1 进入 PowerPoint 2019 保存页面，在"另存为"栏中选择"这台电脑"选项；2 在下面单击选择"浏览"选项。

STEP 8 替换原演示文稿

1 打开"另存为"对话框，先设置文件的保存路径；2 在"文件名"下拉列表框中输入"营销计划 .pptx"；3 单击"保存"按钮；4 打开"确认另存为"对话框，单击"是"按钮。

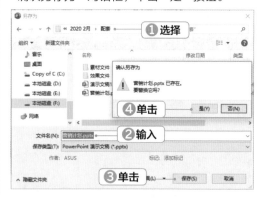

第三部分

STEP 9 查看保存模板演示文稿效果

返回 PowerPoint 2019 工作界面，该演示文稿的名称已经变为"营销计划 .pptx"。

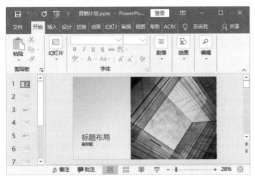

知识补充

关闭演示文稿

单击 PowerPoint 2019 工作界面标题栏右上角的"关闭"按钮，即可关闭当前演示文稿并退出 PowerPoint 2019。

知识补充

替换文件的注意事项

要成功进行 STEP 8 的操作，在进行 STEP 6 操作前，必须关闭前面打开的空白"营销计划 .pptx"演示文稿，即不能替换打开的演示文稿。

9.1.2 幻灯片的基本操作

　　幻灯片的基本操作是制作演示文稿的基础，因为 PowerPoint 2019 中的几乎所有的操作都是在幻灯片中完成的。与 Excel 2019 中工作表的操作相似，幻灯片的基本操作包括新建幻灯片、删除幻灯片、复制和移动幻灯片、修改幻灯片的版式，以及隐藏与显示幻灯片等，下面分别进行介绍。

微课：幻灯片的基本操作

1. 新建幻灯片

　　一个演示文稿往往有多张幻灯片，用户可根据实际需要在演示文稿的任意位置新建幻灯片。在"营销计划 .pptx"演示文稿中新建一张幻灯片，具体操作步骤如下。

STEP 1 选择幻灯片版式

❶ 在"幻灯片"窗格中选择第 2 张幻灯片；❷ 在【开始】/【幻灯片】组中单击"新建幻灯片"按钮；❸ 在打开的列表中选择"节标题"选项。

STEP 2 查看新建幻灯片效果

在 PowerPoint 2019 工作界面可看到新建了一张"节标题"幻灯片。

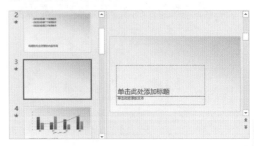

技巧秒杀

快速新建幻灯片

　　在"幻灯片"窗格中选择一张幻灯片，按【Enter】键或【Ctrl+M】组合键，系统将自动在下方快速新建一张与选择的幻灯片版式相同的幻灯片。

2. 删除幻灯片

删除多余的幻灯片，需要在"幻灯片"窗格中进行操作。在"营销计划.pptx"演示文稿中删除幻灯片，具体操作步骤如下。

STEP 1 **选择操作**

1 在"幻灯片"窗格中按住【Ctrl】键，同时选择第9张和第10张幻灯片；2 在其上单击鼠标右键；3 在弹出的快捷菜单中选择"删除幻灯片"选项。

STEP 2 **查看删除幻灯片效果**

删除了第9张和第10张幻灯片，"幻灯片"窗格中就少了两张幻灯片。

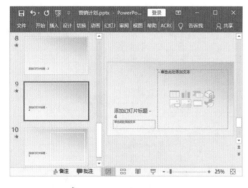

技巧秒杀

快速删除幻灯片

在"幻灯片"窗格中选择一张幻灯片，按【Delete】键即可快速删除该幻灯片。

3. 复制和移动幻灯片

移动幻灯片就是在制作演示文稿时，根据需要对各幻灯片的顺序进行调整；而复制幻灯片则是在制作演示文稿时，若需要新建与某张已经存在的幻灯片非常相似的幻灯片，可以先复制该幻灯片后再对其进行编辑，这样可以节省时间，提高工作效率。在"营销计划.pptx"演示文稿中复制和移动幻灯片，具体操作步骤如下。

STEP 1 **复制幻灯片**

1 在"幻灯片"窗格中，按住【Ctrl】键，同时选择第4张、第5张和第6张幻灯片；2 在其上单击鼠标右键；3 在弹出的快捷菜单中选择"复制幻灯片"选项。

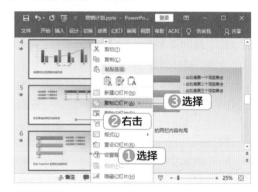

STEP 2 **查看复制的幻灯片**

在第6张幻灯片的下方，直接复制出3张幻灯片。

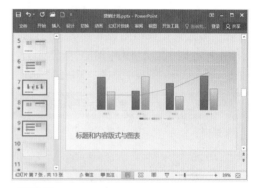

STEP 3 **移动幻灯片**

将鼠标指针移动到复制的幻灯片上，按住鼠标左键不放，将其拖动到第10张幻灯片的下方。

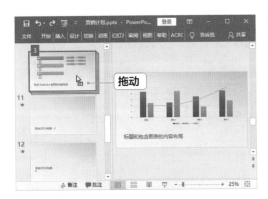

STEP 4 查看移动幻灯片效果

释放鼠标左键后，即可将复制的幻灯片移动到该位置，系统重新对幻灯片进行编号。

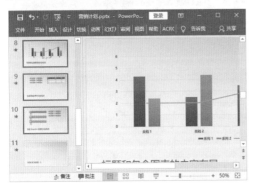

技巧秒杀

快速复制或移动幻灯片

利用"复制""剪切""粘贴"选项，或者【Ctrl+C】、【Ctrl+X】、【Ctrl+V】组合键，同样可以复制或移动幻灯片。

4. 修改幻灯片的版式

版式是幻灯片中各种元素的排列组合方式，PowerPoint 2019 中默认有 11 种版式。在"营销计划 .pptx"演示文稿中修改幻灯片的版式，具体操作步骤如下。

STEP 1 选择版式

❶ 在"幻灯片"窗格中，按住【Ctrl】键，同时选择第 11 张和第 12 张幻灯片；❷ 在【开始】/【幻灯片】组中单击"版式"按钮；❸ 在打开的列表中选择"仅标题"选项。

STEP 2 查看修改幻灯片版式的效果

此时第 11 张和第 12 张幻灯片的版式变成了"空白"样式。

5. 隐藏和显示幻灯片

隐藏幻灯片的作用是在播放演示文稿时，不显示隐藏的幻灯片，当需要时再将其显示出来。在"营销计划 .pptx"演示文稿中隐藏和显示幻灯片，具体操作步骤如下。

STEP 1 隐藏幻灯片

❶ 在"幻灯片"窗格中，按住【Ctrl】键，同时选择第 11 张和第 12 张幻灯片；❷ 在其上单击鼠标右键；❸ 在弹出的快捷菜单中选择"隐藏幻灯片"选项，可以看到这两张幻灯片的编号上有一根斜线，表示幻灯片已经被隐藏。在播放幻灯片时，播放完第 10 张幻灯片后，将直接播放第 13 张幻灯片，不会播放隐藏的第 11 张和第 12 张幻灯片。

第 **6** 章 编辑幻灯片

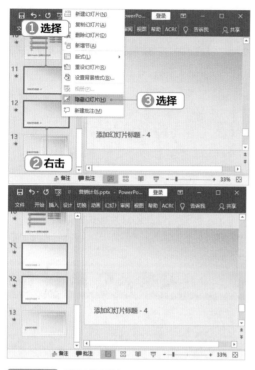

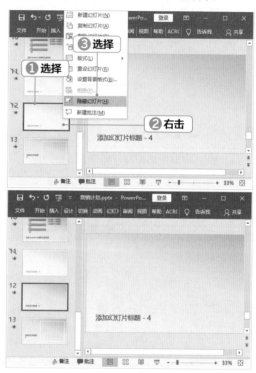

捷菜单中选择"隐藏幻灯片"选项，即可去除
编号上的斜线，在播放时显示该幻灯片。

 STEP 2 显示幻灯片

1 在"幻灯片"窗格中选择隐藏的第 12 张幻
灯片；**2** 在其上单击鼠标右键；**3** 在弹出的快

第三部分

9.2 编辑"入职培训"演示文稿

　　云帆集团需要制作一个"入职培训"演示文稿，用于新员工的入职培训。制作此演
示文稿主要涉及在幻灯片中输入和编辑文本，以及修饰文本等操作。

素材文件所在位置 素材文件\第 9 章\入职培训 .pptx
效果文件所在位置 效果文件\第 9 章\入职培训 .pptx

9.2.1 输入与编辑文本

　　要利用幻灯片表达自己的想法，就要在其中输入合适的文本，效果优秀的
文本能更好地表现出幻灯片的制作意图和目的。输入与编辑文本主要包括删除
和移动占位符、设置占位符样式、输入文本和编辑文本等操作。

微课：输入与编辑文本

1. 删除和移动占位符

新建的幻灯片中常会包含有"单击此处添加标题""单击此处添加文本"等文字的文本输入框，这种文本输入框就是占位符。占位符就是预先设定好样式的文本框，其操作与文本框操作相似。在"入职培训.pptx"演示文稿中移动和删除占位符，具体操作步骤如下。

STEP 1　删除占位符

1 在"幻灯片"窗格中选择第 1 张幻灯片；2 选择副标题占位符，按【Delete】键。

STEP 2　移动占位符

单击标题占位符，将鼠标指针移动到占位符四周的边线上，按住鼠标左键向上拖动。

STEP 3　查看移动占位符效果

拖动到合适的位置释放鼠标左键，即完成移动标题占位符的操作。

技巧秒杀

旋转占位符

选择占位符，将鼠标指针移动到中间的占位符旋转标记上，按住鼠标左键拖动，即可自由旋转占位符。

2. 设置占位符样式

占位符与文本框相似，也可以设置样式。占位符样式包括占位符的形状填充、形状轮廓和形状效果。在"入职培训.pptx"演示文稿中设置占位符的样式，具体操作步骤如下。

STEP 1　设置填充

1 在"幻灯片"窗格中选择第 1 张幻灯片，选择标题占位符；2 在【绘图工具 格式】/【形状样式】组中单击"形状填充"按钮右侧的下拉按钮；3 在下拉列表的"标准色"栏中选择"金色，个性色 4，淡色 80%"选项。

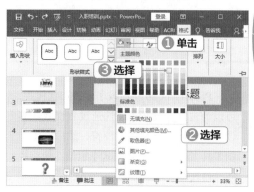

STEP 2 设置轮廓颜色

■1 在【绘图工具 格式】/【形状样式】组中单击"形状轮廓"按钮右侧的下拉按钮；■2 在下拉列表的"标准色"栏中选择"橙色"选项。

STEP 3 设置阴影效果

■1 在【绘图工具 格式】/【形状样式】组中单击"形状效果"按钮；■2 在打开的列表中选择"阴影"选项；■3 在打开的子列表的"外部"栏中，选择"偏移：右下"选项。

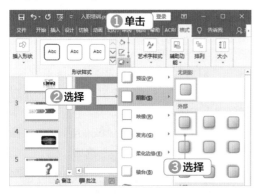

技巧秒杀

快速设置占位符样式

PowerPoint 2019 预设了多种形状样式，可以为占位符或文本框快速设置样式。其设置方法为，先选择占位符，然后在【绘图工具 格式】/【形状样式】组的"快速样式"列表框中选择任意一种形状样式

STEP 4 设置映像效果

■1 在【绘图工具 格式】/【形状样式】组中单击"形状效果"按钮；■2 在打开的列表中选择"映像"选项；■3 在打开的子列表的"映像变体"栏中，选择"紧密映像：接触"选项。

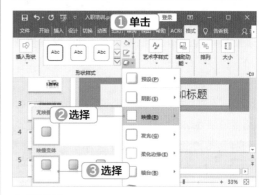

STEP 5 查看设置占位符样式后的效果

返回 PowerPoint 2019 工作界面，即可看到设置了样式的标题占位符。

3. 输入文本

在幻灯片中添加文本最常用的方法是直接在占位符中输入文本，除此之外还可以在幻灯片的任意位置绘制文本框并在其中输入文本。在"入职培训.pptx"演示文稿中输入文本，具体操作步骤如下。

STEP 1 在标题占位符中输入文本

■1 在"幻灯片"窗格中选择第 1 张幻灯片；■2 在标题占位符中单击，定位光标；■3 输入"入职培训"文本。

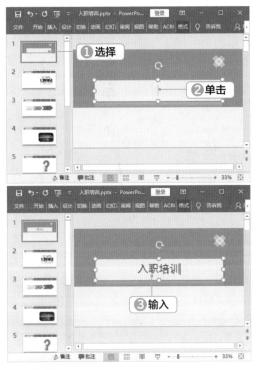

STEP 2　插入横排文本框

1 选择第 2 张幻灯片；2 在【插入】/【文本】组中，单击"文本框"按钮；3 在打开的列表中选择"绘制横排文本框"选项。

STEP 3　绘制文本框

将鼠标指针移动到幻灯片中，鼠标指针变为十字形状，按住鼠标左键，拖动鼠标，即可绘制一个文本框。

STEP 4　输入文本

在文本框中的左侧出现光标，输入下图所示的文本。

STEP 5　输入其他文本

将鼠标指针移动到其他幻灯片中，继续绘制文本框并输入文本。

4. 编辑文本

在幻灯片的制作过程中，一般还需要对输入的文本进行多种编辑操作，以保证文本内容无误、语句通顺。编辑文本的操作与在 Word 文档中的操作基本相同。在"入职培训 .pptx"演示文稿中修改和替换文本，具体操作步骤如下。

第 6 章　编辑幻灯片

STEP 1 修改文本

1 选择第 3 张幻灯片，选择第 1 个文本框中的"公司"文本，按【Delete】键删除该文本；2 输入"企业"。

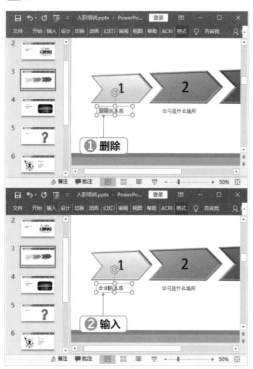

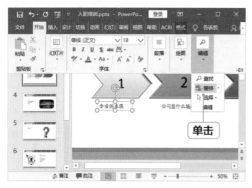

STEP 2 打开"查找"对话框

在【开始】/【编辑】组中单击"替换"按钮，或按【Ctrl+H】组合键。

STEP 3 替换文本

1 打开"替换"对话框，在"查找内容"下拉

列表框中输入"公司"；2 在"替换为"下拉列表框中输入"企业"；3 单击"全部替换"按钮。

STEP 4 完成替换操作

PowerPoint 2019 将全部替换对应的文本，并打开提示框显示替换结果，单击"确定"按钮，返回"替换"对话框，单击"关闭"按钮。

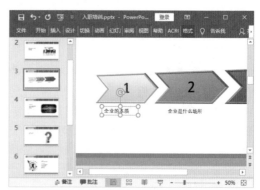

STEP 5 查看替换文本效果

返回 PowerPoint 2019 工作界面，即可看到替换文本后的效果。

9.2.2 修饰文本

样式丰富美观的文本能起到一定的强调作用，这就需要用户对文本进行修饰。修饰幻灯片中的文本包括设置字体格式、设置艺术字样式，以及设置项目符号和编号等操作。

微课：修饰文本

1. 设置字体格式

设置字体格式包括设置文本的字体、字号、颜色及特殊效果等，与在 Word 文档中设置字体格式的操作相似。在"入职培训 .pptx"演示文稿中设置字体格式，具体操作步骤如下。

STEP 1 设置字体和文字阴影

1 选择第 1 张幻灯片，在标题占位符中选择标题文本；**2** 在【开始】/【字体】组的"字体"下拉列表框中选择"方正粗倩简体"选项；**3** 单击"文字阴影"按钮。

技巧秒杀

快速设置占位符或文本框中的字体格式

在幻灯片中，直接选择占位符或文本框，然后设置字体、字号和字体颜色等，占位符或文本框中的文本将出现相应设置的效果。

STEP 2 设置字体颜色

1 在【开始】/【字体】组中单击"字体颜色"按钮右侧的下拉按钮；**2** 在下拉列表的"标准色"栏中选择"红色"选项。

STEP 3 设置字体格式和行距

1 选择第 2 张幻灯片；**2** 选择文本框中的文本；**3** 在【开始】/【字体】组的"字体"下拉列表框中选择"微软雅黑"选项；**4** 在"字号"下拉列表框中选择"28"选项；**5** 在【开始】/【段落】组中单击"行距"按钮；**6** 在打开的列表中选择"1.5"选项。

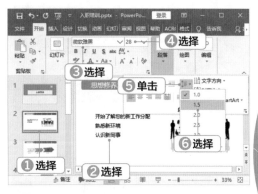

STEP 4 设置第 3 张幻灯片的字体格式

1 选择第 3 张幻灯片；**2** 选择左侧第 1 个文本框，按住【Ctrl】键，单击第 2 个、第 3 个文本框，同时选择这 3 个文本框；**3** 在【开始】/【字体】组的"字体"下拉列表框中选择"微软雅黑"选项；**4** 在"字号"下拉列表框中选择"28"选项。

中的文本的字体格式和行距。

STEP 5 设置第 4 张幻灯片的字体格式

1 在第 4 张幻灯片中，选择上方文本框中的文本；**2** 将字体格式设置为"微软雅黑、36"；**3** 选择下方文本框中的文本；**4** 将字体格式设置为"微软雅黑、28"；**5** 在【开始】/【段落】组中单击"行距"按钮；**6** 在打开的列表中选择"1.5"选项。

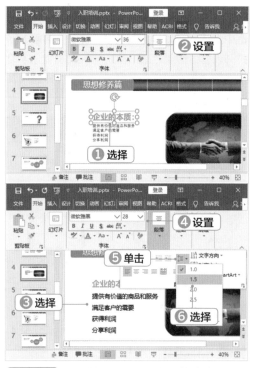

STEP 6 设置其他幻灯片的字体格式

使用相同的方法，设置第 5 张 ~ 第 9 张幻灯片

知识补充

设置字体格式后调整文本框的宽度

增大文本的字号后，有时文本内容会超出文本框的宽度，文本将换行显示，用户可根据需要调整文本框的宽度。

2. 设置艺术字样式

在幻灯片中，可插入不同样式的艺术字，还可设置艺术字的样式。艺术字可使文本在幻灯片中更加突出，能丰富商业演示文稿的演示效果。在"入职培训.pptx"演示文稿中为标题文本设置艺术字样式，具体操作步骤如下。

STEP 1　设置艺术字阴影效果

1 选择第 1 张幻灯片中的标题占位符；**2** 在【绘图工具　格式】/【艺术字样式】组中单击"文本效果"按钮；**3** 在打开的列表中选择"阴影"选项；**4** 在打开的子列表的"外部"栏中选择"偏移：下"选项。

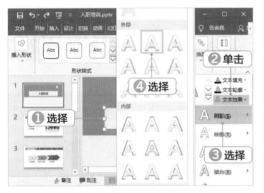

STEP 2　设置艺术字映像效果

1 单击"文本效果"按钮；**2** 在打开的列表中选择"映像"选项；**3** 在打开的子列表的"映像变体"栏中选择"紧密映像：4 磅 偏移量"选项。

STEP 3　查看设置艺术字样式后的效果

返回 PowerPoint 2019 工作界面，即可看到设置艺术字样式后的效果。

STEP 4　设置艺术字文本轮廓

1 选择第 9 张幻灯片；**2** 选择幻灯片中的文本框，在【绘图工具 格式】/【艺术字样式】组中单击"文本轮廓"按钮右侧的下拉按钮；**3** 在下拉列表的"主体颜色"栏中选择"白色，背景 1"选项。

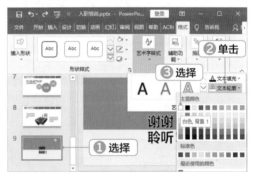

STEP 5　设置艺术字转换效果

1 单击"文本效果"按钮；**2** 在打开的列表中选择"转换"选项；**3** 在打开的子列表的"跟随路径"栏中选择"圆"选项。

第 **6** 章　编辑幻灯片

STEP 6 查看设置艺术字样式后的效果

返回 PowerPoint 2019 工作界面，即可看到设置艺术字样式后的效果。

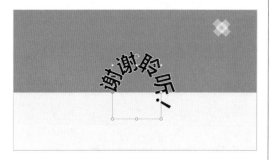

3. 设置项目符号和编号

项目符号和编号可以引导和强调文本，吸引观众的注意，并明确文本的逻辑关系。设置项目符号和编号的操作与在 Word 文档中的操作基本相似。在"入职培训.pptx"演示文稿中为文本设置项目符号，具体操作步骤如下。

STEP 1 选择操作

1选择第 2 张幻灯片；2选择文本框；3在【开始】/【段落】组中单击"项目符号"按钮右侧的下拉按钮；4在下拉列表中选择"项目符号和编号"选项。

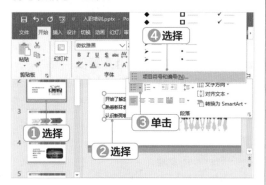

STEP 2 设置项目符号

1打开"项目符号和编号"对话框的"项目符号"选项卡，在列表框中选择"带填充效果的砖石形项目符号"选项；2单击"颜色"按钮；3在打开的列表的"主题颜色"栏中选择"橙色，个性色 2"选项；4单击"确定"按钮。

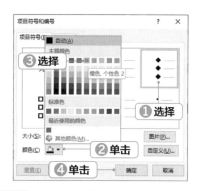

STEP 3 设置项目符号后的效果

返回 PowerPoint 2019 工作界面，可查看为文本框中的文本设置项目符号后的效果。

STEP 4 完成项目符号的设置

用同样的方法为第 4 张和第 6 张幻灯片中的文本设置项目符号。

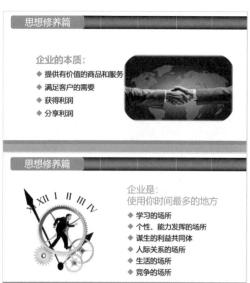

9.3 制作"飓风国际专用"母版和模板

飓风国际集团公司需要制作一个专门的演示文稿母版，用于集团的日常 PPT 制作。另外，集团总部需要将一个制作好的工作报告演示文稿转换为集团专用的工作报告模板。这两项任务都涉及演示文稿的外观设计，通过设置幻灯片版式、改变幻灯片背景、为幻灯片配色等，能使幻灯片更加美观，给予观众更好的视觉享受。

素材文件所在位置 素材文件＼第 9 章＼Logo.png、气泡 .png、曲线 .png 背景 .png、工作报告 .pptx

效果文件所在位置 效果文件＼第 9 章＼飓风国际专用 .pptx、飓风国际专用－工作报告 .potx

9.3.1 制作母版

母版是存储了演示文稿中所有幻灯片主题或页面格式的幻灯片视图或页面。使用母版可以统一演示文稿中的标志、文本格式、背景、颜色主题及动画等。利用母版，用户可以快速制作出多张版式相同的幻灯片，极大地提高工作效率。

微课：制作母版

1. 设置母版背景

若要为所有幻灯片应用统一的背景，可在幻灯片母版中进行设置，设置的方法与设置单张幻灯片背景的方法类似。在"飓风国际专用 .pptx"演示文稿中设置母版背景，具体操作步骤如下。

STEP 1 新建演示文稿
启动 PowerPoint 2019，新建一个空白演示文稿，将其以"飓风国际专用 .pptx"为名进行保存。

STEP 2 进入母版视图
在【视图】/【母版视图】组中单击"幻灯片母版"按钮。

STEP 3 设置背景样式
■1 在"幻灯片"窗格中选择第 2 张幻灯片，在【幻灯片母版】/【背景】组中单击"背景样式"按钮；■2 在打开的列表中选择"设置背景格式"选项。

知识补充

幻灯片母版中主要幻灯片对应的版式

在幻灯片母版中，第 1 张幻灯片表示内容幻灯片，第 2 张幻灯片表示标题幻灯片。

第 9 章 编辑幻灯片

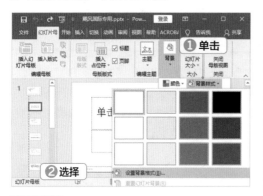

STEP 4　选择填充颜色

在工作界面的左侧打开"设置背景格式"窗格，在"填充"栏中单击选中"渐变填充"单选项。

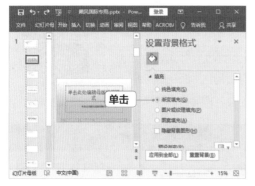

STEP 5　设置渐变方向

1 单击"方向"按钮；**2** 在打开的列表中选择"线性对角 – 右下到左上"选项。

STEP 6　删除渐变光圈停止点

1 在"渐变光圈"栏中单击中间的"停止点 2"滑块，按【Delete】键将其删除；**2** 用同样的

方法删除另一个中间的滑块。

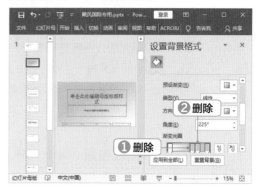

技巧秒杀

添加渐变光圈

删除渐变光圈停止点后，在"渐变光圈"栏中单击"添加渐变光圈"按钮，可新增渐变光圈停止点。

STEP 7　设置停止点颜色

1 单击左侧的"停止点 1"滑块；**2** 在"位置"数值框中输入"22%"；**3** 单击"颜色"按钮；**4** 在打开的列表中选择"其他颜色"选项。

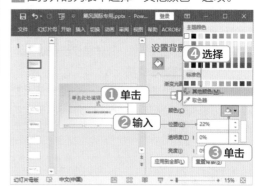

STEP 8　设置停止点颜色

1 打开"颜色"对话框的"自定义"选项卡，在"红色""绿色""蓝色"数值框中分别输入"13""75""158"；**2** 单击"确定"按钮。

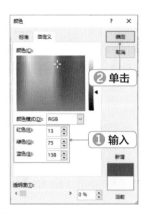

STEP 9 继续设置停止点颜色

1 单击"停止点 2"滑块;2 用同样的方法设置停止点颜色,在"红色""绿色""蓝色"数值框中分别输入"2""160""199";3 单击"确定"按钮。

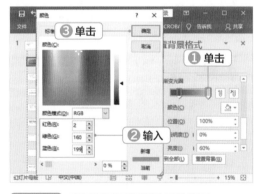

STEP 10 查看设置母版背景后的效果

关闭"设置背景格式"窗格,返回 Power Point 2019 工作界面,即可看到设置母版背景后的效果。

2. 插入图片

专业的企业演示文稿,通常都需要插入企业的 Logo 图片。在"飓风国际专用 .pptx"演示文稿中插入 Logo 图片,具体操作步骤如下。

STEP 1 复制图片

打开图片保存的文件夹,选择需要插入的图片,这里选择"Logo.png""气泡 .png""曲线 .png"3 张图片,按【Ctrl+C】组合键复制。

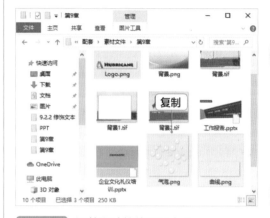

STEP 2 调整图片的位置和大小

按【Ctrl+V】组合键,将复制的图片粘贴到幻灯片中。将鼠标指针移动到图片上,按住鼠标左键不放,拖动鼠标,使图片移动到目标位置,然后释放鼠标左键,即可调整图片的位置。选择图片,将鼠标指针移动到图片四周的控制点上,按住鼠标左键不放,拖动鼠标,即可调整图片的大小。调整完成后的效果如下图所示。

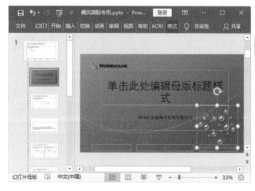

第 6 章 编辑幻灯片

组中设置占位符的文本格式为"方正大黑简体、44、白色，背景 1"。

知识补充

为什么复制的图片到幻灯片中没有背景色

普通图片复制到幻灯片中都是有背景色的，本例中复制的是透明背景的 PNG 图片，所以没有背景色。插入图片的相关知识将在第 10 章中详细讲解。

3. 设置占位符格式

一般，各张幻灯片中占位符的格式是固定的，如果要逐一更改占位符格式，既费时又费力，这时用户可以在幻灯片母版中预先设置好各占位符的位置、大小、字体和颜色等格式，使幻灯片中的占位符都自动应用该格式。在"飓风国际专用 .pptx"演示文稿中设置占位符格式，具体操作步骤如下。

STEP 1 将图片置于底层

1 选择"曲线 .png"图片；2 在【图片工具 格式】/【排列】组中单击"下移一层"按钮下方的下拉按钮；3 在下拉列表中选择"置于底层"选项。

知识补充

为什么将图片置于底层

本例中复制的图片位于占位符上方，无法直接选择占位符，因此首先需要将图片置于底层。

STEP 2 设置占位符字体格式

1 选择主标题占位符；2 在【开始】/【字体】

STEP 3 设置占位符文本对齐方式

1 在【开始】/【段落】组中，单击"对齐文本"按钮；2 在打开的列表中选择"中部对齐"按钮。

STEP 4 移动占位符并退出母版视图

1 删除副标题占位符，将主标题占位符移动到幻灯片的中间位置；2 在【幻灯片母版】/【关闭】组中，单击"关闭母版视图"按钮。

STEP 5 应用标题幻灯片版式

返回 PowerPoint 2019 工作界面，在【开始】/【幻灯片】组中，单击"版式"按钮，在打开的列表中选择"标题幻灯片"选项，应用标题幻灯片版式，效果如下图。

4. 制作母版内容幻灯片

前面制作的幻灯片可以作为演示文稿的标题页或目录页。通常在制作母版时，用户还需要设计内容幻灯片。在"飓风国际专用.pptx"演示文稿中插入并制作母版内容幻灯片，具体操作步骤如下。

STEP 1 设置背景样式

❶在【视图】/【母版视图】组中单击"幻灯片母版"按钮，进入母版视图，选择第 1 张幻灯片；❷在【幻灯片母版】/【背景】组中，单击"背景样式"按钮；❸在打开的列表中选择"设置背景格式"选项。

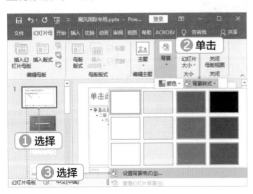

STEP 2 图片填充

❶打开"设置背景格式"窗格，单击选中"图片或纹理填充"单选项；❷在"图片源"栏中单击"插入"按钮。

STEP 3 选择图片来源

打开"插入图片"窗格，选择"来自文件"选项。

STEP 4 插入图片

❶打开"插入图片"对话框，选择"背景.png"图片文件；❷单击"插入"按钮。

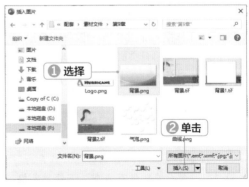

STEP 5 设置占位符字体格式

插入背景图片后，关闭"设置背景格式"窗格，将标题占位符的文本的字体格式设置为"微软

第 **6** 章
编辑幻灯片

第三部分

雅黑、40"，将正文占位符的文本的字体格式设置为"微软雅黑"。

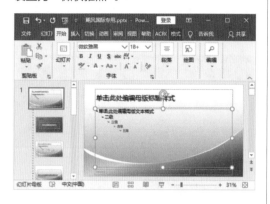

STEP 6 创建内容幻灯片

退出母版视图，按【Enter】键即可根据母版创建一张内容幻灯片。

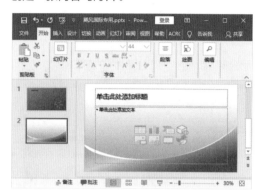

9.3.2 制作模板

模板是一张或一组幻灯片的设计方案或蓝图，其后缀名为".potx"。模板可以包含版式、主题颜色、主题字体等样式。用户可以修改模板中的内容，将其直接保存为自己的演示文稿。

微课：制作模板

1. 将演示文稿保存为模板

PowerPoint 2019 中有很多演示文稿模板，用户可以直接利用这些模板创建演示文稿。PowerPoint 2019 也支持将制作好的演示文稿保存为模板文件。将"工作报告 .pptx"演示文稿保存为模板，具体操作步骤如下。

STEP 1 更改文件类型

1 打开"工作报告 .pptx"演示文稿，单击"文件"选项卡，在打开页面左侧的导航窗格中选择"导出"选项；2 在中间的窗格中选择

知识补充

另存为模板

在演示文稿中，首先打开"另存为"对话框，然后在"保存类型"下拉列表框中选择"PowerPoint 模板（ *.potx）"选项，也可以将演示文稿保存为模板。

"更改文件类型"选项；3 在右侧的窗格中双击"模板（ *.potx）"选项。

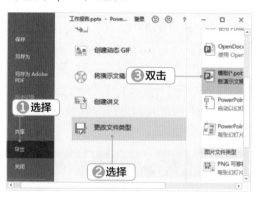

STEP 2 保存为模板

1 打开"另存为"对话框，在地址栏中选择模板文件的保存位置；2 在"文件名"下拉列表框中输入"飓风国际专用 - 工作计划 .potx"；3 单击"保存"按钮。

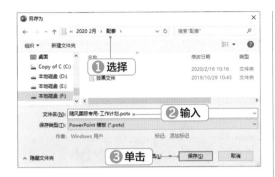

2. 应用主题颜色

PowerPoint 2019 提供的模版都有固定的配色方案，但主题样式有限，并不能完全满足演示文稿的制作需求，这时用户可通过应用主题颜色，快速解决配色问题。为"飓风国际专用 - 工作计划 .potx"模板应用主题颜色，具体操作步骤如下。

STEP 1 选择操作

在【设计】/【变体】组中单击"其他"按钮。

技巧秒杀

应用内置主题

在【设计】/【主体】组中单击"其他"按钮，在打开的列表中选择任意的内置主题选项，可为当前的演示文稿应用该内置主题。

STEP 2 选择颜色

1 在打开的列表中选择"颜色"选项；2 在打开的子列表中选择"蓝色暖调"选项。

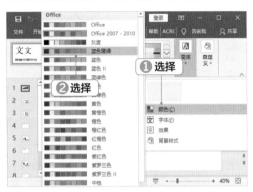

STEP 3 查看应用主题颜色后的效果

返回 PowerPoint 2019 工作界面，即可查看应用主题颜色后的效果。

3. 自定义主题字体

模板的作用就是统一幻灯片中的样式，字体格式也是其中一项，设置主题字体后，整个演示文稿的文字字体将统一。为"飓风国际专用 - 工作计划 .potx"模板自定义主题字体，具体操作步骤如下。

STEP 1 选择操作

1 在【设计】/【变体】组中单击"其他"按钮，在打开的列表中选择"字体"选项；2 在打开的子列表中选择"自定义字体"选项。

第 **6** 章　编辑幻灯片

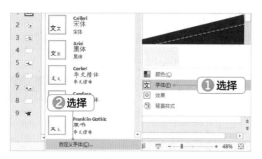

STEP 2 自定义字体

1 打开"新建主题字体"对话框，在"西文"栏的"标题字体（西文）"下拉列表框中选择"FagoExTf"选项；**2** 在"正文字体（西文）"下拉列表框中选择"微软雅黑"选项；**3** 在"中文"栏的"标题字体（中文）"下拉列表框中选择"方正正中黑简体"选项；**4** 在"正文字体（中文）"下拉列表框中选择"微软雅黑"选项；**5** 单击"保存"按钮。

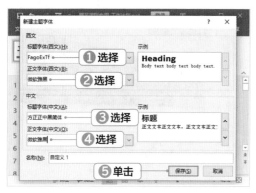

STEP 3 查看自定义主题字体后的效果

1 返回 PowerPoint 2019 工作界面，选择第4 张幻灯片，选择标题占位符，输入"规划"，可查看自定义中文字体后的效果；**2** 在该标题占位符中输入"Planning"，可查看自定义西文字体后的效果。

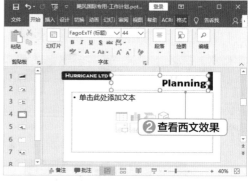

新手加油站 ——编辑幻灯片技巧

1. 快速替换演示文稿中的字体

这是一种根据现有字体进行一对一替换的方法，不会影响其他的字体对象，无论演示文稿是否使用了占位符，这种方法都可以调整字体，所以实用性更强。其方法为，在【开始】/【编辑】组中单击"替换"按钮右侧的下拉按钮，在下拉列表中选择"替换字体"选项，打开"替换字体"对话框，在"替换"和"替换为"下拉文本框中选择需要替换的字体，单击"替换"按钮即可。

2. 美化幻灯片中的文本

在演示文稿中，美化文本的作用在于增加观众阅读内容的兴趣和欲望，除了设置字体、字号、颜色和添加艺术字等方式外，还有其他一些美化文本的方法。

（1）设置文本方向

文本的方向除了横向、竖向和斜向外，还可以有更多的变化。设置文本的方向不但可以打破设计的定式思维，而且还增加了文本的动感，让文本别具魅力，达到吸引观众注意的目的。

- 竖向：竖向排列中文文本与传统习惯相符，竖向排列的文本可以增加文本页面的文化感，如果加上竖向线条修饰则更加便于观众阅读。
- 斜向：中英文文本都斜向排列，能带给观众强烈的视觉冲击力。设置斜向文本时，内容不宜过多，且配图和背景图片最好都与文本一起倾斜，让观众顺着图片把注意力集中到斜向的文本上。

- 十字交叉：十字交叉排列的文本在海报设计中比较常见，十字交叉处是抓住观众眼球焦点的位置，通常该处的文本应该是内容的重点，这一点应该特别注意。
- 错位：文本错位是美化文本的常用技巧，也在海报设计中使用得较多。错位的文本往往结合文本字号、颜色和字体类型的变化，能体现出专业性很强的效果。如果内容有很多的关键词，就可以使用错位美化文本，偶尔为关键词添加一个边框，可能会得到意想不到的精彩效果。

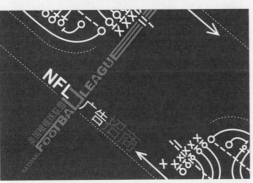 

（2）创意文字

创意文字就是根据文字的特点，将文字图形化，使文字体现出更多的想象力，比如拉长或美化文字的笔画、使用形状包围文字、采用图案挡住文字笔画等。有些设计会比较复杂，甚至需要使用 Photoshop 这样的专业图形图像处理软件来制作完整的图像，再将其插入幻灯片中。下图所示为几种简单的创意文字效果。

（3）设置标点符号

标点符号通常是文本的修饰，属于从属的角色，但通过一些简单的设置，也可以让标点符号成为强化文本表现效果的工具。例如，将标点放大到能影响视觉，就可以起到强调的作用，吸引观众的注意。名人名言或者重要的文本内容都适合使用这种方法，通常放大的标点适合"方正大黑体"或"汉真广标"字体。

3. 使用参考线排版

参考线由在初始状态下位于标尺刻度"0"位置的横纵两条虚线组成，可以帮助用户快速对齐页面中的图形、图片和文字等对象，使幻灯片的版面整齐美观。与网格不同，参考线具有吸附功能，能将靠近参考线的对象吸附对齐，用户可以根据需要添加、删除和移动参考线。在【视图】/【显示】组中单击选中"参考线"复选框，即可在幻灯片中显示参考线，下图所示为利用参考线制作的幻灯片。

利用参考线将幻灯片划分成不同的部分，统一了过渡页的版式。制作演示文稿时，只需要按照划分的部分输入内容即可，提高了制作效率。

4. 使用网格线排版

网格线是坐标轴上刻度线的延伸，穿过幻灯片区域，即在编辑区显示的用来对齐图像或文本的辅助线条。在幻灯片中单击鼠标右键，在弹出的快捷菜单中选择"网格和参考线"选项，打开"网格和参考线"对话框，在其中即可设置网格线。

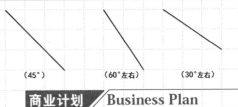

不同大小的图片结合网格线很容易对齐裁剪

上面两个形状都是由矩形编辑顶点而成的，斜边在网格角点的帮助下容易画平行

 高手竞技场 ——编辑幻灯片练习

1. 编辑"企业文化礼仪培训"演示文稿

打开"企业文化礼仪培训 .pptx"演示文稿，对其中的幻灯片进行编辑，要求如下。

 素材文件所在位置 素材文件 \ 第 9 章 \ 企业文化礼仪培训 .pptx
效果文件所在位置 效果文件 \ 第 9 章 \ 企业文化礼仪培训 .pptx

- 替换整个演示文稿的字体，输入文本。
- 为标题占位符单独设置字体，并应用艺术字效果。
- 插入文本框，并设置文本框的字体格式。
- 提炼文本内容，并设置项目符号。

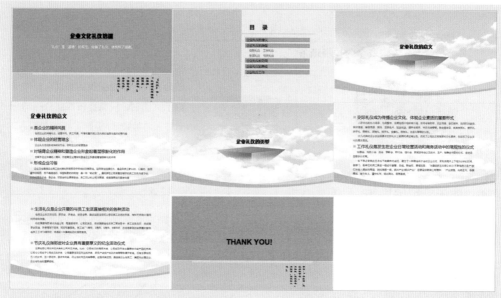

2. 制作"工程计划"演示文稿母版

新建一个"工程计划.pptx"演示文稿，利用素材图片制作母版，要求如下。

素材文件所在位置　素材文件\第9章\背景.tif、背景1.tif、背景2.tif
效果文件所在位置　效果文件\第9章\工程计划.pptx

- 将提供的素材图片设置为幻灯片母版的背景。
- 进入与退出母版视图。
- 设置母版的页脚。
- 在母版中插入版式。
- 插入和编辑母版中的占位符。

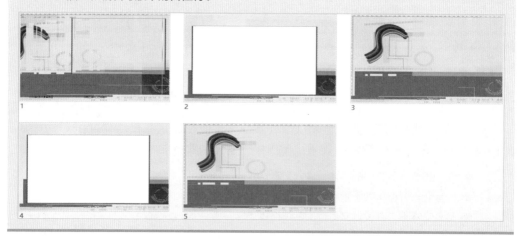

PowerPoint 应用

第 10 章

美化幻灯片

本章导读

除了文字外，幻灯片中的主要元素还包括图片、形状、表格、SmartArt 图形等。为了使制作的演示文稿更加专业、更能引起观众的兴趣，在幻灯片中添加图片、形状、表格、SmartArt 图形等对象后，用户还需要对这些对象进行设置，起到美化的作用。

10.1 制作"产品展示"演示文稿

云帆集团下属汽车销售公司需要为今年的新产品制作"产品展示"演示文稿，演示文稿中要使用大量关于汽车的图片。为了配合主题颜色，用户可以对图片的颜色进行设置，将其作为背景图片。本例主要涉及插入与编辑图片和形状，如图片的插入、裁剪、移动、颜色调整、大小调整、排列、组合、样式设置，以及形状的绘制、设置形状样式等操作，下面进行详细介绍。

素材文件所在位置 素材文件 \ 第 10 章 \ 产品展示 .pptx、汽车图片
效果文件所在位置 效果文件 \ 第 10 章 \ 产品展示 .pptx

10.1.1 插入与编辑图片

在 PowerPoint 2019 中插入与编辑图片的大部分操作与在 Word 2019 中的操作相同，但由于 PowerPoint 2019 更强调通过视觉体验吸引观众的注意，对图片更要求很高，编辑图片的操作也更加复杂和多样化。

微课：插入与编辑图片

1. 插入图片

插入图片主要是指插入计算机中保存的图片，在第 9 章中已经介绍过通过复制粘贴的方法在幻灯片中插入图片，这里介绍另一种常用的在幻灯片中插入图片的操作。在"产品展示 .pptx"演示文稿中插入图片，具体操作步骤如下。

STEP 1 插入图片
1 打开"产品展示 .pptx"演示文稿，在"幻灯片"窗格中选择第 2 张幻灯片；**2** 在【插入】/【图像】组中单击"图片"按钮。

STEP 2 选择图片
1 打开"插入图片"对话框，选择插入图片的保存路径；**2** 在打开的列表框中选择"9.jpg"图片；**3** 单击"插入"按钮。

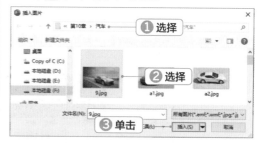

STEP 3 查看插入图片效果
返回 PowerPoint 2019 工作界面，在第 2 张幻灯片中已经插入了选择的图片。

2. 裁剪图片

裁剪图片其实是调整图片大小的一种方式，可以只显示图片中的某些部分，减少图片的显示区域。在"产品展示.pptx"演示文稿中裁剪插入的图片，具体操作步骤如下。

STEP 1 选择操作

1 选择幻灯片中插入的图片；2 在【图片工具 格式】/【大小】组中单击"裁剪"按钮，在图片四周出现 8 个黑色的裁剪点。

STEP 2 裁剪图片

将鼠标指针移动到图片上方中间的裁剪点上，按住鼠标左键，向下拖动鼠标，可以看到图片原有的上方的图像呈暗色显示。

STEP 3 显示裁剪结果

拖动鼠标到适当位置，释放鼠标左键，在图片四周仍然显示有 8 个裁剪点，可以继续裁剪图片。

STEP 4 查看裁剪效果

在幻灯片外的工作界面空白处单击鼠标，完成裁剪图片的操作。

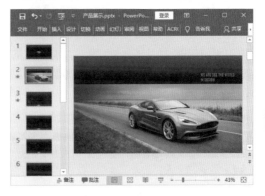

知识补充

重新调整裁剪后的图片

在 PowerPoint 2019 中，裁剪后的图片其实是完整的，选择裁剪后的图片，在【绘图工具 格式】/【大小】组中单击"裁剪"按钮，反方向拖动裁剪点，还可以恢复原来的图片。而且无论演示文稿是否进行过保存，用户都能通过裁剪操作恢复原来的图片。

3. 改变图片的叠放顺序

PowerPoint 2019 中的图片也能像 Word 2019 中的图片一样设置不同的叠放顺序。在"产品展示.pptx"演示文稿中设置图片的叠放顺序，具体操作步骤如下。

STEP 1 **移动图片**

在第 2 张幻灯片中选择插入的图片，按【↑】键，将其向上移动到合适的位置。

STEP 2 **设置图片叠放顺序**

1 在【图片工具 格式】/【排列】组中单击"下移一层"按钮，图片将在幻灯片中所有项目的叠放排列顺序中下移一层；**2** 可以看到图片左下角一个文本框已经上移到图片的上层，继续单击"下移一层"按钮。

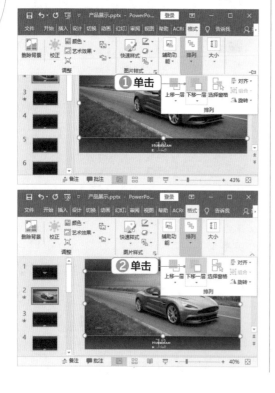

STEP 3 **查看图片下移后的效果**

继续下移图片，直到所有的文本内容都上移到图片的上层，且全部显示出来。

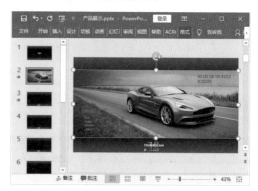

4. 调整图片的颜色和艺术效果

PowerPoint 2019 有强大的图片调整功能，可快速实现图片的颜色调整、艺术效果设置和亮度对比度调整等，使图片更加美观，这也是 PowerPoint 2019 在图像处理上比 Word 2019 更加强大的地方。在"产品展示 .pptx"演示文稿中为图片重新着色，具体操作步骤如下。

STEP 1 **复制图片**

1 在第 2 张幻灯片中选择插入的图片，单击鼠标右键；**2** 在弹出的快捷菜单中选择"复制"选项。

STEP 2 **粘贴图片**

1 选择第 3 张幻灯片；**2** 在其中单击鼠标右键；**3** 在弹出的快捷菜单的"粘贴选项"栏中选择"图片"选项。

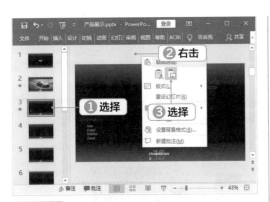

STEP 3 设置图片的叠放顺序

在【图片工具 格式】/【排列】组中单击"下移
一层"按钮，将图片叠放到文本下面。

STEP 4 调整图片颜色

1 在【图片工具 格式】/【调整】组中单击"颜
色"按钮；**2** 在打开的列表的"重新着色"栏
中选择"褐色"选项。

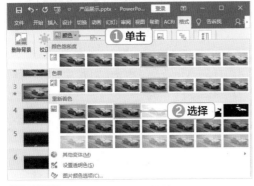

STEP 5 查看调整后图片的效果

返回 PowerPoint 2019 工作界面，即可看到第
3 张幻灯片中的图片的颜色发生了改变。

知识补充

其他图片颜色和艺术效果

在【图片工具 格式】/【调整】组中单击
"颜色"按钮，在打开的列表中还可以设置图
片的颜色饱和度、色调和透明色等，选择"图
片颜色选项"选项，还可以在 PowerPoint 2019
工作界面右侧展开"设置图片格式"窗格，对
图片的颜色进行详细的设置；单击"图片校正"
按钮，在打开的列表中可以设置图片的锐化 /
柔化、亮度 / 对比度；单击"艺术效果"按
钮，可以为图片设置多种艺术效果，如混凝
土、影印和胶片颗粒等。

5. 精确设置图片的大小

在 PowerPoint 2019 中，可以精确地设置
图片的高度与宽度。在"产品展示 .pptx"演示
文稿中精确设置图片的大小，具体操作步骤如下。

STEP 1 插入图片

1 选择第 4 张幻灯片；**2** 在【插入】/【图像】
组中单击"图片"按钮。

第 **10** 章 美化幻灯片

STEP 2 选择图片

1 打开"插入图片"对话框，选择插入图片的保存路径；2 在打开的列表框中同时选择"b1.jpg""b2.jpg""b3.jpg"3张图片；3 单击"插入"按钮。

STEP 3 设置图片高度

在【图片工具 格式】/【大小】组的"高度"数值框中输入"3.49"，按【Enter】键。

STEP 4 查看设置图片高度的效果

系统将自动按照设置的高度调整图片的大小，然后拖动图片，将3张图片放置在幻灯片的不同位置，如下图所示。

STEP 5 设置图片宽度

选择第8张幻灯片，用同样的方法在其中插入"a1.jpg~a8.jpg"8张图片，设置图片的宽度为"2.92厘米"。

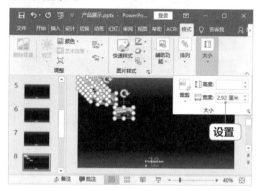

STEP 6 设置其他图片高度

用同样的方法分别为第9张、第10张、第11张幻灯片插入"c1.jpg""c2.jpg""c3.jpg"图片，设置图片的高度为"4厘米"，并移动到合适的位置。

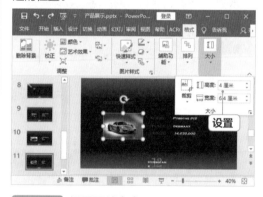

STEP 7 设置图片宽度

用同样的方法在第12张幻灯片中插入"c1.jpg""c2.jpg""c3.jpg"3张图片，设置图片的宽度为"2.92厘米"。

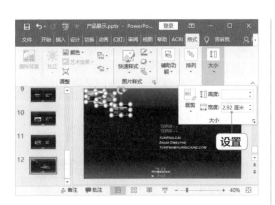

6. 排列和对齐图片

一张幻灯片中有多张图片时，将这些图片规则地放置，才能增强幻灯片的显示效果，这时就需要对这些图片进行排列和对齐。在"产品展示.pptx"演示文稿中排列和对齐图片，具体操作步骤如下。

STEP 1 设置图片对齐

1 在第 4 张幻灯片中，按住【Ctrl】键，同时选择插入的 3 张图片；**2** 在【图片工具 格式】/【排列】组中单击"对齐"按钮；**3** 在打开的列表中选择"顶端对齐"选项。

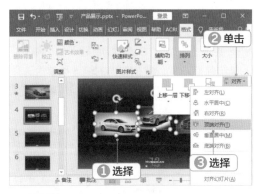

STEP 2 设置图片均匀排列

1 在【图片工具 格式】/【排列】组中单击"对齐"按钮；**2** 在打开的列表中选择"横向分布"选项。

STEP 3 查看排列和对齐图片的效果

返回 PowerPoint 2019 工作界面，幻灯片中的 3 张图片将从左到右均匀排列。 按【↓】键，将 3 张图片向下移动到合适的位置。

技巧秒杀

快速排列和对齐图片

当幻灯片中有两张以上图片时，选择一张图片并拖动到一定位置时，将自动出现多条虚线，该虚线为当前幻灯片中该图片与其他图片位置的参考线，通过它也可以将所有图片对齐，如下图所示。

第 **10** 章　美化幻灯片

STEP 4 通过鼠标拖动对齐图片

在第 8 张幻灯片中，拖动鼠标排列和对齐图片。

STEP 5 设置对齐与分布

在第 12 张幻灯片中，拖动鼠标排列和对齐图片。

7. 组合图片

　　如果一张幻灯片中有多张图片，一旦调整其中一张，可能会影响其他图片的排列和对齐。组合图片是将这些图片组合成一个整体，这样既能编辑单张图片，也能调整整个组合图片。在"产品展示 .pptx"演示文稿中组合图片，具体操作步骤如下。

STEP 1 组合图片

1选择第 4 张幻灯片；2同时选择 3 张图片；3在【图片工具 格式】/【排列】组中单击"组合"按钮；4在打开的列表中选择"组合"选项。

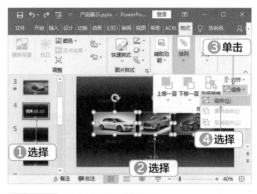

STEP 2 查看组合图片效果

返回 PowerPoint 2019 工作界面，幻灯片中的3 张图片已经组合为一个整体。

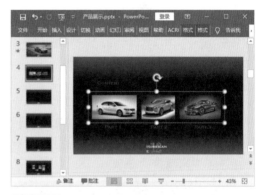

STEP 3 使用右键菜单组合图片

1在第 8 张幻灯片中选择所有图片；2在其上单击鼠标右键；3在弹出的快捷菜单中选择"组合"选项；4在打开的子菜单中选择"组合"选项。

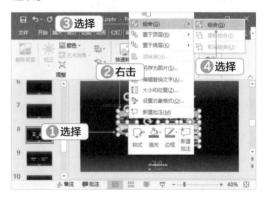

第三部分

STEP 4 使用快捷键组合图片

在第 12 张幻灯片中同时选择插入的 3 张图片，按【Ctrl+G】组合键组合图片。

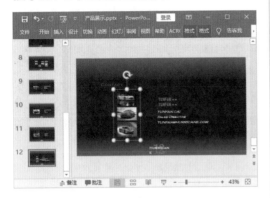

8. 设置图片样式

PowerPoint 2019 提供了多种预设的图片样式，在【图像工具 格式】/【图片样式】组的列表中进行选择即可给图片应用相应的样式。除此以外，用户还可以为图片设置特殊效果。在"产品展示.pptx"演示文稿中为图片设置边框和效果，具体操作步骤如下。

STEP 1 设置图片边框

1 选择第 4 张幻灯片的组合图片；2 在【图片工具 格式】/【图片样式】组中，单击"图片边框"按钮右侧的下拉按钮；3 在下拉列表的"主题颜色"栏中选择"白色，背景 1，深色 5%"选项。

STEP 2 设置图片效果

1 在【图片工具 格式】/【图片样式】组中单击"图片效果"按钮；2 在打开的列表中选择"阴影"选项；3 在打开的子列表的"外部"栏中选择"偏移：右下"选项。

STEP 3 查看设置图片样式的效果

返回 PowerPoint 2019 工作界面，可看到组合在一起的 3 张图片都设置了图片样式。

9. 利用格式刷复制图片样式

在制作演示文稿时，用户经常会遇到某一个形状或图片的样式与整个演示文稿的风格不符的情况。如果样式比较复杂，单独设置会浪费大量的时间，而利用格式刷则可以非常简单、迅速地将一个对象的样式复制到另一个对象中。在"产品展示.pptx"演示文稿中利用格式刷复制图片样式，具体操作步骤如下。

STEP 1 选择源图片

1 选择第 4 张幻灯片；2 选择一张图片；3 在【开始】/【剪贴板】组中双击"格式刷"按钮。

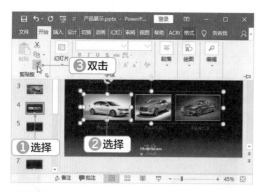

STEP 2 选择目标图片

1 选择第 8 张幻灯片；**2** 在组合图片上单击，即可为所有图片设置与源图片完全相同的图片样式。

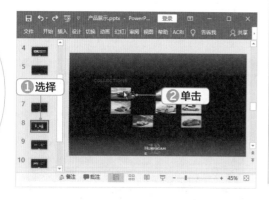

STEP 3 查看复制图片样式的效果

利用格式刷为第 9 张 ~ 第 12 张幻灯片中的图片设置样式。在【开始】/【剪贴板】组再次单击"格式刷"按钮退出格式复制状态。

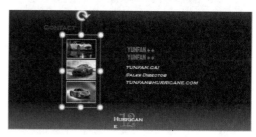

STEP 4 复制图片

将第 3 张幻灯片中的图片复制到第 4 张 ~ 第 8 张，以及第 12 张幻灯片中，并调整图片的叠放顺序。

10.1.2 绘制与编辑形状

　　演示文稿中的形状包括线条、矩形、箭头、流程图、标注和星与旗帜等，这些形状通常作为项目元素在 SmartArt 图形中使用。但在很多专业的商务演示文稿中，用户利用不同的组合，往往能制作出与众不同的形状，吸引观众的注意。

微课：绘制与编辑形状

1. 绘制形状

　　用户在 PowerPoint 2019 中选择需要绘制的形状后，拖动鼠标即可绘制该形状。在"产品展示 .pptx"演示文稿中绘制直线和矩形，具体操作步骤如下。

STEP 1 选择形状

1 选择第 1 张幻灯片，在【插入】/【插图】组中，单击"形状"按钮；**2** 在打开的列表的"线条"栏中选择"直线"选项。

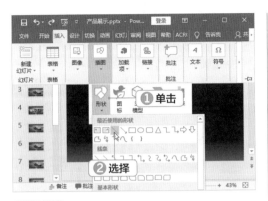

STEP 2 绘制直线

在幻灯片中按住【Shift】键,同时按住鼠标左键,从左向右拖动鼠标绘制直线,释放鼠标左键后可以完成直线的绘制。

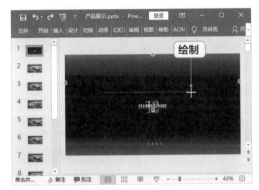

STEP 3 选择形状

1 选择第 4 张幻灯片;2 在【插入】/【插图】组中单击"形状"按钮;3 在打开的列表的"矩形"栏中选择"矩形"选项。

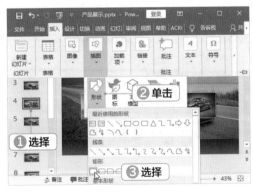

技巧秒杀

绘制规则的形状

在绘制形状时,如果要从中心开始绘制形状,则按住【Ctrl】键的同时按住鼠标左键,拖动鼠标;如果要绘制正方形和圆,则按住【Shift】键的同时按住鼠标左键,拖动鼠标。

STEP 4 绘制矩形

1 在幻灯片中拖动鼠标绘制矩形;2 在【绘图工具 格式】/【排列】组中单击"下移一层"按钮,调整矩形的叠放顺序。

STEP 5 继续绘制矩形

1 选择第 8 张幻灯片;2 用同样的方法在幻灯片中拖动鼠标绘制矩形;3 并将绘制的矩形复制 3 个,放置到幻灯片中的其他位置。

STEP 6 完成矩形的绘制

选择第 9 张幻灯片,在其中绘制 3 个矩形,并调整图片的叠放顺序。

第 **10** 章 美化幻灯片

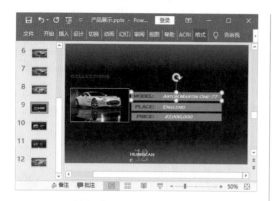

2. 设置形状轮廓

形状轮廓是指形状的外边框，设置形状轮廓包括设置其颜色、宽度及线型等。在"产品展示.pptx"演示文稿中为绘制的形状设置轮廓，具体操作步骤如下。

STEP 1 取消显示轮廓

1️⃣选择第 4 张幻灯片；2️⃣在幻灯片中选择绘制的矩形；3️⃣在【绘图工具 格式】/【形状样式】组中单击"形状轮廓"按钮右侧的下拉按钮；4️⃣在下拉列表中选择"无轮廓"选项。

STEP 2 设置轮廓颜色

1️⃣选择第 8 张幻灯片；2️⃣按住【Shift】键，同时选择绘制的 4 个矩形；3️⃣在【绘图工具 格式】/【形状样式】组中单击"形状轮廓"按钮右侧的下拉按钮；4️⃣在下拉列表的"主题颜色"栏中选择"白色，背景 1，深色 5%"选项。

STEP 3 设置轮廓线条粗细

1️⃣在【绘图工具 格式】/【形状样式】组中单击"形状轮廓"按钮右侧的下拉按钮；2️⃣在下拉列表中选择"粗细"选项；3️⃣在打开的子列表中选择"0.25 磅"选项。

STEP 4 设置其他形状的轮廓

使用相同的方法，将第 9 张幻灯片中的 3 个矩形的轮廓颜色设置为"白色，背景 1，深色 5%"，轮廓线条粗细设置为"0.25 磅"。

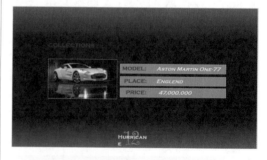

3. 设置形状填充

设置形状填充时可调整形状内部的填充颜

色或效果，将其设置为纯色、渐变色、图片或纹理等，相关操作与在 Word 2019 中的操作相似。在"产品展示 .pptx"演示文稿中为绘制的形状设置形状填充，具体操作步骤如下。

STEP 1　设置填充颜色

❶选择第 4 张幻灯片；❷在幻灯片中选择绘制的矩形；❸在【绘图工具 格式】/【形状样式】组中单击"形状填充"按钮右侧的下拉按钮；❹在下拉列表的"主题颜色"栏中选择"白色，背景 1"选项。

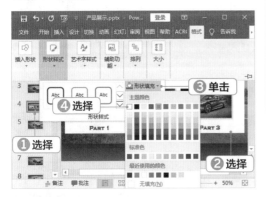

STEP 2　设置其他填充颜色

❶在【绘图工具 格式】/【形状样式】组中，单击"形状填充"按钮右侧的下拉按钮；❷在下拉列表中选择"其他填充颜色"选项。

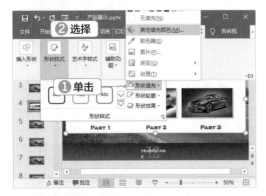

STEP 3　设置颜色透明度

❶打开"颜色"对话框，在"标准"选项卡的"透明度"数值框中输入"50%"；❷单击"确定"按钮。

STEP 4　复制并叠放形状

将该形状复制到第 5 张～第 12 张幻灯片中，并微调图片位置和设置叠放顺序。

STEP 5　设置其他填充颜色

❶选择第 8 张幻灯片；❷按住【Shift】键，同时选择绘制的 4 个矩形；❸在【绘图工具 格式】/【形状样式】组中单击"形状填充"按钮右侧的下拉按钮；❹在下拉列表中选择"其他填充颜色"选项。

第 **10** 章　美化幻灯片

235

STEP 6 自定义填充颜色

1 打开"颜色"对话框，在"自定义"选项卡的"红色""绿色""蓝色"数值框中分别输入"118""0""0"；**2** 单击"确定"按钮。

STEP 7 查看设置形状填充后的效果

返回 PowerPoint 2019 工作界面，可查看第 8 张幻灯片中设置形状填充后的效果。

STEP 8 完成形状填充设置

使用相同的方法，为第 9 张幻灯片中的 3 个形状设置形状填充，填充颜色为"黑色，文字 1，淡色 50%"，透明度为"50%"。

4. 设置形状效果

形状效果包括阴影、映像、发光、柔化边缘、棱台及三维旋转等，设置形状效果与设置图片效果相似。在"产品展示 .pptx"演示文稿中设置形状效果，具体操作步骤如下。

STEP 1 设置阴影效果

1 选择第 8 张幻灯片；**2** 按住【Shift】键，同时选择绘制的 4 个矩形；**3** 在【绘图工具 格式】/【形状样式】组中单击"形状效果"按钮；**4** 在打开的列表中选择"阴影"选项；**5** 在打开的子列表的"外部"栏中选择"偏移：右下"选项。

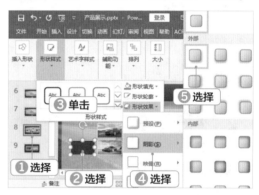

STEP 2 继续设置阴影效果

1 选择第 9 张幻灯片的 3 个矩形，在【绘图工具 格式】/【形状样式】组中单击"形状效果"按钮；**2** 在打开的列表中选择"阴影"选项；**3** 在打开的子列表的"外部"栏中选择"偏移：右下"选项。

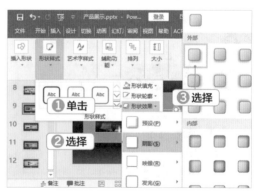

STEP 3 复制形状

将第 9 张幻灯片中的 3 个矩形复制到第 10 张和第 11 张幻灯片中，并调整叠放顺序。

知识补充

"设置形状格式"窗格

在形状上单击鼠标右键，在弹出的快捷菜单中选择"设置形状格式"选项，可打开"设置形状格式"窗格，在其中可快速进行形状填充、形状轮廓和形状效果的设置。

5. 设置线条格式

在 PowerPoint 2019 中，用户除了可以对线条进行简单的设置外，还可以进行很多美化，包括设置线条的形状轮廓、效果和格式等。在"产品展示.pptx"演示文稿中设置线条的颜色、轮廓和效果，具体操作步骤如下。

STEP 1 设置主题颜色

1 选择第 1 张幻灯片，在幻灯片中选择绘制的直线；2 在【绘图工具 格式】/【形状样式】组中单击"形状轮廓"按钮右侧的下拉按钮；3 在下拉列表的"主题颜色"栏中选择"白色，背景 1"选项。

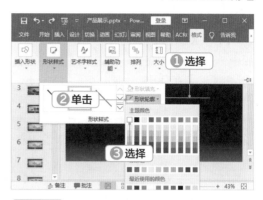

STEP 2 设置线条粗细

1 在【绘图工具 格式】/【形状样式】组中单击"形状轮廓"按钮右侧的下拉按钮；2 在下拉列表中选择"粗细"选项；3 在打开的子列表中选择"6 磅"选项。

STEP 3 打开"设置形状格式"窗格

1 在选择的直线上单击鼠标右键；2 在弹出的快捷菜单中选择"设置形状格式"选项。

STEP 4 设置渐变方向

1 打开"设置形状格式"窗格，在"线条"栏中单击选中"渐变线"单选项；**2** 单击"方向"按钮；**3** 在打开的列表中选择"线性向右"选项。

STEP 5 设置渐变线左侧部分的透明度

1 在"渐变光圈"栏中单击"停止点 1"滑块；**2** 在"透明度"数值框中输入"100%"。

STEP 6 设置渐变线的中间部分

1 选择中间的一个滑块，按【Delete】键将其删除，单击中间的另外一个滑块；**2** 在"位置"数值框中输入"50%"；**3** 单击"颜色"按钮；**4** 在打开的列表的"主题颜色"栏中选择"白色，背景 1"选项。

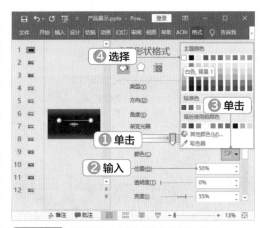

STEP 7 设置渐变线右侧部分的透明度

1 在"渐变光圈"栏中单击"停止点 3"滑块；**2** 在"透明度"数值框中输入"100%"。

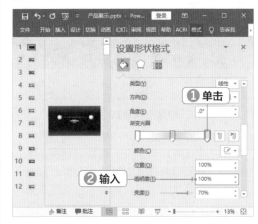

STEP 8 复制直线

关闭"设置形状格式"窗格，复制一个同样的直线形状，将两个直线形状左右居中对齐，并放置到文本的上下两侧。

10.2 制作"分销商大会"演示文稿

云帆集团今年要召开分销商大会，目的是总结近年来的工作经验，增进与分销商的关系，团结分销商的力量，为未来的发展奠定坚实的基础。因此集团公关部门需要为本次分销商大会以"未来，是团结的力量！"为主题，制作主题演示文稿。本例主要涉及在幻灯片中插入、编辑和美化表格和 SmartArt 图形等操作。

素材文件所在位置 素材文件 \ 第 10 章 \ 分销商大会 .pptx
效果文件所在位置 效果文件 \ 第 10 章 \ 分销商大会 .pptx

10.2.1 插入、编辑和美化表格

表格是演示文稿中非常重要的一种数据展示工具，用好表格是提升演示文稿设计质量和效率的最佳途径之一。下面介绍在标题幻灯片中插入、编辑和美化表格的相关操作。

微课：插入、编辑和美化表格

1. 插入表格

PowerPoint 2019 中表格的各种操作与 Word 2019 中的操作相似，可以通过直接绘制，或者设置表格行列数的方式插入表格。在"分销商大会 .pptx"演示文稿中插入表格，具体操作步骤如下。

STEP 1 **插入表格**

❶ 在【插入】/【表格】组中单击"表格"按钮；
❷ 在打开的"插入表格"列表中拖动鼠标选择插入的行数和列数，这里选择"10×5"表格。

STEP 2 **调整表格的大小**

将鼠标指针移动到表格四周的控制点处，按住鼠标左键，拖动鼠标，调整表格的大小。

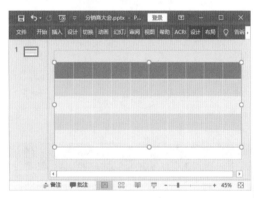

2. 设置表格背景

表格的颜色和背景都会影响幻灯片的整体效果，因此在输入完表格内容后，用户还需要对表格进行美化，使幻灯片更加美观。在"分销商大会 .pptx"演示文稿中为表格设置图片背景，具体操作步骤如下。

STEP 1 选择表格

1 在【表格工具 设计】/【表格样式】组中单击"底纹"按钮右侧的下拉按钮；2 在下拉列表中选择"表格背景"选项；3 在打开的子列表中选择"图片"选项。

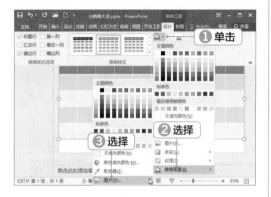

知识补充

设置表格背景与设置表格底纹的区别

设置表格背景和设置表格底纹是两种完全不同的操作，设置表格背景是将图片或其他颜色完全铺垫在表格的底部，包括边框在内；而设置表格底纹则是将图片或其他颜色分别铺垫在表格的所有单元格内，不包括边框。本例中单击"底纹"按钮右侧的下拉按钮，在下拉列表中选择"图片"选项，则直接为表格设置图片底纹，如下图所示。

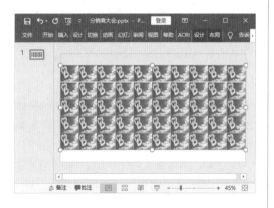

STEP 2 插入图片

打开"插入图片"窗格，在其中选择"来自文件"选项。

STEP 3 选择插入的图片

1 打开"插入图片"对话框，选择插入图片的保存路径；2 在打开的列表框中选择"背景.jpg"图片；3 单击"插入"按钮。

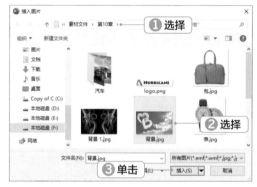

知识补充

为什么插入图片后并没有显示出来

通常通过"插入表格"列表插入的表格都已经自带了表格样式或底纹，如果为表格设置表格背景，无论是图片还是其他填充颜色，通常都无法显示出来。这时，需要将表格的底纹设置为"无填充"，才能显示出设置的表格背景。

STEP 4 显示表格背景

1 继续在【表格工具 设计】/【表格样式】组中单击"底纹"按钮右侧的下拉按钮；2 在下拉列表中选择"无填充"选项，这时可以看到表格背景已经变成了插入的图片。

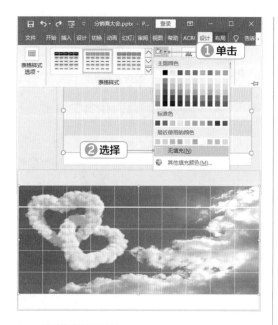

3. 设置表格边框

设置表格的边框可以使表格的轮廓更加明显，也可以使表格看起来更加专业。在"分销商大会 .pptx"演示文稿中设置表格的边框，具体操作步骤如下。

STEP 1　设置边框颜色

1 在幻灯片中选择插入的表格；2 在【表格工具 设计】/【绘制边框】组中单击"笔颜色"按钮；3 在打开的列表的"主题颜色"栏中选择"白色，背景 1"选项。

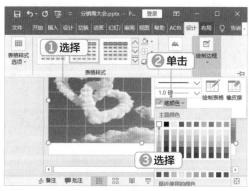

STEP 2　设置边框线的粗细

1 在【表格工具 设计】/【绘制边框】组中单击"笔画粗细"列表框右侧的下拉按钮；2 在下拉列表中选择"2.25 磅"选项。

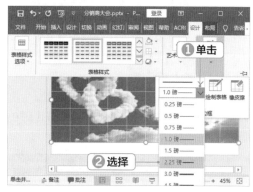

STEP 3　选择应用的边框线

1 在【表格工具 设计】/【表格样式】组中单击"无框线"按钮右侧的下拉按钮；2 在下拉列表中选择"所有框线"选项。

STEP 4　查看设置表格边框后的效果

返回 PowerPoint 2019 工作界面，即可看到该表格的所有框线应用了设置的颜色和粗细后的效果。

第一章　美化幻灯片

241

4. 编辑表格

表格的编辑操作与在 Word 2019 中的操作基本相同。在"分销商大会 .pptx"演示文稿中合并单元格、设置单元格底纹和设置单元格中文本的格式，具体操作步骤如下。

STEP 1 合并单元格

1 在幻灯片中选择表格中第 4 行右侧的 5 个单元格；**2** 在【表格工具 布局】/【合并】组中单击"合并单元格"按钮。

STEP 2 设置单元格底纹

1 在合并的单元格中双击定位光标；**2** 在【表格工具 设计】/【表格样式】组中单击"底纹"按钮右侧的下拉按钮；**3** 在下拉列表中选择"其他填充颜色"选项。

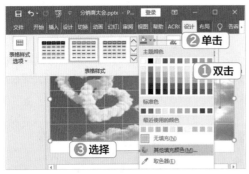

STEP 3 自定义填充颜色

1 打开"颜色"对话框，单击"自定义"选项卡；**2** 在"红色""绿色""蓝色"数值框中分别输入"255""0""100"；**3** 单击"确定"按钮。

STEP 4 设置文本格式

1 在合并的单元格中输入文本；**2** 设置文本格式为"方正综艺简体、白色，背景 1"，"未来"文本的字号为"40"，"，需要团结的力量！"文本的字号为"32"。

STEP 5 设置文本底端对齐

1 选择所有文本，在【开始】/【段落】组中单击"对齐文本"按钮；**2** 在打开的列表中选择"底端对齐"选项。

STEP 6 插入文本框

1 在【插入】/【文本】组中单击"文本框"按钮下方的下拉按钮；**2** 在下拉列表中选择"绘制横排文本框"选项。

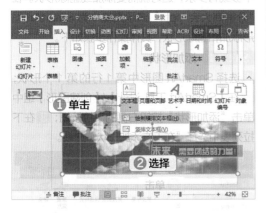

STEP 7 输入文本

1 在表格右下侧按住鼠标左键创建横排文本框，输入文本；**2** 设置文本格式为"微软雅黑、18"。

10.2.2　插入和编辑 SmartArt 图形

在演示文稿中插入 SmartArt 图形，可以说明一种层次关系、一个循环过程或一个操作流程等，它使幻灯片所表达的内容更加突出，也更加生动。下面讲解在演示文稿中插入和编辑 SmartArt 图形的相关操作。

微课：插入和编辑 SmartArt 图形

1. 插入 SmartArt 图形

在 Power Point 2019 中 插 入 与 编 辑 SmartArt 图形的操作与在 Word 2019 中的操作基本相同。在"分销商大会 .pptx"演示文稿中插入 SmartArt 图形，具体操作步骤如下。

STEP 1 新建幻灯片并输入文本

1 选择"幻灯片"窗格中的第 1 张幻灯片，按【Enter】键新建一张幻灯片；**2** 删除内容占位符，在标题占位符中输入"分销商组织结构图"；**3** 设置文本格式为"方正粗宋简体、24、左对齐"。

知识补充

快速新建相同的幻灯片

在"幻灯片"窗格中选择幻灯片后，按【Ctrl+D】键，可以新建与所选幻灯片相同的幻灯片。

STEP 2 插入 SmartArt 图形

在【插入】/【插图】组中单击"SmartArt"按钮。

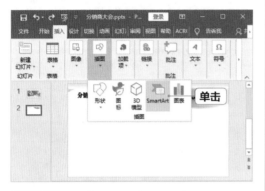

STEP 3 选择 SmartArt 图形类型

1 打开"选择 SmartArt 图形"对话框，在左侧的窗格中单击"层次结构"选项卡；2 在中间的窗格中选择"标记的层次结构"选项；3 单击"确定"按钮。

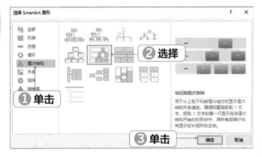

STEP 4 调整 SmartArt 图形的位置和大小

在幻灯片中拖动 SmartArt 图形，调整其位置，并通过四周的控制点调整 SmartArt 图形的大小。

2. 添加和删除形状

在默认情况下，创建的 SmartArt 图形中的形状数量是固定的。而在实际制作时，形状可能不够或有多余，这时就需要添加或删除形状。在"分销商大会 .pptx"演示文稿中为 SmartArt 图形添加和删除形状，具体操作步骤如下。

STEP 1 添加形状

1 选择 SmartArt 图形中第 1 行的第 1 个形状；2 在【SmartArt 工具 设计】/【创建图形】组中单击"添加形状"按钮右侧的下拉按钮；3 在下拉列表中选择"在下方添加形状"选项。

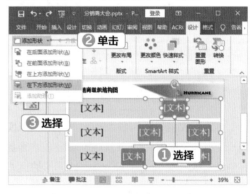

知识补充

添加形状

单击"添加形状"按钮右侧的下拉按钮，在下拉列表中各个选项的功能如下："在后面添加形状""在前面添加形状"表示在所选形状的同一级别中，在该形状后面 / 前面插入一个形状；"在上方添加形状"表示在所选形状的上一级别插入一个形状，此时新形状将占据所选形状的位置，而所选形状及其下的所有形状均降一级；"在下方添加形状"表示要在所选形状的下一级别插入一个形状，此时新形状将添加在同级别其他形状的结尾处；"添加助理"表示在所选形状与下一级之间插入一个形状，此选项仅在"组织结构图"布局中可见。另外，单击"添加形状"按钮，将在该形状后面插入一个形状，效果与选择"在后面添加形状"选项相同。

STEP 2 删除形状

同时选择 SmartArt 图形第 3 行中的第 1 个和第 2 个形状，按【Delete】键将其删除。

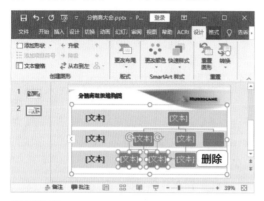

STEP 3 继续添加形状

1 选 择 第 3 行 剩 下 的 一 个 形 状；**2** 在【SmartArt 工具 设计】/【创建图形】组中连续单击 5 次"添加形状"按钮。

STEP 4 查看添加形状后的效果

返 回 PowerPoint 2019 工 作 界 面，看 到 在 SmartArt 图形的第 3 行中添加了 5 个形状。

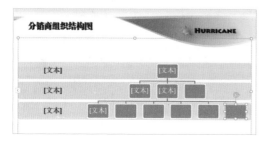

3. 在图形中输入文本

插入到幻灯片中的 SmartArt 图形都不包含文本，用户可以在各形状中输入文本。在"分销商大会 .pptx"演示文稿中通过两种不同的方法输入文本，具体操作步骤如下。

STEP 1 直接输入文本

在 SmartArt 图形中显示了"[文本]"字样的形状中单击，并分别输入"平鼎集团""佳佳有限公司"和"乐美有限公司"。

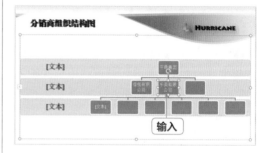

知识补充

为什么文字会自动变大变小

调整 SmartArt 图形或形状大小，形状中的文字都会自动改变大小以适应其形状。

STEP 2 利用右键菜单输入文本

1 在第 2 行的第 3 个形状上单击鼠标右键；**2** 在弹出的快捷菜单中选择"编辑文字"选项。

第**10**章 美化幻灯片

STEP 3 输入文本

在选择的形状中输入"顶云有限公司"。

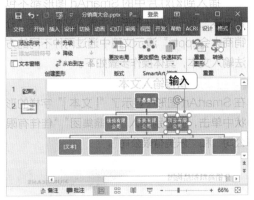

STEP 4 输入其他文本

使用相同的方法在第 3 行的形状中依次输入"锦华店""六翼店""丽都店""福路店""高新店""聚美店"。

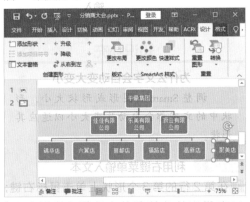

STEP 5 设置文本格式

■ 选择 SmartArt 图形；② 设置文本格式为"微软雅黑、加粗、黑色，文字 1"。

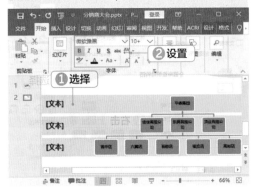

技巧秒杀

通过文本窗格输入文本

在【SmartArt 工具 设计】/【创建图形】组中单击"文本窗格"按钮，可在打开的文本窗格中快速输入 SmartArt 图形中的文本。

4. 设置形状的大小

对于插入到幻灯片中的 SmartArt 图形，用户还能够设置其各个形状的大小。在"分销商大会 .pptx"演示文稿中设置 SmartArt 图形形状的大小，具体操作步骤如下。

STEP 1 输入文本

依次在 SmartArt 图形的 3 个行矩形上单击，分别输入"一级分销商""二级分销商""三级分销商"。

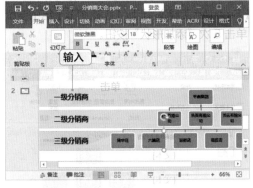

STEP 2 设置形状的高度

■ 同时选择这 3 个行矩形；② 在【SmartArt 工具 格式】/【大小】组的"高度"数值框中输入"3 厘米"，按【Enter】键确认输入。

STEP 3 继续调整形状大小

1 同时选择 SmartArt 图形的其他形状；2 在【SmartArt 工具 格式】/【大小】组的"高度"数值框中输入"2.7 厘米"。

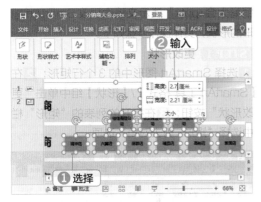

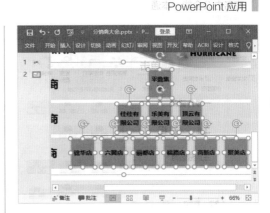

STEP 4 查看设置形状大小后的效果

返回 PowerPoint 2019 工作界面，即可查看设置 SmartArt 图形的形状大小后的效果。

技巧秒杀

恢复原始形状

在更改了形状后，如果希望恢复原始形状，可在新形状上单击鼠标右键，在弹出的快捷菜单中选择"重设形状"选项，将撤销对形状进行的所有格式更改。

10.2.3 美化 SmartArt 图形

创建 SmartArt 图形后，其外观样式和字体格式都保持默认设置，用户可以根据实际需要对其进行各种设置，使 SmartArt 图形更加美观。美化 SmartArt 图形的操作包括设置颜色、样式、形状和艺术字等。

微课：美化 SmartArt 图形

1. 设置形状样式

用户可以对 SmartArt 图形中的形状进行填充颜色、边框样式及形状效果的设置，操作方法与在 Word 2019 中设置 SmartArt 图形的形状样式的方法一致。在"分销商大会 .pptx"演示文稿中设置 SmartArt 图形的样式，具体操作步骤如下。

STEP 1 更改颜色

1 选择幻灯片中的 SmartArt 图形；2 在【SmartArt 工具 设计】/【SmartArt 样式】组中单击"更改颜色"按钮；3 在打开的列表的"个性色 3"栏中选择"渐变循环 – 个性色 3"选项。

STEP 2 应用样式

1 在【SmartArt 工具 设计】/【SmartArt 样式】组中单击"快速样式"按钮；2 在打开的列表的"文档的最佳匹配对象"栏中选择"中等效果"选项。

STEP 3 查看应用样式后的效果

返回 PowerPoint 2019 工作界面，即可查看 SmartArt 图形应用样式后的效果。

技巧秒杀

更改SmartArt图形的布局

在【SmartArt 工具 设计】/【版式】组中单击"更改布局"按钮，在打开的列表框中选择对应选项，可将美化后的 SmartArt 图形替换为"层次结构"下的其他 SmartArt 图形类型，格式设置将被保留，如下图所示。

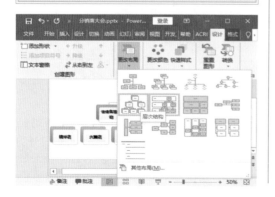

2. 更改形状

如果对 SmartArt 图形中的默认形状不满意，希望突出显示其中的某些形状，用户可更改 SmartArt 图形中的一个或多个形状。在"分销商大会 .pptx"演示文稿中更改 SmartArt 图形的形状，具体操作步骤如下。

STEP 1 更改形状

1 选择 SmartArt 图形中的 3 个行矩形；2 在【SmartArt 工具 格式】/【形状】组中单击"更改形状"按钮；3 在打开的列表的"矩形"栏中选择"矩形：剪去对角"选项。

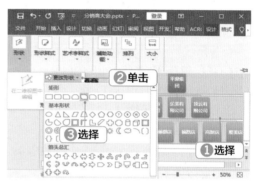

STEP 2 设置艺术字颜色

1 选择 SmartArt 图形；2 在【SmartArt 工具 格式】/【艺术字样式】组中单击"文本填充"按钮右侧的下拉按钮；3 在下拉列表的"主题颜色"栏中选择"白色，背景 1"选项。

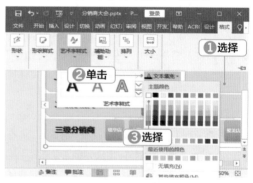

STEP 3 查看更改形状后的效果

返回 PowerPoint 2019 工作界面，即可查看更改 SmartArt 图形形状后的效果。

 新手加油站——美化幻灯片技巧

1. 删除图片背景

在制作演示文稿的过程中，图片与背景的搭配非常重要，有时候为了使图片与背景更搭配，需要删除图片的背景。Photoshop 等专业图像处理软件可以删除图片的背景，PowerPoint 2019 也有删除图片背景的功能。

使用 PowerPoint 2019 删除背景的具体操作方法如下：在幻灯片中选择需去除背景的图片，在【图片工具 格式】/【调整】组中单击"删除背景"按钮，图片的背景将变为紫红色，拖动鼠标调整控制框的大小，然后在【背景消除】/【优化】组中，单击"标记要保留的区域"按钮或者"标记要删除的区域"按钮，在图片对应的区域单击，然后在幻灯片空白区域单击，或者在【背景消除】/【关闭】组中单击"保留更改"按钮，即可看到图片的背景已删除。

通常只有背景和图像内容都比较简单，图像颜色和背景颜色有较大差别的图片使用 PowerPoint 2019 删除背景才能得到较好的效果。除此以外，如果图片的背景是一种颜色，则可以使用以下操作进行删除：选择图片，在【图片工具 格式】/【调整】组中单击"颜色"

按钮，在打开的列表中选择"设置透明色"选项，然后将鼠标指针移至图片的纯色背景上，此时鼠标指针变为 形状，单击鼠标左键即可。

2. 将图片裁剪为形状

为了能让插入到演示文稿中的图片更好地配合内容演示，有时需要改变图片的形状。用户遇到这种情况时，除了使用 Photoshop 等专业图像处理软件对图片进行修改外，也可以使用 PowerPoint 2019 中的裁剪功能。

将图片裁剪为不同形状的具体操作方法如下：选择幻灯片中的图片，在【图片工具 格式】/【大小】组中，单击"裁剪"按钮的下拉按钮，在下拉列表中选择"裁剪为形状"选项，在打开的子列表中选择需裁剪的形状样式，此时选择的图片将显示为选择的形状样式，拖动图片边框调整图片，即可完成将图片裁剪为形状的操作。

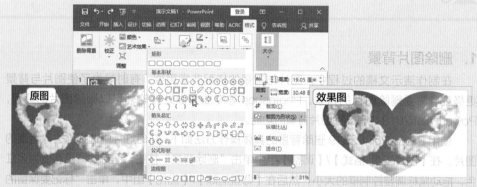

3. 快速替换图片

这个技巧非常实用，因为在制作演示文稿时，用户经常会将以前制作好的演示文稿作为模板，修改文字和替换图片就能制作出新的演示文稿。但在替换图片的过程中，有些编辑得非常精美的图片在替换图片后并不一定可以得到同样的效果，这时就可以通过快速替换图片的方法替换图片，在替换图片的同时，让图片的质感、样式和位置都与原图片保持一致。

快速替换图片的具体操作方法如下：在幻灯片中选择需要替换的图片，在【图片工具 格式】/【调整】组中单击"更改图片"按钮，或者在该图片上单击鼠标右键，在弹出的快捷菜单中选择"更改图片"选项，在打开的列表框中选择"来自文件"选项，打开"插入图片"对话框，选择替换的图片，单击"插入"按钮即可。下图所示为快速替换图片的前后效果对比，其图片样式都是映像圆角矩形，位置和大小也都没有发生变化。

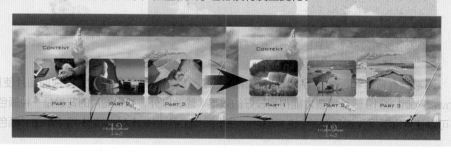

4. 遮挡图片

遮挡图片类似于裁剪图片，遮挡图片和裁剪图片都只保留图片的一部分内容，不同的是遮挡图片是利用形状来替换图片的一部分内容。这些形状可以是矩形、三角形、曲线或其他形状，甚至是另一张图片。遮挡图片经常被运用在广告、公司介绍等类型的演示文稿中。使用形状遮挡图片后，通常需要在形状上添加一定的文字，对图片所表达的内容进行解释和说明。其中形状的单一颜色通常能集中观众的注意力，起到很好的强调作用，遮挡图片后幻灯片中的背景和文字会形成强烈的对比。下面为一张具有遮挡效果的图片。

使用了变换形状＋渐变填充透明颜色的方法遮挡了部分背景图片，不对称的内容让主题文本和公司 Logo 更加突出，让人过目不忘

5. 设计创意形状

对于普通用户，仅使用 PowerPoint 2019 提供的形状就已经能够满足制作演示文稿的需要，但对于商务用户，还需要学习一些形状的变形和创意，设计更加精美的形状来增加演示文稿的吸引力。下面介绍 3 种比较常见的形状创意设计方式。

● 变换形状：变换形状包括改变形状的高度或长度、旋转角度、调整顶点，甚至更改形状的样式等。从设计的角度来看，使用的形状最好不要大小不一，否则容易使幻灯片看起来内容复杂，分散观众的注意力。下图中的形状虽然长度不一，但高度、间距等都是相同的，其不对称的设计反而更能抓住观众的视线。

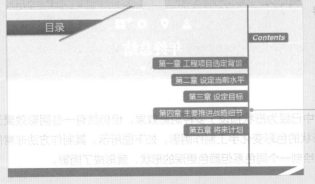

利用形状的顶点变换、长度变换制作出非常漂亮的幻灯片

● 形状阵列：形状阵列就是将文本和图片等内容，通过大小不同的相同形状进行排列的一种形状设计方式，如 Windows 10 操作系统的界面样式就是一种形状阵列，如下图所示，在制作演示文稿时也可以利用这种形状设计方式。

矩形形状阵列将需要展示的
内容按照重要程度进行排列，
方便用户将注意力集中在主
要内容上

● 利用形状划分版块：在演示文稿的制作过程中，用户可以使用形状作为幻灯片的背景，通过不同形状来划分演示文稿的内容区域。

利用一个五边形将幻灯片划
分为两个版块，非常清楚地
展示出公司的名称和理念

利用五边形、矩形和线条将
幻灯片分为两个版块，非常
鲜明地指出演示文稿的内容
和日期

6. 设置手工阴影

虽然 PowerPoint 2019 中已经为形状预设了多种阴影效果，但仍然有一些阴影效果无法实现，这时用户可以利用形状的色彩变化手工制作阴影，如下图所示。其制作方法非常简单，就是在目标形状的周围再绘制一个同色系但颜色更深的形状，就形成了阴影。

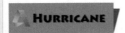

深色三角形阴影

深色矩形排列到底层

一般可以在形状填充列表的
"主题颜色"栏中设置同色
系的深色颜色

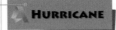

深色矩形排列到底层
并旋转角度

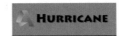

深色矩形编辑顶点

7. 设置单色渐变

在形状中填充渐变色可以使形状富有层次感，特别是使用单一颜色设置的渐变背景，在现在的广告和演示文稿设计中非常常见。其方法是在幻灯片中绘制一个矩形，然后填充渐变单色。

渐变色为射线的中心辐射，
停止点 1 的颜色比停止点 2
浅，制作出具有商务风格的
幻灯片背景

同样的渐变色形状，不同的
文本位置和设置，制作出现
代感极强的幻灯片

8. 设置曲线形状

在演示文稿中，用户可以使用曲线形状作为幻灯片的页面背景或修饰，以增加演示文稿的生动性，使演示文稿具有更强的设计感，增加更多的商业效果。下图所示为使用曲线形状作为背景制作的幻灯片。

幻灯片的背景包括 3 个分别设置了不同渐变色的形状，该形状为"流程图：文档"，通过编辑顶点改变了底部曲线的样式

9. 表格排版

表格的样式组成要素很多，包括长宽、边线、空行、底纹和方向等，用户改变这些要素可以创造出不同的表格版式，从而达到美化表格的目的。而在商务演示文稿的制作中，用户通常都需要根据客户的要求制作出不同版式的表格。下面就介绍几种商务演示文稿中常用的表格排版方式。

● 全屏排版：表格的长宽与幻灯片的大小完全一致。

飓风国际员工退休金发放待遇缴费年限规定

2020年最新规定			
退休金发放年限	公司工作年限	累计缴纳社保年限	享受待遇
2015	21	11	
2016	22	12	
2017	23	13	全额退休金＋基本医疗保险＋重大疾病保险（50万由公司
2018	24	14	代买）＋0.01公司股份
2019	25	15	
2020	26	16	

欠款员工退休时不满缴费年限者，需继续缴费至规定年限；
享受待遇不包括公司股份和重大疾病保险；
如果工作年限没有达标的，退休金将减少80%，且不享受公司股份和重大疾病保险

观看左侧的幻灯片时，表格的底纹和线条刚好成为阅读的引导线，比普通表格更能吸引观众的注意力

● 开放式排版：开放式就是擦除表格的外侧框线和内部的竖线或横线，使表格由单元格组合变成行列组合。

右图的表格排版会让观众自动沿线条进行观看，由于没有边框，观看时就没有停顿，连续性很强

云帆国际2020成果展示

重要业绩与获得的荣誉和奖项	
完成对美国IBC的重要收购	世界品牌前10强
完成欧洲央行中心投标	推动国家经济影响民众生活的10个品牌
成为欧盟商务战略合作伙伴	国家资产信息化示范企业
成为欧姆斯全球商务战略合作伙伴	国家十佳民族企业
完成全年预算任务，并超过27.5%	全球十佳人文精神企业
公司市值上升到全球第5	

● 竖排式排版：利用与垂直文本框相同的排版方式排版表格。

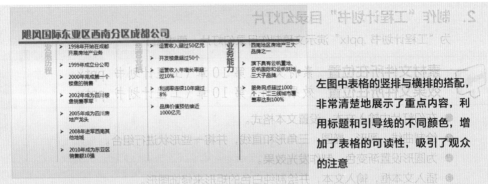

右图中表格的竖排与横排的搭配，非常清楚地展示了重点内容，利用标题和引导线的不同颜色，增加了表格的可读性，吸引了观众的注意

● 无表格排版：无表格只是不显示表格的底纹和边框线，但是可以利用表格进行版面的划分和幻灯片内容的定位，功能和第 9 章中介绍的参考线和网格线相同。在很多平面设计中，如网页的切片、杂志的排版等都采用了无表格排版。

 高手竞技场 —— 美化幻灯片练习

1. 制作"二手商品交易"宣传页幻灯片

新建一个"二手商品交易 .pptx"演示文稿；制作宣传页幻灯片，要求如下。

 素材文件所在位置 素材文件 \ 第 10 章 \ 二手商品交易
效果文件所在位置 效果文件 \ 第 10 章 \ 二手商品交易 .pptx

● 新建幻灯片，设置背景颜色。

● 绘制形状，并设置渐变色。

● 输入文本并设置文本格式。

● 插入图片，并设置图片样式。

2. 制作"工程计划书"目录幻灯片

为"工程计划书.pptx"演示文稿制作目录幻灯片，要求如下。

 素材文件所在位置 素材文件\第10章\工程计划书.pptx
效果文件所在位置 效果文件\第10章\工程计划书.pptx

- 在幻灯片中输入文本，设置文本格式。
- 绘制曲线、圆形、椭圆、三角形和直线，并将一些形状进行组合。
- 为圆形设置渐变色，制作发光效果。
- 插入文本框，输入文本，并绘制纯白色的矩形来修饰图形。

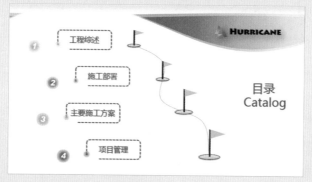

3. 制作"新产品发布手册"目录幻灯片

在"新产品发布手册.pptx"演示文稿中制作目录幻灯片，要求如下。

 素材文件所在位置 素材文件\第10章\新产品发布手册.pptx、新产品
效果文件所在位置 效果文件\第10章\新产品发布手册.pptx

- 在目录幻灯片中插入表格，并设置表格的边框和底纹。
- 编辑表格内容，并在其中输入文本和设置文本格式。
- 在表格中插入并编辑图片。

PowerPoint 应用

第 11 章

设置音视频与动画

本章导读

为了使演示文稿更吸引人，用户除了在幻灯片中添加图片等对象，还可以为幻灯片导入声音和视频，通过声音和视频的形式表述幻灯片的内容，同时用户可为演示文稿添加一些生动的幻灯片切换或为对象元素添加动画效果，让演示文稿有声有色。

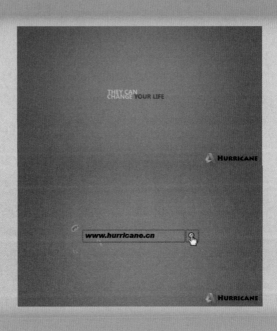

11.1 为"产品展示"演示文稿添加音视频

云帆集团下属汽车销售公司需要为新产品的推广制作一个"产品展示"演示文稿，虽然其中有大量的图片，但从市场调查得出的结果得知，宣传性的演示文稿还应该在视觉和听觉上吸引观众的注意，所以需要为演示文稿添加音频与视频。本例中主要涉及在演示文稿中插入与编辑音频与视频文件的操作，下面进行详细介绍。

素材文件所在位置 素材文件 \ 第 11 章 \ 产品展示 .pptx、音视频
效果文件所在位置 效果文件 \ 第 11 章 \ 产品展示 .pptx

11.1.1 添加音频

用户可以在幻灯片中添加音频，以达到强调或实现特殊效果的目的。在 PowerPoint 2019 中，用户可以添加计算机中的音频文件，也可以自己录制声音，将其添加到演示文稿中。

微课：添加音频

1. 插入音频

通常在幻灯片中插入的音频都来自计算机中，插入的方法与在幻灯片中插入图片类似。在"产品展示 .pptx"演示文稿中插入计算机中的音频文件，具体操作步骤如下。

STEP 1 插入音频
1 在"幻灯片"窗格中选择第 1 张幻灯片；
2 在【插入】/【媒体】组中单击"音频"按钮；
3 在打开的列表中选择"PC 上的音频"选项。

STEP 2 选择音频文件
1 打开"插入音频"对话框，先选择要插

入的音频文件的保存路径；2 选择"背景音乐 .mp3"文件；3 单击"插入"按钮。

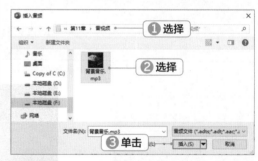

STEP 3 查看添加音频效果
返回 PowerPoint 2019 工作界面，在幻灯片中显示了音频图标和播放音频的浮动工具栏。

知识补充

插入录制音频

在【插入】/【媒体】组中单击"音频"按钮，在打开的列表中选择"录制音频"选项，则可以通过录音设备录制声音并将其插入幻灯片中，这种方式主要用于插入自动放映幻灯片时的讲解或旁白。

2. 编辑音频

在幻灯片中插入所需的音频文件后，PowerPoint 2019 会自动创建一个音频图标，选择该图标后，将显示【音频工具 播放】选项卡，在其中用户可对声音进行编辑与控制，如试听声音、设置音量、剪裁声音和设置播放声音的方式等。在"产品展示 .pptx"演示文稿中编辑插入的音频文件，具体操作步骤如下。

STEP 1 **打开"剪裁音频"对话框**

1 在第 1 张幻灯片中选择音频图标；**2** 在【播放】/【编辑】组中单击"剪裁音频"按钮。

STEP 2 **剪裁音频**

1 打开"剪裁音频"对话框，在"开始时间"数值框中输入"00:06"；**2** 在"结束时间"数值框中输入"02:08"；**3** 单击"确定"按钮。

技巧秒杀

试听并剪裁音频

在"剪裁音频"对话框中单击"播放"按钮，可以通过试听音频，来确定裁剪音频的时长。

STEP 3 **设置淡化持续时间**

在【播放】/【编辑】组中的"渐弱"数值框中输入"05.00"，将渐弱时间设置为 5 秒。

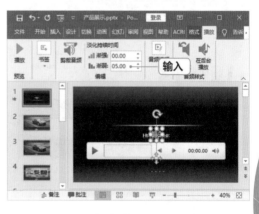

知识补充

什么是渐强和渐弱

渐强是指音频开始播放时音量逐渐增强，渐弱是指音频结束播放时音量逐渐减弱。设置渐强和渐弱，可以使音频播放的开始和结束更加自然。

STEP 4　设置音量

1 在【音频工具 播放】/【音频选项】组中单击"音量"按钮；2 在打开的列表中选择"中等"选项。

STEP 5　设置音频选项

1 在【音频工具 播放】/【音频选项】组的"开始"下拉列表框中选择"自动"选项；2 单击选中"跨幻灯片播放"复选框；3 单击选中"循环播放，直到停止"复选框。

3. 美化音频图标

在幻灯片中插入音频文件后，默认状态下，音频图标显示于幻灯片的中央，可能遮挡幻灯片中的内容。此时，用户可以调整音频图标的位置，并美化音频图标。在"产品展示.pptx"演示文稿中美化音频图标，具体操作步骤如下。

STEP 1　移动音频图标的位置

选择音频图标后，按住鼠标左键，拖动鼠

标，将音频图标移动到幻灯片的左上角。

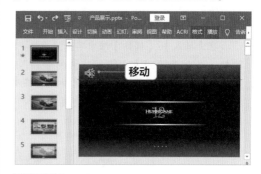

STEP 2　调整音频图标颜色

1 在【音频工具 格式】/【调整】组单击"颜色"按钮；2 在打开的列表的"颜色饱和度"栏中选择"饱和度：300%"选项。

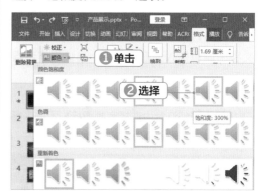

STEP 3　设置声音图标图片效果

1 在【音频工具 格式】/【图片样式】组中单击"图片效果"按钮；2 在打开的列表中选择"发光"选项；3 在打开的子列表中选择"发光：18磅；橄榄色，主题色3"选项。

11.1.2　添加视频

用户在幻灯片中不仅可以插入音频，还可以插入视频，在放映幻灯片时可以直接播放视频。在实际工作中使用的视频格式有很多种，但 PowerPoint 2019 只支持其中一部分格式，包括 AVI、WMA 和 MPEG 等。

微课：添加视频

1. 插入视频

和插入音频类似，在幻灯片中插入的视频通常来自计算机中的文件，其操作也与插入音频相似。在"产品展示.pptx"演示文稿中插入计算机中的视频文件，具体操作步骤如下。

STEP 1　插入视频

❶在"幻灯片"窗格中选择第 5 张幻灯片；❷在【插入】/【媒体】组中单击"视频"按钮；❸在打开的列表中选择"PC 上的视频"选项。

STEP 2　选择视频文件

❶打开"插入视频文件"对话框，先选择插入视频文件的保存路径；❷选择"宣传片 1.mp4"文件；❸单击"插入"按钮。

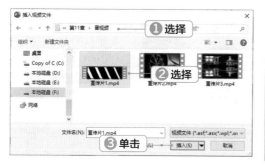

STEP 3　查看插入视频的效果

返回 PowerPoint 2019 工作界面，在幻灯片中显示了视频画面和播放视频的浮动工具栏，单击"播放"按钮可预览视频。

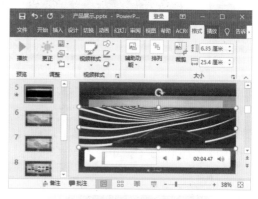

知识补充

插入联机视频

在 PowerPoint 2019 中，可将联机视频插入幻灯片中。其方法如下：在【插入】/【媒体】组中单击"视频"按钮，在打开的列表中选择"联机视频"选项，打开"在线视频"对话框，在"输入在线视频的 URL"文本框中输入视频来源的网址即可。视频直接从网站播放，具有网站的播放、暂停、音量等控件。PowerPoint 2019 播放功能（淡化、书签、剪裁等）不能应用于联机视频。

2. 编辑视频

用户也可以剪裁视频文件，可以像编辑图片一样编辑视频的样式、在幻灯片中的排列位置和大小等，以增强视频文件的播放效果。在"产品展示.pptx"演示文稿中编辑插入的视频文件，具体操作步骤如下。

第11章　设置音视频与动画

STEP 1 打开"剪裁视频"对话框

1 在第5张幻灯片中选择插入的视频；2 在【音频工具 播放】/【编辑】组中单击"剪裁视频"按钮。

STEP 2 剪裁视频

1 打开"剪裁视频"对话框，在"开始时间"数值框中输入"00:03"；2 在"结束时间"数值框中输入"00:33"；3 单击"确定"按钮。

STEP 3 设置视频选项

1 选择剪裁后的视频；2 在【音频工具播放】/【视频选项】组的"开始"下拉列表框中选择"单击时"选项；3 单击选中"全屏播放"复选框；4 单击选中"播完完毕返回开头"复选框。

STEP 4 设置视频样式

1 在【格式】/【视频样式】组中，单击"视频样式"按钮；2 在打开的列表的"强烈"栏中选择"棱台圆角矩形"选项。

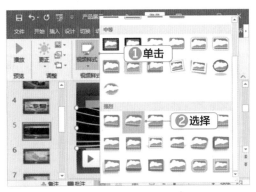

STEP 5 调整视频画面的位置和大小

通过视频四周的控制点调整视频画面的大小，在视频画面上方拖动鼠标可移动其位置。

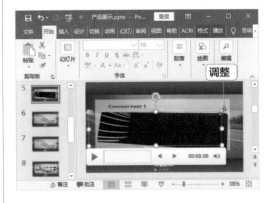

STEP 6 在第 6 张幻灯片中插入并编辑视频

在第 6 张幻灯片中插入"宣传片 2.mp4"视频文件；将开始时间和结束时间分别设置为"00:01""00:17"；将视频样式设置为"发光圆角矩形"。

STEP 7 在第 7 张幻灯片中插入并编辑视频

在第 7 张幻灯片中插入"宣传片 3.mp4"视频文件；将开始时间和结束时间分别设置为"00:02""00:24"；将视频样式设置为"简单的棱台矩形"。

 ## 11.2 为"升级改造方案"演示文稿设置动画

云帆集团收购了一家陈旧的卫东机械厂，在重新投产前需要对该厂的车间厂房进行升级改造。于是集团工程部制作了一个"升级改造方案"演示文稿，并在股东大会上进行演示播放。本例主要涉及在演示文稿中设置动画效果的操作，设置的动画效果包括幻灯片中各种元素与内容的动画与切换幻灯片的动画。

> **素材文件所在位置** 素材文件 \ 第 11 章 \ 升级改造方案 .pptx
> **效果文件所在位置** 效果文件 \ 第 11 章 \ 升级改造方案 .pptx

11.2.1 设置幻灯片动画

设置幻灯片动画是指给幻灯片中的文本、文本框、占位符、图片和表格等对象添加标准的动画效果，或添加自定义的动画效果，使其以不同的动态方式出现在屏幕中。

微课：设置幻灯片动画

1. 添加动画

在幻灯片中选择了一个对象后，就可以给该对象添加一种动画效果，如进入、强调、退出或动作路径中的任意一种动画。在"升级改造方案 .pptx"演示文稿中为幻灯片中的对象添加动画，具体操作步骤如下。

STEP 1 展开动画列表

1 打开"升级改造方案 .pptx"演示文稿，在"幻灯片"窗格中选择第 2 张幻灯片；**2** 选择幻灯片中左上角的图片；**3** 在【动画】/【动画】组中单击"其他"按钮。

第 十一 章 设置音视频与动画

STEP 2　选择动画样式

在打开的列表的"进入"栏中选择"飞入"选项。

STEP 3　查看添加的动画

返回 PowerPoint 2019 工作界面，将自动演示一次动画，并在添加了动画的对象的左上角显示"1"，表示该动画为第 1 个动画。

STEP 4　继续添加动画

1 选择右上角的图片；2 在【动画】/【动画】

组中单击"其他"按钮，在打开的列表的"进入"栏中选择"缩放"选项。

STEP 5　为文本框添加动画

1 选择第 4 张幻灯片；2 选择第 1 个文本框；3 在【动画】/【动画】组中单击"其他"按钮，在打开的列表的"进入"栏中选择"轮子"选项。

STEP 6　继续为文本框添加动画

1 选择第 2 个文本框；2 在【动画】/【动画】组中单击"其他"按钮，在打开的列表的"进入"栏中选择"浮入"选项。

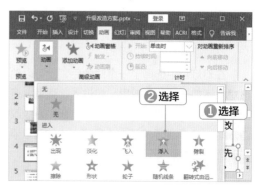

知识补充

添加其他的动画效果

在"动画"列表中选择"更多进入效果""更多强调效果""更多退出效果""其他动作路径"等选项，将打开相应的对话框，在对话框中可以选择更多的动画选项。

STEP 7　继续为文本框添加动画

1 选择第 5 张幻灯片；2 选择第 1 个文本框；3 在【动画】/【动画】组中单击"其他"按钮，在打开的列表的"进入"栏中选择"淡化"选项。

STEP 8　同时为两个对象添加动画

1 选择第 6 张幻灯片；2 同时选择左侧的图片和文本框，在【动画】/【动画】组中单击"其他"按钮，在打开的列表的"进入"栏中选择"形状"选项。

预览动画

添加动画后如果没有自动播放动画，在【动画】/【预览】组中单击"预览"按钮，可以预览动画。

STEP 9　继续为两个对象添加动画

1 同时选择右侧的图片和文本框；2 在【动画】/【动画】组中单击"其他"按钮，在打开的列表的"进入"栏中选择"随机线条"选项。

STEP 10　为文本框添加动画

1 选择第 7 张幻灯片；2 选择第 1 个文本框；3 在【动画】/【动画】组中单击"其他"按钮，在打开的列表的"进入"栏中选择"擦除"选项。

STEP 11　继续为文本框添加动画

1 选择第 2 个文本框；2 在【动画】/【动画】组中单击"其他"按钮，在打开的列表的"进入"栏中选择"擦除"选项。

第二章　设置音视频与动画

265

第三部分

知识补充

为一个对象添加多个动画

用户还可以为对象设置多个动画，其方法如下：在设置单个动画之后，在【动画】/【高级动画】组中单击"添加动画"按钮，在打开的列表中选择一种动画样式。添加了多个动画后，幻灯片中该对象的左上方将显示对应的多个数字序号。另外，对于未添加动画的对象，通过"添加动画"按钮和"动画样式"按钮都能添加动画；已添加动画的对象只能通过"添加动画"按钮继续添加动画。

2. 设置动画效果

给幻灯片中的文本或对象添加了动画后，还可以对动画进行一定的设置，如设置动画的方向、图案、形状、开始方式、播放速度和声音等。在"升级改造方案.pptx"演示文稿中为添加的动画设置效果，具体操作步骤如下。

STEP 1 设置计时

①选择第2张幻灯片；②在【动画】/【高级动画】组中单击"动画窗格"按钮；③打开"动画窗格"窗格，单击第1个动画选项右侧的下拉按钮；④在下拉列表中选择"计时"选项。

STEP 2 设置"飞入"动画效果

①打开"飞入"对话框的"计时"选项卡，在"期间"下拉列表框中选择"慢速(3秒)"选项；②单击"确定"按钮。

STEP 3 查看更改计时后的动画效果

返回 PowerPoint 2019 工作界面，将自动演示一次动画。

STEP 4　设置计时

1 选择第 4 张幻灯片；2 在"动画窗格"窗格中单击第 2 个动画选项右侧的下拉按钮；3 在下拉列表中选择"计时"选项。

STEP 5　设置"上浮"动画效果

1 打开"上浮"对话框的"计时"选项卡，在"期间"下拉列表框中选择"中速（2 秒）"选项；2 单击"确定"按钮。

STEP 6　设置效果选项

1 选择第 5 张幻灯片；2 在"动画窗格"窗格中单击动画选项右侧的下拉按钮；3 在下拉列表中选择"效果选项"选项。

技巧秒杀

设置动画的播放顺序

一张幻灯片中动画的播放是按照添加的顺序进行的，如果要改变动画的播放顺序，只需要在"动画窗格"窗格中选择一个动画，单击窗格右上角的"上移"或"下移"按钮。

STEP 7　设置"淡化"动画声音

1 打开"淡化"对话框的"效果"选项卡，在"声音"下拉列表框中选择"鼓掌"选项；2 单击"声音"按钮；3 在打开的列表中拖动滑块来调整音量大小；4 单击"确定"按钮。

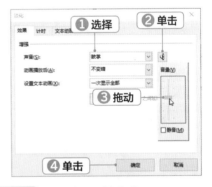

STEP 8　设置动画开始方式

1 选择第 6 张幻灯片；2 在"动画窗格"窗格中选择第 2 个动画选项；3 在【动画】/【计时】组的"开始"下拉列表框中选择"上一动画之后"选项。

第二章　设置音视频与动画

知识补充

设置动画的开始方式

选择"单击时"选项表示单击一下鼠标后才开始播放该动画；选择"与上一动画同时"选项表示设置的动画将与前一个动画同时播放；选择"上一动画之后"选项表示设置的动画将在前一个动画播放完毕后自动开始播放。设置后两种开始方式后，该动画的序号将变得和前一个动画的序号相同。

STEP 9　继续设置动画开始方式

1 在"动画窗格"窗格中选择第 4 个动画选项；**2** 在【动画】/【计时】组的"开始"下拉列表框中选择"上一动画之后"选项。

STEP 10　设置效果选项

1 选择第 7 张幻灯片；**2** 在"动画窗格"窗格中，单击第 1 个动画选项右侧的下拉按钮；**3** 在下拉列表中选择"效果选项"选项。

STEP 11　设置组合文本

1 打开"擦除"对话框，单击"文本动画"选项卡；**2** 在"组合文本"下拉列表框中选择"按第一级段落"选项。

知识补充

设置组合文本

若选择"作为一个对象"选项，则所有文本将组合为一个对象播放动画；若选择其他选项，则每个段落的文本将作为单独的对象播放动画。

STEP 12　设置计时

1 单击"计时"选项卡；**2** 在"期间"下拉列表框中选择"中速（2秒）"选项；**3** 单击"确定"按钮。

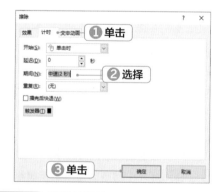

STEP 13　设置效果选项

1 在"动画窗格"窗格中，单击第 2 个动画选项右侧的下拉按钮；**2** 在下拉列表中选择"效果选项"选项。

STEP 14 设置计时

1 打开"擦除"对话框，单击"计时"选项卡；
2 在"期间"下拉列表框中选择"中速（2 秒）"
选项；3 单击"确定"按钮；4 单击"动画窗
格"窗格右上角的"关闭"按钮。

3. 利用动画刷复制动画

PowerPoint 2019 中的动画刷与 Word
2019 中的格式刷功能类似，可以轻松快速地复
制动画效果，大大方便了对同一种对象（图像、
文字等）设置相同的动画效果和动作方式。在
"升级改造方案 .pptx"演示文稿中利用动画刷
复制动画，具体操作步骤如下。

STEP 1 复制动画

1 选择第 2 张幻灯片；2 选择左上角已经设置
好动画的图片；3 在【动画】/【高级动画】组
中单击"动画刷"按钮；4 在幻灯片下方的图
片上单击，为其复制动画。

知识补充

查看动画刷效果

利用"动画刷"复制动画后，该对象
将会立即演示复制的动画，用户可以根据
该效果对动画进行调整。

STEP 2 选择动画刷操作

1 选择第 5 张幻灯片；2 选择第 1 个已经设置
好动画的文本框；3 在【动画】/【高级动画】
组中双击"动画刷"按钮；4 在第 2 个文本框
上单击，为其复制动画。

STEP 3 继续复制动画

1 单击第 3 个文本框；2 单击第 4 个文本框；
3 在【动画】/【高级动画】组中单击"动画刷"
按钮，退出动画复制状态。

第二章 设置音视频与动画

269

4. 设置动作路径动画

"动作路径"动画是自定义动画的一种表现方式，可为对象添加某种常用路径，如"向上""向下""向左""向右"的动作路径，使对象沿路径运动，但是缺乏灵动性。PowerPoint 2019 提供了更多的路径，甚至用户还可绘制自定义路径，使幻灯片中的对象更加突出。在"升级改造方案.pptx"演示文稿中制作动作路径动画，具体操作步骤如下。

STEP 1 设置其他动作路径

①选择第 8 张幻灯片；②选择需要设置动作路径动画的文本框；③在【动画】/【高级动画】组中单击"添加动画"按钮；④在打开的列表中选择"其他动作路径"选项。

STEP 2 添加动作路径

①打开"添加动作路径"对话框，在"直线和曲线"栏中选择"弹簧"选项；②单击"确定"按钮。

STEP 3 编辑动作路径

①将鼠标指针移动到动作路径的开始位置（绿色箭头处），向上拖动控制点；②将鼠标指针移动到动作路径的结束位置（红色箭头处），向下拖动控制点。

技巧秒杀

手动绘制动作路径

选择需要设置动画的对象，单击"添加动画"按钮，在打开的列表"动作路径"栏中选择"自定义路径"选项，将鼠标指针移动到幻灯片中，按住鼠标左键并拖动，即可绘制所需的路径。同样的，手动绘制的动作路径的开始位置显示为绿色箭头，结束位置显示为红色箭头。播放动画时，设置该动画的对象将按照路径从开始位置向结束位置移动。

第三部分

11.2.2　设置幻灯片切换动画

幻灯片切换动画是指在幻灯片放映过程中，从一张幻灯片切换到下一张幻灯片时出现的动画效果，能使幻灯片在放映时更加生动。下面详细讲解设置幻灯片切换动画的基本方法，如添加切换动画、设置切换效果选项，以及为切换动画添加声音效果等。

微课：设置幻灯片切换动画

1. 添加切换动画

两张幻灯片之间默认没有设置切换动画，但在制作演示文稿的过程中，用户可根据需要添加切换动画，这样可增加演示文稿的吸引力。在"升级改造方案.pptx"演示文稿中设置幻灯片切换动画，具体操作步骤如下。

STEP 1 选择切换动画样式

1 选择第 2 张幻灯片；**2** 在【切换】/【切换到此幻灯片】组中单击"切换效果"按钮；**3** 在打开的列表的"细微"栏中选择"形状"选项。

STEP 2 为其他幻灯片应用切换动画

PowerPoint 2019 将播放设置的切换动画效果，在【切换】/【计时】组中单击"应用到全部"按钮，为其他幻灯片应用同样的切换动画。

技巧秒杀

删除切换动画

如果要删除应用的切换动画，选择应用了切换动画的幻灯片，在"切换效果"列表框中选择"无"选项，即可删除应用的切换动画。

2. 设置切换动画效果

为幻灯片添加切换动画后，还可对所选的切换动画进行设置，包括设置切换效果选项、声音等，以增加幻灯片切换的灵活性。在"升级改造方案.pptx"演示文稿中设置幻灯片切换动画的效果，具体操作步骤如下。

STEP 1 设置效果选项

1 选择第 4 张幻灯片；**2** 在【切换】/【切换到此幻灯片】组中单击"效果选项"按钮；**3** 在打开的列表中选择"菱形"选项。

STEP 2 继续设置效果选项

1 选择第 5 张幻灯片；2 在【切换】/【切换到此幻灯片】组中单击"效果选项"按钮；3 在打开的列表中选择"加号"选项。

STEP 3 继续设置效果选项

1 选择第 6 张幻灯片；2 在【切换】/【切换到此幻灯片】组中单击"效果选项"按钮；3 在打开的列表中选择"缩小"选项。

技巧秒杀

更换切换动画

为幻灯片添加切换动画后，在【切换】/【切换到此幻灯片】组中单击"切换效果"按钮，在打开的列表中选择相应选项，可快速更换切换动画。

STEP 4 继续设置效果选项

1 选择第 7 张幻灯片；2 在【切换】/【切

换到此幻灯片】组中单击"效果选项"按钮；3 在打开的列表中选择"放大"选项。

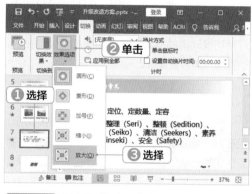

STEP 5 设置切换动画声音

1 选择第 8 张幻灯片；2 在【切换】/【计时】组的"声音"下拉列表框中选择"鼓掌"选项。

技巧秒杀

为演示文稿设置合适的动画

动画没有好坏之分，只有合适与否。合适不仅是指动画要与演示环境吻合，还要因人、因地、因用途不同而进行调整。企业宣传、工作汇报和个人简历等都可以多用动画，而课题研究、党政会议则应少用动画。另外，对用于庄重场合和时间宝贵场合的商务演示文稿，应尽量不使用修饰性的动画。

新手加油站——设置音视频与动画技巧

1. 利用真人配音

在商务演示文稿制作中，真人配音的应用越来越广泛，其效果远远超过了计算机录制的声音。真人配音通常由专业的配音师或配音演员在专业的录音棚里进行，录制出的音频效果非常好。现在市面上有许多配音服务，通常按时间进行收费，在条件允许的情况下最好选择真人配音。

2. 浮动工具栏设置音频 / 视频文件格式

在音频 / 视频图标上单击鼠标右键，将出现"剪裁"按钮和"样式"按钮。单击"剪裁"按钮可对音频 / 视频文件进行剪裁操作；单击"样式"按钮，可设置音频 / 视频图标样式。而在视频浮动工具栏中多了一个"开始"按钮，单击该按钮将开始在幻灯片中播放视频。

3. 设置不断放映的动画

为幻灯片中的对象添加动画后，该动画将采用系统默认的播放方式，即自动播放一次，而在实际工作中有时需要将动画效果设置为不断重复放映，从而加强动画的连贯性。其设置方法很简单，在"动画窗格"窗格中单击该动画选项右侧的下拉按钮，在下拉列表中选择"计时"选项，在打开的对话框的"计时"选项卡的"重复"下拉列表框中选择"直到下一次单击"选项，这样动画就会连续不断地播放。

273

在"动画窗格"窗格中可以按先后顺序依次查看设置的所有动画，选择某个动画可切换到该动画所在对象。动画选项右侧的绿色色条表示该动画的开始时间和时长，选择动画时，幻灯片中将显示该动画具体的设置。

4. 在同一位置连续放映多个对象的动画

在同一位置连续放映多个对象的动画是指在幻灯片中放映第 1 个对象的动画后，在该位置上再继续放映第 2 个对象的动画，而第 1 个对象将自动消失。此种设置主要用于图形对象上，能够提高幻灯片的生动性和趣味性，具体操作如下。

1 在幻灯片中将多个对象设置为相同大小，并重叠放在同一位置。

2 选择最上方的对象，将其移动到需要的位置，并为其添加一种动画效果，然后打开该动画的"效果选项"对话框，在"效果"选项卡的"动画播放后"下拉列表框中选择"播放动画后隐藏"选项。

3 依次移动其他对象重叠放在第 1 个对象的位置，以相同方法设置动画效果，并将对象都设置为"播放动画后隐藏"。

5. 为 SmartArt 图形设置动画

用户也能为 SmartArt 图形设置动画，由于 SmartArt 图形是一个整体，图形间的关系比较特殊，因此在为 SmartArt 图形添加动画时需要注意一些设置方法和技巧，下面进行具体讲解。

（1）注意事项

SmartArt 图形都是由多个形状组合而成的，因此用户既可以为整个 SmartArt 图形添加动画，也可以只对 SmartArt 图形中的部分形状添加动画。添加动画时，需要注意以下几个事项。

- 根据 SmartArt 图形的布局来确定需添加的动画，搭配效果会更好。大多数动画都是按照文本窗格上显示的项目符号层次播放的，所以可选择 SmartArt 图形后在其文本窗格中查看信息，也可以倒序播放动画。

- 如果将动画应用于 SmartArt 图形中的各个形状，那么该动画将按形状出现的顺序进行播放或将整个顺序颠倒，但不能重新排列单个 SmartArt 图形形状的动画顺序。

- 对于表示流程类的 SmartArt 图形等，其形状之间的连接线通常与第 2 个形状相关联，一般不需要为其单独添加动画。

- 如果没有显示动画的序号，可以先打开"动画窗格"窗格。

- 无法用于 SmartArt 图形的动画效果将显示为灰色。

- 当切换 SmartArt 图形布局时，添加的动画也将同步应用到新的布局中。

（2）设置 SmartArt 图形动画

选择要添加动画的 SmartArt 图形，在【动画】/【动画】组中单击"其他"按钮，在打开的列表框中选择一种动画样式。默认整个 SmartArt 图形作为一个整体来应用动画。如果需要改变动画的效果，可选择添加了动画的 SmartArt 图形，打开"动画窗格"窗格，单击该动画选项右侧的下拉按钮，在下拉列表中选择"效果选项"选项，在打开的对话框中单击"SmartArt 动画"选项卡，在其中即可调整 SmartArt 图形动画。

下面介绍"组合图形"下拉列表框中提供的各个选项的含义。

● 作为一个对象: 将整个 SmartArt 图形作为一张图片或整体对象来应用动画，应用到 SmartArt 图形的动画效果与应用到形状、文本和艺术字的动画效果类似。

● 全部一起: 同时为 SmartArt 图形中的全部形状设置动画。该选项与"作为一个对象"选项的不同之处在于，当动画中的形状旋转或增长时，使用"全部一起"时每个形状将单独旋转或增长，而使用"作为一个对象"时，整个 SmartArt 图形将旋转或增长。

● 逐个按分支: 按 SmartArt 图形的每个分支的顺序播放动画。

● 一次按级别: 同时为相同级别的全部形状添加动画，并同时从中心开始播放动画，该选项主要针对循环布局的 SmartArt 图形。

● 逐个按级别: 按形状级别顺序播放动画，该选项非常适合应用于层次结构布局的 SmartArt 图形。

（3）为 SmartArt 图形的单个形状设置动画

如果要为 SmartArt 图形的单个形状添加动画，其方法如下: 首先选择 SmartArt 图形中的单个形状，为其添加动画，然后在【动画】/【动画】组中单击"效果选项"按钮，在打开的列表的"序列"栏中选择"逐个"选项，在"动画窗格"窗格中单击选项左下角的"展开"按钮，打开 SmartArt 图形中的所有形状选项，选择某个形状对应的选项，为其重新设置单个动画。

若在打开的列表的"序列"栏中选择"作为一个对象"选项，就可以将单个形状重新组合为一个图形设置动画。

6. 设置动画的注意事项

动画在 PowerPoint 2019 中使用得比较频繁，很多用户为了吸引观众的眼球，都会对幻灯片中的对象添加一些动画，以使演示文稿更生动、有趣。虽然添加动画可以提升演示文

第二章 设置音视频与动画

稿的整体效果，但不合适的动画也会使演示文稿减分，所以，用户在为演示文稿设置动画时，必须注意以下一些问题。

- 无论是什么动画，都必须遵循事物本身的运动规律，因此设置动画时要考虑对象的前后顺序、大小和位置关系及与演示环境的协调等，这样才符合常识。如由远到近时，对象会从小到大，由近到远则相反。
- 幻灯片动画的节奏要快速，一般不用缓慢的动画。同时一个精彩的动画往往是具有一定规模的创意动画，因此设置动画前最好先设想好动画的框架与创意，再去实施。
- 要根据演示场合设置适量的动画，对于一些严谨的商务演示文稿，如工作报告等，就不要设置过多的修饰动画，这类演示文稿一定要简洁、高效。

高手竞技场——设置音视频与动画练习

1. 为"新品发布倒计时"演示文稿设置动画

要求在"新品发布倒计时.pptx"演示文稿中设置动画。重点在于第 1 张幻灯片中的倒计时动画，其主要由 10 个组合动画组合而成，每个组合动画包含 4 个不同的动画。第 1 个动画是形状从左向右快速移动的路径动画，第 2 个动画是文本出现的进入动画，第 3 个动画是文本的脉冲强调动画，最后一个动画是文本消失的退出动画。另外需要注意两张幻灯片之间的自动切换，只需要将幻灯片的自动换片时间设置为"0"，放映完该幻灯片后，就会自动放映下一张幻灯片。由于本练习的动画设置较复杂，下面讲解具体的操作步骤。

素材文件所在位置 素材文件\第 11 章\新品发布倒计时.pptx
效果文件所在位置 效果文件\第 11 章\新品发布倒计时.pptx

1 打开素材文件，选择第 1 张幻灯片，在幻灯片中绘制一个椭圆形状。

2 填充渐变色，设置方向为"线性向左"，在"渐变光圈"栏中设置 3 个停止点的颜色，从左到右分别为"黑色""黑色""白色"。

3 设置形状的宽度为"15.2 厘米"，高度为"0.13 厘米"，并将其移动到幻灯片左侧的外面，设置形状轮廓为"无轮廓"。

4 在【动画】/【动画】组中单击"其他"按钮，在打开的列表框中选择"其他动作路径"选项，打开"更改动作路径"对话框，在"直线和曲线"栏中选择"向右"选项，单击"确定"按钮。

5 增加路径的长度，使其横穿整张幻灯片，在【动画】/【计时】组的"开始"下拉列表框中选择"与上一动画同时"选项，在"持续时间"数值框中输入"00.75"。

6 打开"动画窗格"窗格，单击该动画选项右侧的下拉按钮，在下拉列表中选择"效果选项"选项。

7　打开"向右"对话框，在"效果"选项卡的"增强"栏的"声音"下拉列表框中选择"疾驰"选项，完成第 1 个动画的添加。

8　插入艺术字，样式设置为"填充 – 蓝色，强调文字颜色 1，金属棱台，映像"，艺术字文本框中输入"10"，文本格式为"Arial Black，200，加粗"。

9　在【动画】/【动画】组中单击"其他"按钮，在打开的列表的"进入"栏中选择"出现"选项，在【动画】/【计时】组的"开始"下拉列表框中选择"与上一动画同时"选项，在"持续时间"数值框中输入"01.00"，完成第 2 个动画的添加。

10　在【动画】/【高级动画】组中单击"添加动画"按钮，在打开的列表的"强调"栏中选择"脉冲"选项，在【动画】/【计时】组的"开始"下拉列表框中选择"上一动画之后"选项，在"持续时间"数值框中输入"00.50"。

11　单击该动画选项右侧的下拉按钮，在下拉列表中选择"效果选项"选项，在打开的对话框中设置声音为"爆炸"，完成第 3 个动画的添加。

12　继续添加动画，在"退出"栏中选择"消失"选项，在【动画】/【计时】组的"开始"下拉列表框中选择"上一动画之后"选项，在"持续时间"数值框中输入"00.50"，并设置声音为"照相机"，完成第 4 个动画的添加。

13　同时选择前面绘制的形状和艺术字，复制一份，将艺术字修改为"9"，然后重复该操作，添加倒计时的所有艺术字（1~10）。

14　选择添加的 10 个艺术字，将其"左右居中"和"上下居中"对齐。用同样的方法将幻灯片外复制的形状设置居中和上下对齐。

15　在【切换】/【计时】组中单击选中"单击鼠标时"和"设置自动换片时间"复选框，其中"设置自动换片时间"复选框右侧的数值框中保持"00：00.00"状态。

16　选择第 2 张幻灯片，设置切换动画为"华丽型 – 涡流"，声音为"鼓声"，换片方式为"单击鼠标时"。

17　选择幻灯片中左侧的文本，设置动画样式为"进入 – 浮入"，在【动画】/【计时】组的"开始"下拉列表框中选择"与上一动画同时"选项，在"持续时间"数值框中输入"02.00"。

18　选择幻灯片中右侧的文本，设置动画样式为"进入 – 淡出"，在【切换】/【计时】组的"开始"下拉列表框中选择"上一动画之后"选项，在"持续时间"数值框中输入"03.00"，设置声音为"电压"，保存演示文稿，完成操作。

2. 为"公司网址"演示文稿设置动画

为某公司的用于宣传的"公司网址.pptx"演示文稿的结束页幻灯片设置动画，主要有以下几个设计重点，一是网址搜索文本框的出现，利用淡出动画实现；二是网址的显示，主要是设置出现的每个字符的间隔时间；三是输入字符的按键声音的同步，需要设置音频的播放速度；四是手形图片的按键操作动画，需要为手形图片设置进入动画、退出动画和路径动画，还要为搜索图片设置一个强调动画，下面讲解具体的操作步骤。

素材文件所在位置 素材文件 \ 第 11 章 \ 公司网址 .pptx、图片和声音
效果文件所在位置 效果文件 \ 第 11 章 \ 公司网址 .pptx

1 打开素材文件，选择中间的文本组合，为其设置一个"退出–缩放"动画，在【动画】/【计时】组的"开始"下拉列表框中选择"上一动画之后"选项，在"持续时间"数值框中输入"02.00"，在"延迟"数值框中输入"01.00"。

2 将"图片 2.png"插入到幻灯片中，为其设置"进入–淡出"动画，设置开始方式为"上一动画之后"，持续时间为"00.50"。

3 将"图片 3.png"插入到幻灯片中，同样为其设置"进入–淡出"动画，设置开始方式为"与上一动画同时"，持续时间为"00.50"。

4 在幻灯片中插入一个文本框，在其中输入内容，设置字体为"Arial Black、20"；为其设置"进入–出现"动画，延迟时间为"00.50"。

5 打开"动画窗格"窗格，单击该动画选项右侧的下拉按钮，在下拉列表中选择"效果选项"选项，打开"出现"对话框，在"效果"选项卡的"设置文本动画"下拉列表框中选择"按字母顺序"选项，在下面显示的数值框中输入"0.12"，设置字母出现的延迟秒数。

6 插入音频"medial.wav"，在"动画窗格"窗格中将其拖动到文本动画之后，设置开始时间为"与上一动画同时"，延迟时间为"00.50"。

7 将"图片 1.png"插入到幻灯片中，并移动到右下侧幻灯片外面，为其设置"动作路径–直线"动画，路径终点为"图片 3.png"的中心，设置开始方式为"与上一动画同时"，持续时间为"00.30"，延迟时间为"03.50"。

8 为"图片 1.png"添加一个"进入–出现"动画，设置开始方式为"与上一动画同时"，持续时间为"00.30"，延迟时间为"03.80"。

9 继续为"图片 1.png"再添加一个"退出–淡出"动画，设置开始方式为"与上一动

画同时"，持续时间为"00.30"，延迟时间为"04.10"。

10 选择"图片 2.png"，为其添加一个"强调 – 脉冲"动画，设置开始方式为"与上一动画同时"，持续时间为"00.50"，延迟时间为"04.10"。

11 插入音频"media2.wav"，在"动画窗格"窗格中将其拖动到所有动画的最后，设置开始方式为"与上一动画同时"，延迟时间为"04.10"。

12 预览动画，适当调整大小和位置，保存演示文稿，完成操作。

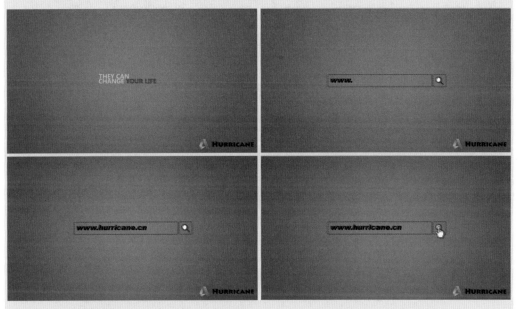

3. 为"结尾页"演示文稿设置动画

根据前面的设置动画的经验，为"结尾页 .pptx"演示文稿中的对象设置动画，这里不再列出详细的操作步骤，主要的制作流程提示如下。

 素材文件所在位置 素材文件 \ 第 11 章 \ 结尾页 .pptx、新产品
效果文件所在位置 效果文件 \ 第 11 章 \ 结尾页 .pptx

- 主要有 4 种元素的动画，即英文字符的动画、虚线框的两个动画和文字的动画。
- 英文字符的动画是"强调—脉冲"，开始方式为"上一动画之后"，持续时间为"00.50"，并设置动画声音为"鼓掌"。
- 虚线框的一个动画为"进入—基本缩放"，开始方式为"与上一动画同时"，持续时间为"00.40"。
- 虚线框的另一个动画为"退出—淡出"，开始方式为"与上一动画同时"，持续时间为"00.40"。
- 为小的虚线框设置"进入—缩放"和"退出—淡出"动画，两个虚线框共 4 个动画，且延迟时间的设置不同，可以参考提供素材中的效果文件，也可以自行设置。

- 为虚线框中的文字设置动画"进入 – 缩放"，开始方式为"与上一动画同时"，持续时间为"00.30"，同样需要自行设置延迟。
- 用同样的方法，为另外 3 个文本和虚线框的组合设置动画。

PowerPoint 应用

第 12 章

添加交互与放映输出

本章导读

　　用户可以通过超链接、动作按钮和触发器来实现幻灯片交互，从而让演示文稿拥有多样化的展示效果，让幻灯片中的内容更具有连贯性。而在演示文稿制作完成后，用户可对演示文稿中的幻灯片和内容进行放映或讲解，这也是制作演示文稿的最终目的。另外，为了使用方便，用户可对演示文稿进行输出等操作，以达到共享演示文稿的目的。

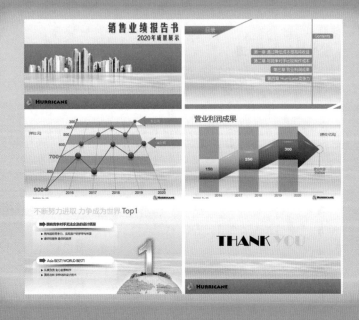

12.1 制作两篇关于企业年会报告的演示文稿

云帆集团即将召开一年一度的集团高层会议，集团发展战略部需要根据今年企业内部环境的情况和下一年产品开发的核心问题，分别制作"企业资源分析"和"产品开发的核心战略"两篇演示文稿。在制作这两篇演示文稿的过程中，主要涉及超链接、动作按钮和触发器的应用，也就是常说的交互式演示文稿的制作方法。

> **素材文件所在位置** 素材文件\第 12 章\企业年会报告
> **效果文件所在位置** 效果文件\第 12 章\企业年会报告

12.1.1 创建和编辑超链接

通常情况下，幻灯片是按照默认的顺序依次放映的，用户如果在演示文稿中创建超链接，就可以单击链接对象，跳转到其他幻灯片、电子邮件或网页中。本节详细讲解在演示文稿中创建和编辑超链接的相关操作。

微课：创建和编辑超链接

1. 绘制动作按钮

在 PowerPoint 2019 中，动作按钮的作用是当单击这个按钮时产生某种效果，例如链接到某一张幻灯片、某个网站、某个文件，这种由此及彼的连接关系就是超链接。在"企业资源分析 .pptx"演示文稿中绘制动作按钮，具体操作步骤如下。

STEP 1 插入动作按钮

1 打开"企业资源分析 .pptx"演示文稿，选择第 2 张幻灯片；**2** 在【插入】/【插图】组中单击"形状"按钮；**3** 在打开的列表的"动作按钮"栏中选择"动作按钮：转到开头"选项。

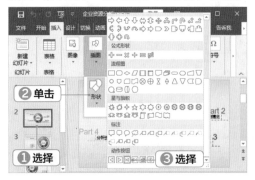

STEP 2 绘制动作按钮

1 按住鼠标左键，在幻灯片右下角拖动鼠标绘制动作按钮；**2** 在打开的"操作设置"对话框中单击"确定"按钮。

知识补充

通过动作按钮创建超链接

绘制动作按钮后，PowerPoint 2019 自动将一个超链接功能赋予该按钮，如上例中，单击该按钮将链接到第 1 张幻灯片。如果需要改变链接的对象，可以在"操作设置"对话框的"超链接到"单选项下面的下拉列表框中选择其他选项。

STEP 3 继续绘制动作按钮

按照 STEP1 和 STEP2 的操作方法，依次在"转到开头"动作按钮的右侧绘制"后退或前一项"动作按钮、"前进或下一项"动作按钮、"转到结尾"动作按钮。

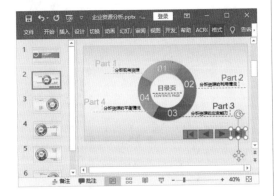

技巧秒杀

复制动作按钮快速进行绘制

在绘制完第 1 个"转到开头"动作按钮后，可复制 3 个"转到开头"动作，粘贴到"转到开头"动作按钮的右侧。然后在【格式】/【插入形状】组中单击"编辑形状"按钮，在打开的列表中选择"更改形状"选项，依次将复制的 3 个"转到开头"按钮更改为"后退或前一项"动作按钮、"前进或下一项"动作按钮、"转到结尾"动作按钮。

2. 编辑动作按钮的超链接

编辑动作按钮的超链接包括调整超链接的对象、设置超链接的动作等。在"企业资源分析.pptx"演示文稿中设置动作按钮的提示音，具体操作步骤如下。

STEP 1 选择操作

1 在"转到开头"动作按钮上单击鼠标右键；2 在弹出的快捷菜单中选择"编辑链接"选项。

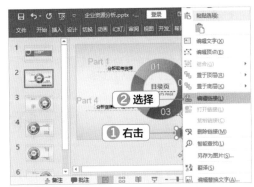

STEP 2 "转到开头"动作按钮的操作设置

1 打开"操作设置"对话框的"单击鼠标"选项卡，单击选中"播放声音"复选框；2 在下面的下拉列表框中选择"风声"选项；3 单击"确定"按钮。

STEP 3 选择操作

1 在"后退或前一项"动作按钮上单击鼠标右键；2 在弹出的快捷菜单中选择"编辑链接"选项。

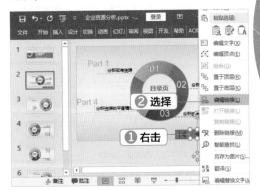

第 **12** 章　添加交互与放映输出

STEP 4 "后退或前一项"动作按钮的操作设置

1 打开"操作设置"对话框，单击"鼠标悬停"选项卡；**2** 单击选中"播放声音"复选框；**3** 在下面的下拉列表框中选择"风声"选项；**4** 单击"确定"按钮。

知识补充

鼠标悬停的动作

如果在"鼠标悬停"选项卡中单击选中"超链接到"单选项，然后在下面的下拉列表框中选择一个对象，播放幻灯片时，鼠标指针移动到该动作按钮上时，将自动跳转到选择的对象。

STEP 5 "前进或下一项"动作按钮的操作设置

在"操作设置"对话框的"鼠标悬停"选项卡中，为"前进或下一项"动作按钮设置"风声"播放效果。

STEP 6 "转到结尾"动作按钮的操作设置

在"操作设置"对话框的"单击鼠标"选项卡中，为"转到结尾"动作按钮设置"鼓掌"播放效果。

3. 编辑动作按钮样式

在 PowerPoint 2019 中，动作按钮也属于形状的一种，所以也可以像形状一样设置样式。在"企业资源分析 .pptx"演示文稿中设置动作按钮的样式，具体操作步骤如下。

STEP 1 设置动作按钮大小

1 按住【 Shift 】键，同时选择 4 个绘制的动作按钮；**2** 在【绘图工具 格式】/【大小】组的"高度"数值框中输入"1 厘米"；**3** 在"宽度"数值框中输入"2 厘米"。

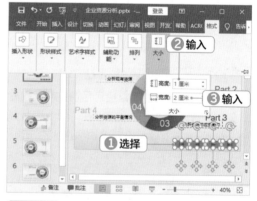

STEP 2 对齐动作按钮

1 在【绘图工具 格式】/【排列】组中单击"对齐"按钮；**2** 在打开的列表中选择"垂直居中"选项。

STEP 3 排列动作按钮

1 继续在【绘图工具 格式】/【排列】组中单击"对齐"按钮；**2** 在打开的列表中选择"横向分布"选项。

STEP 4 设置形状效果

1 在【绘图工具 格式】/【形状样式】组中单击"形状效果"按钮；**2** 在打开的列表中选择"柔化边缘"选项；**3** 在打开的子列表中选择"10 磅"选项。

STEP 5 设置对象格式

1 在选择的动作按钮上单击鼠标右键；**2** 在弹出的快捷菜单中选择"设置对象格式"选项。

STEP 6 设置透明度

1 打开"设置形状格式"窗格的"形状选项"选项卡，在"填充"栏的"透明度"数值框中输入"80%"；**2** 单击"关闭"按钮，关闭窗格。

STEP 7 复制动作按钮

将设置好格式的动作按钮复制到除第 1 张幻灯片外的其他幻灯片中。

4. 创建超链接

在 PowerPoint 2019 中，用户可以为图片、文字、图形和艺术字等创建超链接，且方法都相同。在"企业资源分析 .pptx"演示文稿中为文本框创建超链接，具体操作步骤如下。

STEP 1　创建超链接

① 选择第 2 张幻灯片；② 在"Part 1"文本框中单击鼠标右键；③ 在弹出的快捷菜单中选择"超链接"选项。

STEP 2　设置超链接

① 打开"插入超链接"对话框，在"链接到"列表框中选择"本文档中的位置"选项；② 在"请选择文档中的位置"列表框中选择"3.幻灯片 3"选项；③ 单击"确定"按钮。

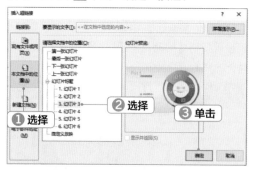

STEP 3　继续创建超链接

用同样的方法，为"Part 2"文本框创建超链接，链接到第 4 张幻灯片。

STEP 4　继续创建超链接

用同样的方法，为"Part 3"文本框创建超链接，链接到第 5 张幻灯片。

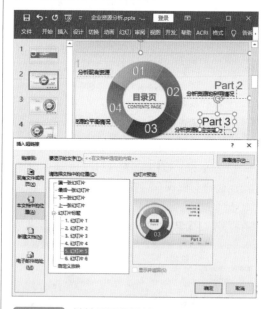

STEP 5　继续设置超链接

用同样的方法，为"Part 4"文本框创建超链接，链接到第 6 张幻灯片。

第三部分

技巧秒杀

设置屏幕提示

屏幕提示在使用图片作为超链接对象的时候使用较多，设置了屏幕提示后，播放幻灯片时鼠标指针移动到图片上，将自动显示出屏幕提示的内容。设置屏幕提示的方法如下：在"插入超链接"对话框中单击右侧的"屏幕提示"按钮，打开"设置超链接屏幕提示"对话框，在"屏幕提示文字"文本框中输入提示的文字内容，单击"确定"按钮。

12.1.2 利用触发器制作展开式菜单

触发器是 PowerPoint 2019 中的一项特殊功能，它可以是图片、文字或文本框等，其作用相当于一个按钮。设置好触发器后，单击该触发器就会触发一个操作，该操作可以是播放音乐、影片或动画等。下面在幻灯片中利用触发器制作展开式菜单。

微课：利用触发器制作展开式菜单

1. 绘制并设置形状

在网页和很多软件中，通常单击一个菜单选项，都会弹出一个菜单列表，在 PowerPoint 2019 中，用户也可以通过触发器制作这种展开式菜单。在"产品开发的核心战略 .pptx"演示文稿中绘制菜单形状，具体操作步骤如下。

STEP 1 选择形状

1 在"幻灯片"窗格中选择第 2 张幻灯片；
2 在【插入】/【插图】组中单击"形状"按钮；
3 在打开的列表的"箭头总汇"栏中选择"标注：下箭头"选项。

STEP 2 设置形状颜色

1 按住鼠标左键，拖动鼠标绘制"下箭头"形状；**2** 在【绘图工具 格式】/【形状样式】组中单击"形状填充"按钮右侧的下拉按钮；**3** 在下拉列表的"标准色"栏中选择"蓝色"选项。

STEP 3　设置形状边框

1 在【格式】/【形状样式】组中单击"形状轮廓"按钮右侧的下拉按钮；2 在下拉列表中选择"无轮廓"选项。

STEP 4　编辑文字

1 在绘制的形状上单击鼠标右键；2 在弹出的快捷菜单中选择"编辑文字"选项。

STEP 5　设置文本格式

1 输入文本"规划"；2 选择输入的文本；3 在【开始】/【字体】组中设置字体格式为"微软雅黑、36、加粗"。

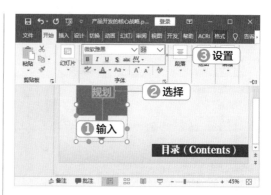

STEP 6　输入并设置文本格式

1 换行输入文本"Planning"；2 选择输入的文本；3 在【开始】/【字体】组中设置字体格式为"Arial、14、加粗"。

STEP 7　复制形状

复制设置好的形状，粘贴两个到其右侧，分别在复制的形状中输入"协商 Negotiation"和"开发 Development"，文本格式与第 1 个形状中的一致。

快速复制文本的格式

　　在复制的形状中已经有设置好格式的文本，在文本框中直接输入可以得到相同格式的文本。

STEP 8 对齐形状

1 按住【Shift】键，同时选择这 3 个形状；2 在【绘图工具 格式】/【排列】组中单击"对齐"按钮；3 在打开的列表中选择"垂直居中"选项。

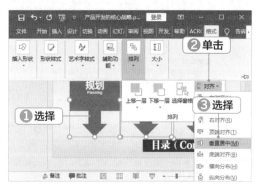

STEP 9 排列形状

1 继续在【格式】/【排列】组中单击"对齐"按钮；2 在打开的列表中选择"横向分布"选项。

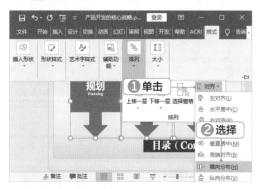

STEP 10 组合形状

1 在这 3 个形状上单击鼠标右键；2 在弹出的快捷菜单中选择"组合"选项；3 在打开的子菜单中选择"组合"选项。

2. 设置动画样式

　　本例中的展开式菜单是通过切入与切出动画实现的，所以在制作触发器前，用户还需要为幻灯片中的菜单形状添加动画。在"产品开发的核心战略 .pptx"演示文稿中为菜单形状设置动画样式，具体操作步骤如下。

STEP 1 打开"更改进入效果"对话框

1 在幻灯片中选择组合的形状；2 在【动画】/【动画】组中单击"其他"按钮，在打开的列表中选择"更多进入效果"选项。

STEP 2 设置进入动画

1 打开"更改进入效果"对话框，在"基本"栏中选择"切入"选项；2 单击"确定"按钮。

第三部分

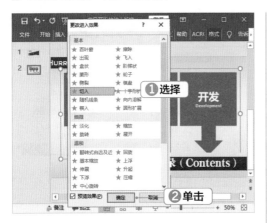

STEP 3 设置动画效果

1️⃣在【动画】/【动画】组中单击"效果选项"按钮；2️⃣在打开的列表中选择"自顶部"选项。

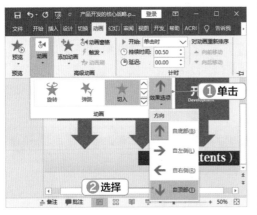

STEP 4 查看设置动画样式后的效果

返回 PowerPoint 2019 工作界面，组合形状的左上角显示了动画的序号。

3. 设置触发器

动画的触发器通常在设置动画效果的过程中设置，主要在动画效果的"计时"选项中进行。在"产品开发的核心战略 .pptx"演示文稿中设置触发器，具体操作步骤如下。

STEP 1 选择计时操作

1️⃣在【动画】/【高级动画】组中单击"动画窗格"按钮，打开"动画窗格"，单击第 1 个动画选项右侧的下拉按钮；2️⃣在下拉列表中选择"计时"选项。

STEP 2 设置触发器

1️⃣打开"切入"对话框的"计时"选项卡，单击"触发器"按钮；2️⃣单击选中"单击下列对象时启动动画效果"单选项；3️⃣在右侧的下拉列表框中选择"矩形 18：目录（Contents）"选项；4️⃣单击"确定"按钮。

知识补充

选择触发器

在"单击下列对象时启动动画效果"单选项右侧的下拉列表框中选择设置为触发器的形状对象，播放幻灯片时，单击该对象将会触发动画。

STEP 3 查看设置的触发器

返回 PowerPoint 2019 工作界面，在"动画窗格"中可看到为组合的形状设置的触发器。

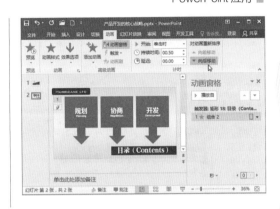

12.1.3 利用触发器制作控制按钮

利用触发器制作控制按钮，可以控制幻灯片中的多媒体对象的播放。下面在幻灯片中利用触发器制作播放与暂停按钮，来控制插入的视频的播放与暂停。

微课：利用触发器制作控制按钮

1. 插入并设置视频文件

要通过触发器制作控制按钮，需要先在幻灯片中插入视频文件，并对视频进行适当的设置。在"产品开发的核心战略 .pptx"演示文稿中插入并设置视频文件，具体操作步骤如下。

STEP 1 插入视频

1 在"幻灯片"窗格中选择第 2 张幻灯片；**2** 按【Ctrl+D】组合键复制一张幻灯片；**3** 删除幻灯片中的目录文本框和目录的触发式菜单；**4** 在【插入】/【媒体】组中单击"视频"按钮；**5** 在打开的列表中选择"PC 上的视频"选项。

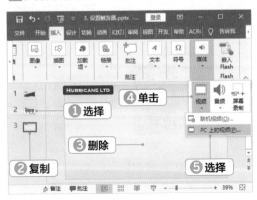

STEP 2 选择视频文件

1 打开"插入视频文件"对话框，选择视频文件所在的文件夹；**2** 选择"产品开发生产车间 .mp4"文件；**3** 单击"插入"按钮。

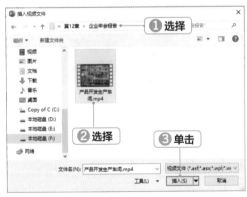

STEP 3 设置视频选项

1 在幻灯片中选择插入的视频；**2** 在【播放】/【视频选项】组的"开始"下拉列表框中选择"单击时"选项。

知识补充

为什么要设置视频选项

为视频设置触发器，必须进行 STEP 3 中的设置，否则触发器无法控制视频播放。

STEP 4 调整视频画面的大小和位置

调整视频画面的大小和位置，效果如下图所示。

2. 绘制并设置形状

在本例中，需要绘制形状作为触发器。在"产品开发的核心战略 .pptx"演示文稿中绘制和设置形状，具体操作步骤如下。

STEP 1 选择形状

1 在【插入】/【插图】组中单击"形状"按钮；2 在打开的列表的"矩形"栏中选择"圆角矩形"选项。

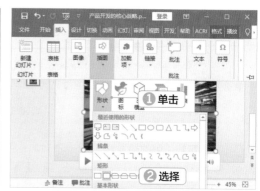

STEP 2 设置形状样式

1 按住鼠标左键，拖动鼠标绘制形状；2 在【绘图工具 格式】/【形状样式】组的"形状样式"列表框中选择"强烈效果 – 蓝色，强调颜色 1"选项。

STEP 3 编辑文字

1 在绘制的形状上单击鼠标右键；2 在弹出的快捷菜单中选择"编辑文字"选项。

第三部分

STEP 4　设置文本格式

1 输入文本"PLAY"；2 选择输入的文本；
3 在【开始】/【字体】组中设置字体格式为
"微软雅黑、32、加粗、文字阴影"。

STEP 5　复制形状

1 将设置好的形状复制到其右侧；2 输入文
本"PAUSE"，文本格式与第 1 个形状中的
一致。

3. 添加和设置动画

利用触发器制作控制按钮，需要为绘制的
形状设置对应的动画。在"产品开发的核心战
略 .pptx"演示文稿中添加和设置动画，具体操
作步骤如下。

STEP 1　设置开始动画

1 在幻灯片中选择插入的视频文件；2 在
【动画】/【动画】组的列表框中选择"播放"
选项。

STEP 2　设置暂停动画

1 在【动画】/【高级动画】组中单击"添加动画"
按钮；2 在打开的列表的"媒体"栏中，选择
"暂停"选项。

4. 设置触发器

对控制按钮的触发器的操作进行设置也是
在动画效果的"计时"选项卡中进行的。在"产
品开发的核心战略 .pptx"演示文稿中设置控制
按钮的触发器，具体操作步骤如下。

STEP 1　设计动画计时

1 在【动画】/【高级动画】组中单击"动画窗
格"按钮，打开"动画窗格"，单击播放动画选
项右侧的下拉按钮；2 在下拉列表中选择"计
时"选项。

第 **12** 章　添加交互与放映输出

STEP 2 设置触发器

1 打开"播放视频"对话框的"计时"选项卡，单击"触发器"按钮；2 单击选中"单击下列对象时启动动画效果"单选项；3 在右侧的下拉列表框中选择"圆角矩形 2：PLAY"选项；4 单击"确定"按钮。

STEP 3 选择计时操作

1 打开"动画窗格"，单击暂停动画选项右侧的下拉按钮；2 在下拉列表中选择"计时"选项。

STEP 4 设置触发器

1 打开"暂停视频"对话框的"计时"选项卡，单击"触发器"按钮；2 单击选中"单击下列对象时启动动画效果"单选项；3 在右侧的下拉列表框中选择"圆角矩形 10：PAUSE"选项；4 单击"确定"按钮。

知识补充

为什么形状编号有差别

使用触发器时，PowerPoint 2019 会自动对其中的对象进行编号，所以这里有圆角矩形 2 和圆角矩形 10 的选项内容。设置触发器时，不要看编号，看形状上的文本与需要设置的动作是否一致即可。

STEP 5 查看设置触发器后的效果

播放幻灯片，单击"PLAY"按钮开始播放视频，单击"PAUSE"按钮暂停播放。

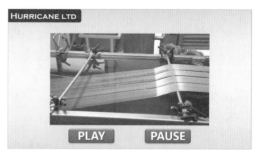

12.2 输出与放映"系统建立计划"演示文稿

云帆集团的 Hurricane 通信公司需要在集团年会上做关于"建立强化竞争力的系统"的报告，由于集团总部和通讯公司不在同一地点办公，因此在制作好演示文稿后需要将演示文稿打包发送给集团行政部，并设置好放映的相关项目。在本例中，主要涉及的操作包括演示文稿的导出、转换、打包，以及设置放映方式等。

> **素材文件所在位置** 素材文件＼第 12 章＼系统建立计划 .pptx
> **效果文件所在位置** 效果文件＼第 12 章＼系统建立计划 .pptx、系统建立计划

12.2.1 输出演示文稿

PowerPoint 2019 中输出演示文稿的操作主要包括导出、打包和打印。用户通过学习应能够熟练掌握输出演示文稿的各种操作方法，让制作出来的演示文稿不仅能直接在计算机中展示，还可以在不同环境中展示。

微课：输出演示文稿

1. 将演示文稿转换为图片

用户可以使用 PowerPoint 2019 将演示文稿转换为图片，这样可以在没有安装 PowerPoint 2019 的计算机中通过图片浏览软件播放演示文稿。将"系统建立计划 .pptx"演示文稿转换为图片，具体操作步骤如下。

STEP 1 选择操作

1 打开"系统建立计划 .pptx"演示文稿，单击"文件"选项卡，在打开的页面左侧的导航窗格中选择"另存为"选项；**2** 在中间的"另存为"栏中，选择"这台电脑"选项；**3** 在下面选择"浏览"选项。

STEP 2 选择保存位置

1 打开"另存为"对话框，在地址栏中选择保存位置；**2** 在"保存类型"下拉列表框中选择"JPEG 文件交换格式（ *.jpg ）"选项；**3** 单击"保存"按钮。

STEP 3 选择导出的幻灯片

打开的提示对话框要求选择导出哪些幻灯片，这里单击"所有幻灯片"按钮。

第 **12** 章 添加交互与放映输出

知识补充

将当前幻灯片保存为图片

单击"仅当前幻灯片"按钮，就会将演示文稿中当前选择的幻灯片保存为图片。

STEP 4 查看转换为图片的效果

在打开的提示对话框中，要求用户确认保存操作，单击"确定"按钮。PowerPoint 2019 会将演示文稿中的所有幻灯片转换为图片，并保存到设置的位置与演示文稿同名的文件夹中。

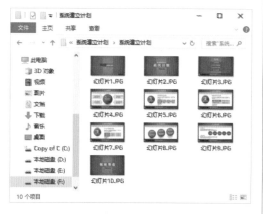

2. 将演示文稿转换为 PDF 文档

若要在没有安装 PowerPoint2019 的计算机中放映演示文稿，可将其转换为 PDF 文档，再进行播放。将"系统建立计划 .pptx"演示文稿转换为 PDF 文档，具体操作步骤如下。

STEP 1 选择操作

1 单击"文件"选项卡，在打开的列表中，选择"导出"选项，在中间的"导出"栏中，选择"创建 PDF/XPS 文档"选项；2 在右侧的"创建 PDF/XPS 文档"栏中单击"创建PDF/XPS"按钮。

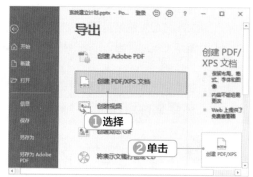

知识补充

生成 Adobe PDF 文档

在"导出"栏中选择"创建 Adobe PDF"选项，也可以生成 PDF 文档，但只能通过 Adobe PDF 渐览软件打开。而通过"创建 PDF/XPS 文档"选项生成的 PDF 文档，只要是能阅读 PDF 的软件都可以打开。

STEP 2 设置转换

1 打开"发布为 PDF 或 XPS"对话框，在地址栏中选择发布位置；2 单击"发布"按钮，PowerPoint 2019 将演示文稿转换为 PDF文档。

STEP 3 查看转换为 PDF 文档的效果

在计算机中打开设置的发布 PDF 文档的文件

夹，即可查看发布的 PDF 文档，打开该文档，即可查看转换格式后的演示文稿。

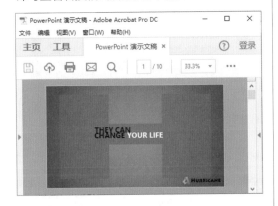

3. 将演示文稿转换为视频

在计算机中打开 PDF 文档通常也需要专门的软件，因此可以将演示文稿转换为视频，更适合在其他计算机中播放。将"系统建立计划 .pptx"演示文稿转换为视频，具体操作步骤如下。

STEP 1 创建视频

1 单击"文件"选项卡，在打开的列表中选择"导出"选项，在中间的"导出"栏中，选择"创建视频"选项；**2** 在右侧的"创建视频"栏的"放映每张幻灯片的秒数"数值框中输入"03.00"；**3** 单击"创建视频"按钮。

STEP 2 导出视频

1 打开"另存为"对话框，在地址栏中选择保存位置；**2** 设置视频文件的保存类型（只有

MPEG-4 视频和 Windows Media 视频两种类型），通常保持默认设置，单击"保存"按钮。

STEP 3 查看视频播放效果

在计算机中打开设置的保存视频文件的文件夹，双击保存的视频文件，即可查看演示文稿的视频播放效果。

知识补充

将演示文稿转换为 GIF 动态图片

在"导出"栏中选择"创建动态 GIF"选项，可以生成 GIF 动态图片，同时可设置每张幻灯片的放映秒数。

4. 将演示文稿打包

将演示文稿打包后复制到其他计算机中，即使该计算机没有安装 PowerPoint 2019，也可以播放该演示文稿。将"系统建立计划 pptx"

演示文稿打包，具体操作步骤如下。

STEP 1 选择操作

1 单击"文件"选项卡，在打开的列表中选择"导出"选项；**2** 在"导出"栏中选择"将演示文稿打包成 CD"选项；**3** 在右侧的"将演示文稿打包成 CD"栏中，单击"打包成 CD"按钮。

STEP 2 选择打包方式

1 打开"打包成 CD"对话框，在"将 CD 命名为"文本框中输入打包文件的名称；**2** 单击"复制到文件夹"按钮。

技巧秒杀

复制到CD

单击"复制到 CD"按钮会将演示文稿刻录到光盘中。

STEP 3 打开"选择位置"对话框

打开"复制到文件夹"对话框，在其中单击"浏览"按钮。

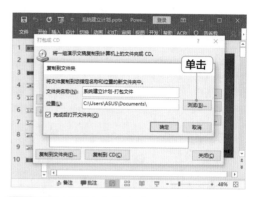

STEP 4 选择打包保存位置

1 打开"选择位置"对话框，在地址栏中选择打包文件保存的位置；**2** 单击"选择"按钮。

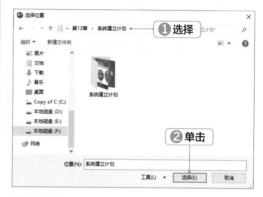

STEP 5 打包成 CD

返回"复制到文件夹"对话框，单击"确定"按钮。返回"打包成 CD"对话框，单击"关闭"按钮。PowerPoint 2019 会将演示文稿打包成文件夹，并打开该文件夹，可查看打包结果。

知识补充

播放打包的演示文稿

用户需要将整个打包文件夹都复制到其他计算机中才能播放打包后的演示文稿，因为打包会将一个简单的 PowerPoint 2019 播放程序放置在文件夹中，帮助播放演示文稿。

打包其他演示文稿

在"打包成 CD"对话框中，单击"添加"按钮，可将其他演示文稿添加到"要复制的文件"列表框中，单击"复制到文件夹"按钮可打包多个演示文稿。

12.2.2 放映演示文稿

对于演示文稿来说，在经历了制作和输出等过程后，最终目的就是放映，让广大观众能够认识和了解其中的内容。下面讲解放映演示文稿的相关操作。

微课：放映演示文稿

1. 自定义放映

在放映演示文稿时，可能只需放映演示文稿中的部分幻灯片，这时可设置幻灯片的自定义放映。在"系统建立计划 .pptx"演示文稿中设置自定义放映，具体操作步骤如下。

STEP 1 设置自定义放映

❶在【幻灯片放映】/【开始放映幻灯片】组中单击"自定义幻灯片放映"按钮；❷在打开的列表中选择"自定义放映"选项。

STEP 2 新建放映项目

打开"自定义放映"对话框，单击"新建"按钮，新建一个放映项目。

STEP 3 添加幻灯片

❶打开"定义自定义放映"对话框，在"在演示文稿中的幻灯片"列表框中单击选中第 2 张和第 3 张幻灯片对应的复选框；❷单击"添加"按钮。

STEP 4 查看添加幻灯片的效果

幻灯片被添加到"在自定义放映中的幻灯片"列表框中。

第 **12** 章　添加交互与放映输出

STEP 5　设置演示顺序

1 在"在演示文稿中的幻灯片"列表框中单击
选中第 1 张幻灯片对应的复选框；2 单击"添
加"按钮，将其添加到"在自定义放映中的幻
灯片"列表框中，该幻灯片的演示顺序变为第
3 张。

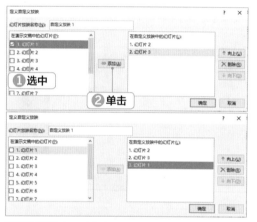

STEP 6　设置其他幻灯片的演示顺序

将"在演示文稿中的幻灯片"列表框中的其他
幻灯片按顺序添加到"在自定义放映中的幻灯
片"列表框中。

STEP 7　调整幻灯片演示顺序

1 在"在自定义放映中的幻灯片"列表框中
选择第 3 张幻灯片；2 单击"向上"按钮，将
该幻灯片调整为第 2 个播放；3 单击"确定"
按钮。

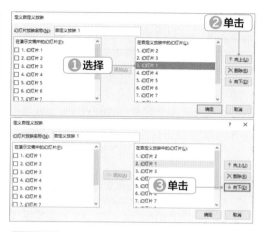

STEP 8　完成自定义演示操作

返回"自定义放映"对话框，在"自定义放映"
列表框中已显示出新创建的自定义放映的名称，
单击"关闭"按钮。

技巧秒杀

编辑自定义的演示项目

在"自定义放映"对话框中选择自定
义的演示项目，单击"编辑"按钮，即可
打开"定义自定义放映"对话框，可对播
放顺序重新进行调整。

2. 设置放映方式

设置演示文稿的放映方式主要包括设置
演示类型、演示幻灯片的数量、换片方式和
是否循环演示演示文稿等。为"系统建立计
划 .pptx"演示文稿设置放映方式，具体操作
步骤如下。

第三部分

STEP 1 打开"设置放映方式"对话框

在【幻灯片放映】/【设置】组中单击"设置幻灯片放映"按钮。

STEP 2 设置放映方式

1打开"设置放映方式"对话框，在"放映选项"栏中单击选中"循环放映，按 ESC 键终止"复选框；**2**在"推进幻灯片"栏中单击选中"手动"单选项；**3**单击"确定"按钮。

知识补充

放映类型

演示文稿的放映类型包括：演讲者放映（全屏幕），便于演讲者演讲，演讲者对幻灯片拥有完整的控制权，可以手动切换幻灯片和动画；观众自行浏览（窗口），以窗口形式放映，不能通过单击鼠标控制放映；在展台浏览（全屏幕），这种类型将全屏放映幻灯片，并且循环放映，不能通过单击鼠标手动切换幻灯片，通常用于展览会场或会议中无人管理的幻灯片演示。

STEP 3 开始放映

1在【幻灯片放映】/【开始放映幻灯片】组中单击"自定义幻灯片放映"按钮；**2**在打开的列表中选择"自定义放映 1"选项，幻灯片会按照设置进行放映。

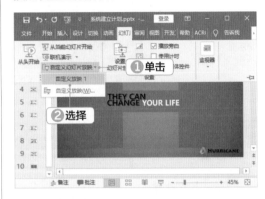

3. 添加注释

在放映演示文稿的过程中，最常用的操作就是添加注释。在放映"系统建立计划 .pptx"演示文稿的过程中添加注释，具体操作步骤如下。

STEP 1 选择操作

在【幻灯片放映】/【开始放映幻灯片】组中单击"从头开始"按钮，开始放映演示文稿。

技巧秒杀

放映演示文稿的快捷键

按【F5】键可以从头开始放映演示文稿，按【Shift+F5】组合键可以从当前幻灯片开始放映演示文稿。

STEP 2 设置指针选项

1 当放映到第 4 张幻灯片时，单击鼠标右键；
2 在弹出的快捷菜单中选择"指针选项"选项；
3 在打开的子菜单中选择"笔"选项。

STEP 3 设置注释

按住鼠标左键，拖动鼠标，在需要添加注释的文本周围绘制形状或添加着重号。

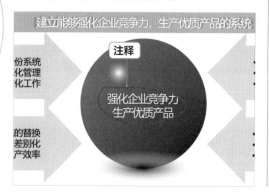

STEP 4 保留注释

继续放映演示文稿，也可以在其他幻灯片中插入注释，完成放映后，按【Esc】键退出幻灯片放映状态，此时 PowerPoint 2019 打开提示框，询问是否保留墨迹注释，单击"保留"按钮。

知识补充

使用激光笔

　　在放映演示文稿的过程中，为了吸引观众的注意或强调某部分内容，经常会用到激光笔。但花钱买个激光笔，且每次使用前还需要记得带在身边，并不是一件容易的事情，这时就可以使用 PowerPoint 2019 的激光笔功能，其使用方法也很简单，在放映演示文稿时，按住【Ctrl】键并同时按下鼠标左键，这时鼠标指针变成了一个激光笔照射状态的红圈，在幻灯片中移动位置即可。

新手加油站 ——添加交互与放映输出技巧

1. 通过动作按钮控制演示过程

　　如果在幻灯片中插入了动作按钮，在演示幻灯片时单击设置的动作按钮，可切换幻灯片或启动一个应用程序。PowerPoint 2019 中的动作按钮主要是通过插入形状的方式添加到幻灯片中。插入和设置按钮的相关操作在前面已经介绍过，这里不再赘述。

第三部分

2. 快速定位幻灯片

在幻灯片演示过程中，通过一定的技巧可以快速、准确地将播放画面切换到指定的幻灯片，达到精确定位幻灯片的效果。其方法如下：在播放幻灯片的过程中，单击鼠标右键，在弹出的快捷菜单中选择"查看所有幻灯片"选项，在打开的页面中将显示演示文稿的所有幻灯片。其中，红色边框的幻灯片，表示现在正在演示的那张幻灯片。

3. 用"显示"代替"放映"

在放映演示文稿时，一般都是先打开演示文稿，然后再通过各种命令或单击某些按钮才能进入放映状态，这对于讲究效率的演示者来说，并不是最快的方法，这里介绍一种可以快速、方便地对演示文稿进行放映的方法：用"显示"来代替"放映"。其方法如下：在计算机中找到需放映的演示文稿，选择需放映的演示文稿缩略图，单击鼠标右键，在弹出的快捷菜单中选择"显示"选项，即可从头放映该演示文稿。

4. 让幻灯片以黑屏显示

在放映演示文稿的过程中，当需要休息或与观众进行讨论时，为了避免屏幕上的图片分散观众的注意力，用户可单击鼠标右键，在弹出的快捷菜单中选择【屏幕】/【黑屏】选项或按【B】键使屏幕显示为黑色。休息结束后或讨论完成后再选择【屏幕】/【屏幕还原】选项或按【B】键即可恢复正常。按【W】键也会产生类似的效果，只是屏幕将变成白色。

5. 为幻灯片分节

为幻灯片分节后，不仅可加强演示文稿的逻辑性，还可以与他人合作创建演示文稿，如每个人负责制作演示文稿中某一节的幻灯片。为幻灯片分节的方法如下：选择需要分节的幻灯片，在【开始】/【幻灯片】组中单击"节"按钮，在打开的列表中选择"新增节"选项，即可为演示文稿分节，下图所示为演示文稿分节后的效果。

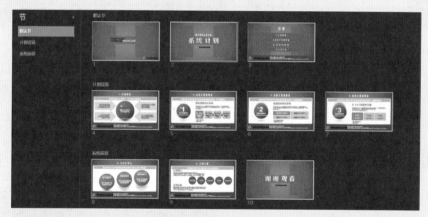

在 PowerPoint 2019 中，用户不仅可以为幻灯片分节，还可以对节进行操作，包括重命名节、删除节、展开或折叠节等。节的常用操作如下。

● 重命名节：新增的节名称都是"无标题节"，需要进行重命名。使用鼠标单击"无标题节"文本，在【开始】/【幻灯片】组中单击"节"按钮，在弹出的列表中选择"重命名节"选项，打开"重命名节"对话框，在"节名称"文本框中输入节的名称，单击"重命名"按钮。

● 删除节：对于多余的节或无用的节可以删除。单击节名称，在【开始】/【幻灯片】组中单击"节"按钮，在打开的列表中选择"删除节"选项可删除选择的节；选择"删除所有节"选项可删除演示文稿中的所有节。

● 展开或折叠节：在演示文稿中，既可以将节展开，也可以将节折叠起来。使用鼠标双击节名称就可将其折叠，再次双击节名称就可将其展开。还可以单击节名称，在【开始】/【幻灯片】组中单击"节"按钮，在打开的列表中选择"全部折叠"或"全部展开"选项，就可将其折叠或展开。

高手竞技场 ——添加交互与放映输出练习

1. 制作"企业经济成长历程"演示文稿

新建一个"企业经济成长历程 .pptx"演示文稿，设置其中的交互与超链接，要求如下。

 素材文件所在位置 素材文件 \ 第 12 章 \ 企业经济成长历程图片
效果文件所在位置 效果文件 \ 第 12 章 \ 企业经济成长历程 .pptx

- 新建演示文稿，制作幻灯片的母版，包括标题页、内容页和结束页，需要绘制形状，并设置形状的格式。
- 在内容页中插入图片，并为其添加超链接。
- 在普通视图中创建幻灯片，并输入文本和设置文本格式。
- 设置导航页，在其中添加形状和文本框，并输入文本，设置形状和文本格式。
- 为导航页中的文本框和形状制作展开式菜单。

2. 制作"销售业绩报告"演示文档

下面根据所学的 PowerPoint 2019 的相关知识，制作"销售业绩报告 .pptx"演示文稿，要求如下。

 素材文件所在位置 素材文件 \ 第 12 章 \ 销售业绩报告图片
效果文件所在位置 效果文件 \ 第 12 章 \ 销售业绩报告 .pptx

- 主题颜色设计：蓝色能体现积极向上的意义且颇具商务感，因此选择蓝色作为主题颜色，但本例要体现公司的成长性，所以主题蓝色要浅。浅蓝色属于暖色系的温和系列，

第 **12** 章 添加交互与放映输出

所以使用同样色系的浅绿色和具有补色关系的红色作为辅助颜色，同样这些颜色也是公司品牌的主题颜色。

- **版式设计**：可以考虑使用参考线，将幻灯片平均划分为左右两个部分，再在4个边缘划分出一定区域，主要是在上下两个区域添加一些辅助信息或徽标，上部边缘可以作为内容标题区域，下部边缘则放置公司徽标。
- **文本设计**：主要文本的字体为"微软雅黑"，颜色以蓝色和白色为主；英文字体考虑使用"微软雅黑"，与中文字符一致，制作起来也比较方便。另外，标题页和结尾页使用其他文本格式，强调标题。
- **形状设计**：以绘制图形、制作图表为主，有些形状比较复杂，可以直接使用素材文件或使用其他绘制形状来辅助制作幻灯片效果。
- **幻灯片设计**：除标题页和结尾页外，需要制作目录页和各小节的内容页。

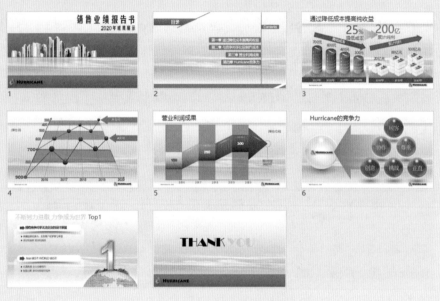